모아 전기산업기사
회로이론

필기 이론+과년도 7개년

모아합격전략연구소

전기산업기사 자격시험 알아보기

01 전기산업기사는 어떤 업무를 담당하는가?

A. 전기는 관련설비의 시공과 작동에 있어서 전문성이 요구되는 분야로 전기기계기구의 설계, 제작, 관리 등과 전기설비를 구성하는 모든 기자재의 규격, 크기, 용량 등을 산정하기 위한 계산 및 자료의 활용을 하며 전기설비의 설계, 도면 및 시방서 작성, 점검 및 유지, 시험작동, 운용관리 등에 전문적인 역할과 전기안전 관리 담당자로서의 업무를 수행합니다.

02 전기산업기사 자격시험은 어떻게 시행되는가?

시행기관
한국산업인력공단

시험과목(필기)
전기자기학
전력공학
전기기기
회로이론
전기설비기술기준

시행과목(실기)
전기설비설계 및 관리

검정방법(필기)
객관식 과목당 20문항
(과목당 30분)

검정방법(실기)
필답형 2시간

합격기준
필기 : 100점 만점에 과목당 40점 이상
전과목 평균 60점 이상
실기 : 100점 만점에 60점 이상

03. 전기산업기사 자격시험은 언제 시행되는가?

구분	필기원서접수	필기시험	필기 합격자 발표 (예정자)	실기 원서접수	실기 시험	최종 합격자 발표일
2024년 제1회	01.23 ~ 01.26	02.15 ~ 03.07	03.13(수)	03.26 ~ 03.29	04.27 ~ 05.12	1차 : 05.29(수) 2차 : 06.18(화)
2024년 제2회	04.16 ~ 04.19	05.09 ~ 05.28	06.05(수)	06.25 ~ 06.28	07.28 ~ 08.14	1차 : 08.28(수) 2차 : 09.10(화)
2024년 제3회	06.18 ~ 06.21	07.05 ~ 07.27	08.07(수)	09.10 ~ 09.13	10.19 ~ 11.08	1차 : 11.20(수) 2차 : 12.11(수)

04. 전기산업기사 최근 합격률은 어떠한가?

연도	필기			실기		
	응시	합격	합격률	응시	합격	합격률
2023	29,955명	5,607명	18.72%	11,159명	5,641명	50.55%
2022	31,121명	6,692명	21.50%	16,223명	3,917명	24.10%
2021	37,892명	6,991명	18.40%	18,416명	5,020명	27.30%
2020	34,534명	8,706명	25.20%	18,082명	4,955명	27.40%
2019	37,091명	6,629명	17.90%	13,179명	4,486명	34.04%
2018	30,920명	6,583명	21.30%	12,331명	4,820명	39.10%
2017	29,428명	5,779명	19.60%	12,159명	4,334명	35.60%

05. 전기산업기사 자격시험 응시 사이트는 어디인가?

A. 큐넷(http://www.q-net.or.kr) 원서 접수는 온라인(인터넷, 모바일앱)에서만 가능합니다. 스마트폰, 태블릿PC 사용자는 모바일앱 프로그램을 설치한 후 접수 및 취소, 환불서비스를 이용하시기 바랍니다.

참 잘 만들어서 참 공부하기 쉬운
모아 전기산업기사 회로이론 필기

이 책의 특징 살짝 엿보기

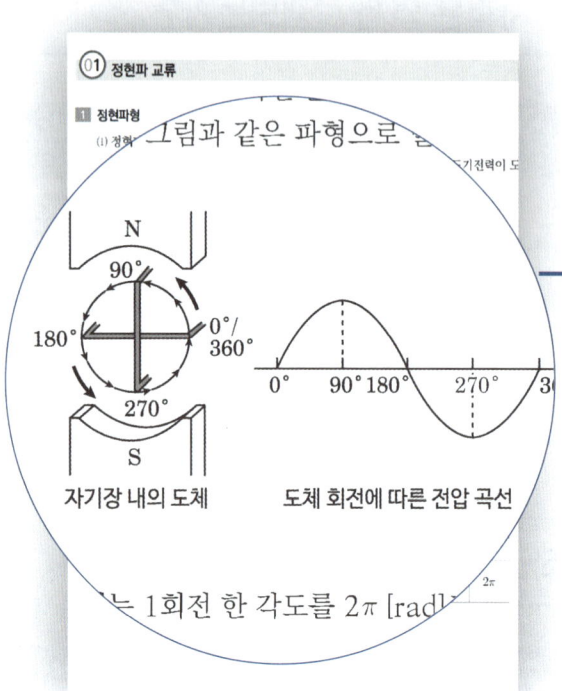

그림으로 이해하기

그림으로 이론을 **쉽게 이해**하고
외우기 쉽게 만들었습니다.

예제에 적용하기

그림으로 이론을 이해한 후
이론과 연계된 예제를 준비했습니다.
이론 이해와 문제 적용을
ONE-STEP으로 해결하세요.

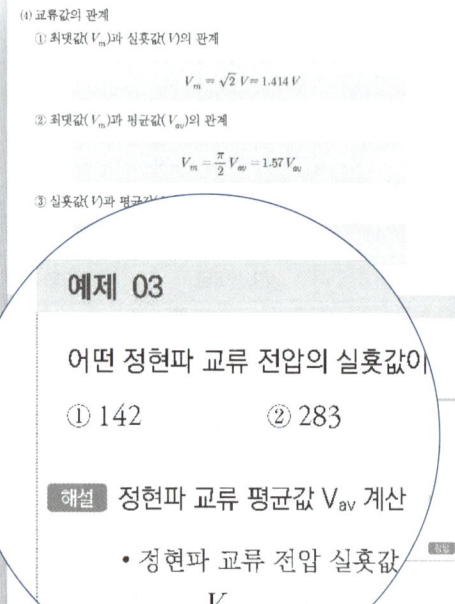

7개년 기출로 정복하기

2017년부터 2023년까지의 **최신 기출문제**를 수록했습니다.

해설까지 한번에 보기

기출문제와 해설을 한번에 배치하여 모르는 부분은 **바로 확인**할 수 있습니다.

TIP으로 확실히 다지기

막히거나 **놓치기 쉬운 부분**도 잊지 않고 팁으로 안내해 드립니다.

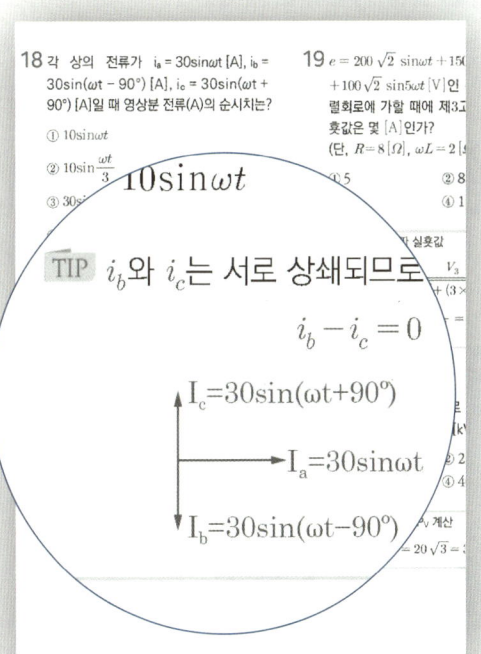

전기산업기사 회로이론 필기
10일만에 완성하기

하루 소요 공부예정시간
대략 평균 3시간

📝 모아 전기산업기사 회로이론 **필기**

DAY 1
- OT 및 커리큘럼
- Chapter 01 직류회로

✏️ 학습 Comment
전기의 기본이 되는 이론으로 원리를 이해하려고 노력해주세요.

DAY 2
- Chapter 02 교류회로

✏️ 학습 Comment
자주 출제되는 부분으로 자신만의 방향으로 해석해서 학습해 주세요.

DAY 3
- Chapter 03 비정현파 교류
- Chapter 04 다상교류

✏️ 학습 Comment
복잡한 계산문제는 공식을 이용해서 기초적으로 접근해야 합니다. 결선에 대한 부분은 비교하며 체크해 주세요.

DAY 4
- Chapter 05 대칭좌표법
- Chapter 06 회로망

✏️ 학습 Comment
용어 구분과 전압, 전류의 종류를 확실히 구분하며 암기법이나 간단한 풀이방법을 이용해서 자신만의 감각을 훈련해 주세요.

DAY 5
- Chapter 07 라플라스 변환
- Chapter 08 과도현상

✏️ 학습 Comment
수학에 거부감을 갖지 말고 반복연습을 통해 요령을 터득해 주세요.

DAY 6 ~ 9
- 과년도 기출문제 2년치
- (9일차)기출 1년치 + 요약정리

✏️ 학습 Comment
계산문제는 풀이과정을 안 보고 풀 수 있을 때까지 연습해 주세요. 단답형, 문장형 문제는 취약한 부분에 시간을 더 투자하고 틀린 문제는 반복 학습 합니다.

DAY 10
- 이론강의 복습

✏️ 학습 Comment
이해할 수 있는 선에서 최대한 강의 속도를 높이며 합습해 주세요.

2024 모아 전기산업기사 시리즈

막힘없이 달려가다 보면
가끔은 막막한 순간이 다가올 때가 있습니다

"어떤 길을 걸어야 하지?"
"얼마나 걸어야 할까?"
"이제 어떻게 걸어야 하지…"

아우름이 수많은 물음표에 느낌표가 되어드리겠습니다.
믿고 도전해 보세요.

천천히 걷다 보면 어느새 그리던 목적지가 나타날 것입니다.
그 곳을 향해 함께 걸어가겠습니다.

합격을 응원합니다.

- 김영언 드림

모아 전기산업기사
회로이론

필기 이론+과년도 7개년

이 책의 순서

PART 01 회로이론

Ch 01 직류 회로

- 01 전류 및 옴의 법칙 ················ 014
- 02 도체의 고유저항 ················ 016
- 03 저항의 접속 ················ 017
- 04 키르히호프의 법칙 ················ 020
- 05 전지의 접속 및 줄열과 전력 ················ 021
- 06 배율기와 분류기 ················ 024
- 07 회로망의 해석 ················ 026

Ch 02 교류 회로

- 01 정현파 교류 ················ 031
- 02 교류 회로의 페이저 해석 ················ 038
- 03 교류전력 ················ 049
- 04 유도결합 회로 ················ 055

Ch 03 비정현파 교류

- 01 푸리에급수 ················ 058
- 02 비정현파의 대칭 ················ 060
- 03 비정현파의 실횻값 ················ 061
- 04 비정현파의 임피던스 ················ 066

Ch 04 다상 교류

- 01 대칭 n상 교류 ················ 067
- 02 평형 3상 회로 ················ 069
- 03 $\it{\Delta}$-Y결선 변환 ················ 075
- 04 평형 3상 회로의 전력계 ················ 079

Ch 05 대칭좌표법

- 01 대칭좌표법 ················ 082
- 02 불평형률 ················ 085
- 03 3상 교류 기기의 기본식 ················ 086

Ch 06 회로망

- 01 4단자 파라미터 ················ 087
- 02 4단자 회로망 ················ 090
- 03 4단자 정수의 적용 ················ 094
- 04 리액턴스 2단자망 ················ 097
- 05 역회로 및 정저항 회로 ················ 099

Ch 07 라플라스 변환

- 01 라플라스 변환의 정리 ········ 102
- 02 간단한 함수의 변환 ········ 102
- 03 기본 정리 ········ 105
- 04 역라플라스 변환 ········ 108

Ch 08 과도현상

- 01 전달함수 ········ 110
- 02 과도현상 ········ 113
- 03 시정수와 상승시간 ········ 117

PART 02
과년도 기출문제

- 회로이론 2023년 1회 ········ 122
- 회로이론 2023년 2회 ········ 128
- 회로이론 2023년 3회 ········ 134
- 회로이론 2022년 1회 ········ 139
- 회로이론 2022년 2회 ········ 144
- 회로이론 2022년 3회 ········ 150
- 회로이론 2021년 1회 ········ 155
- 회로이론 2021년 2회 ········ 161
- 회로이론 2021년 3회 ········ 167
- 회로이론 2020년 1, 2회 ········ 172
- 회로이론 2020년 3회 ········ 178
- 회로이론 2020년 4회 ········ 184
- 회로이론 2019년 1회 ········ 190
- 회로이론 2019년 2회 ········ 196
- 회로이론 2019년 3회 ········ 202
- 회로이론 2018년 1회 ········ 208
- 회로이론 2018년 2회 ········ 214
- 회로이론 2018년 3회 ········ 220
- 회로이론 2017년 1회 ········ 226
- 회로이론 2017년 2회 ········ 232
- 회로이론 2017년 3회 ········ 238

CHAPTER 01 직류 회로
CHAPTER 02 교류 회로
CHAPTER 03 비정현파 교류
CHAPTER 04 다상교류
CHAPTER 05 대칭좌표법
CHAPTER 06 회로망
CHAPTER 07 라플라스 변환
CHAPTER 08 과도현상

필기
PART
01

모아 전기산업기사

회로이론

CHAPTER 01 직류 회로

01 전류 및 옴의 법칙

1 전하

(1) 전하 : 전기의 최소단위로, 물체에 생성된 전기를 의미

(2) 전하량 : Q [C]

① 전하가 가지고 있는 전기적인 양을 의미

② 전하의 뭉텅이 양으로서, 전하량 = 전기량 = Q [A · sec = C]

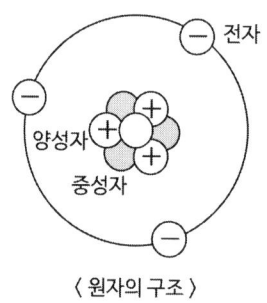

⟨ 원자의 구조 ⟩

(3) 전하의 종류

① 양전하 → "⊕" 전하 → 양성자

② 음전하 → "⊖" 전하 → 전자

(4) 전하량과 질량

① 전자 하나당 전하량 : $e = 1.602 \times 10^{-19}$ [C]

② 1 [C]일 때의 전자의 개수 : $1 [C] = 6.24 \times 10^{18}$ [개]

③ 전자 하나당 질량 : $m = 9.1 \times 10^{-31}$ [kg]

④ 전자 이동 시 전체 전하량 : $Q = n \cdot e$ [C] (n : 전자의 개수)

⑤ 음전하라고 할 때 "⊖" 부호가 붙는다.

2 전류

(1) 전하의 흐름으로 단위시간 동안 이동한 전하량의 크기

(2) 전류의 단위 : I [C/sec] = [A]

(3) 전류의 크기 계산

$$I = \frac{Q}{t} \; [C/sec = A]$$

Q : 전하량 [C], t : 시간 [sec]

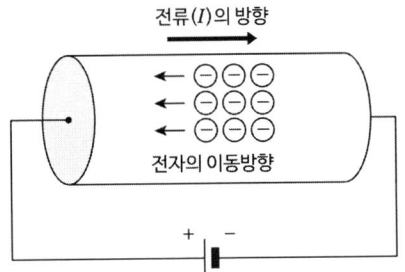

3 전압

(1) 전압 : 일정한 전기장에서 단위 전하를 한 지점에서 다른 지점으로 이동하는 데 필요한 일(에너지)

(2) 전압의 단위 : V [J / C] = [V]

(3) 전압의 크기 계산

$$V = \frac{W}{Q} \; [J/C = V], \quad W = VQ \; [J]$$

W : 일, 에너지 [J], Q : 전하량(전기량) [C]

4 저항

(1) 전류의 흐름을 방해하는 요소

(2) 저항의 단위 : R [V/I] = [Ω]

(3) 옴의 법칙

$$I = \frac{V}{R} \; [A], \quad V = IR \; [V], \quad R = \frac{V}{I} \; [\Omega]$$

예제 01

옴의 법칙은 저항에 흐르는 전류와 전압의 관계를 나타낸 것이다. 회로의 저항이 일정할 때 전류는?

① 전압에 비례한다.   ② 전압에 반비례한다.
③ 전압의 제곱에 비례한다.   ④ 전압의 제곱에 반비례한다.

해설 옴의 법칙

V = IR   전압에 비례

정답 ①

5 컨덕턴스

(1) 저항의 역수로 전류를 잘 흐르게 하는 요소

(2) 컨덕턴스의 단위 : $G[1/\Omega] = [\Omega^{-1}] = [\mho] = [S]$

(3) 전류, 전압, 컨덕턴스의 관계

$$I = GV\,[\text{A}], \quad V = \frac{I}{G}\,[\text{V}], \quad G = \frac{I}{V}\,[\mho = S]$$

02 도체의 고유저항

1 고유저항

(1) 고유저항(ρ) : 모든 물질이 가지는 고유한 저항값으로 저항률과 같은 의미

(2) 도전율(σ) [$\mho$/m] = 전도율

① 고유저항의 역수로서 전류가 잘 흐르는 정도를 나타내는 값

② 도전율과 고유저항의 관계

$$\sigma = \frac{1}{\rho}\,[\mho/\text{m}]$$

2 단면적과 길이에 따른 저항 변화

$$R = \rho \frac{\ell}{A} [\Omega]$$

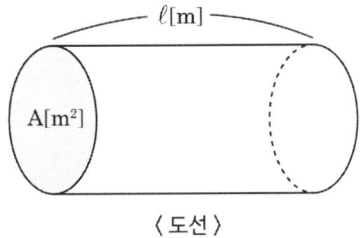

R : 저항 [Ω]
ρ : 고유저항 [$\Omega \cdot$ m]
ℓ : 도체 길이 [m]
A : 단면적 [m^2]

〈도선〉

03 저항의 접속

1 직렬접속 – 하나의 전로

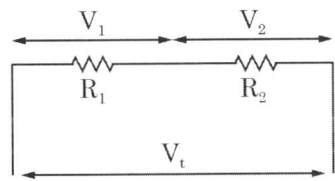

(1) 전류 : $I = I_1 = I_2$ (일정)

(2) 전압 : $V_t = V_1 + V_2$

(3) 합성저항 : $R = R_1 + R_2$

(4) 전압분배 법칙 : $V_1 = \dfrac{R_1}{R_1 + R_2} V_t$, $V_2 = \dfrac{R_2}{R_1 + R_2} V_t$

2 병렬접속 – 2개 이상의 전로

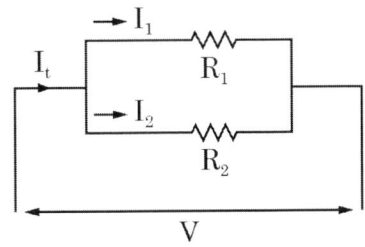

(1) 전류 : $I_t = I_1 + I_2$

(2) 전압 : $V = V_1 = V_2$(일정)

(3) 합성저항 : $R = \dfrac{1}{\dfrac{1}{R_1}+\dfrac{1}{R_2}} = \dfrac{R_1 \times R_2}{R_1 + R_2}$

(4) 전류분배 법칙 : $I_1 = \dfrac{R_2}{R_1+R_2}I_t, \quad I_2 = \dfrac{R_1}{R_1+R_2}I_t$

예제 02

단자 a와 b 사이에 전압 30 [V]를 가했을 때 전류 I가 3 [A] 흘렀다고 한다. 저항 r [Ω]은 얼마인가?

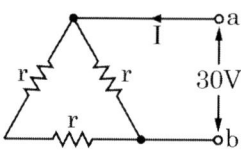

① 5　　　　　② 10　　　　　③ 15　　　　　④ 20

해설 저항의 접속

- 등가변환 회로

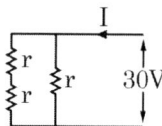

합성저항 $R = \dfrac{r \times 2r}{r+2r} = \dfrac{2}{3}r$

$V = IR = 3 \times \dfrac{2}{3}r = 2r = 30[V]$

$r = \dfrac{30}{2} = 15[\Omega]$

정답 ③

예제 03

회로에서 컨덕턴스 G_2에 흐르는 전류 I [A]의 크기는? (단, G_1 = 30 [℧], G_2 = 15 [℧])

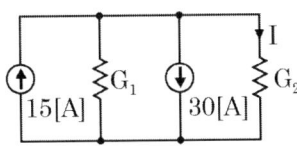

① 3   ② 15   ③ 10   ④ 5

해설 컨덕턴스에 대한 전류의 분배법칙

- 총 전류 : $15[A] - 30[A] = -15[A]$
- 컨덕턴스를 이용한 풀이 : $I_2 = \dfrac{G_2}{G_1 + G_2} \times I = \dfrac{15}{30+15} \times (-15) = -5$
- 저항을 이용한 풀이 : $I_2 = \dfrac{R_1}{R_1 + R_2} \times I = \dfrac{\dfrac{1}{30}}{\dfrac{1}{30} + \dfrac{1}{15}} \times (-15) = -5$

∴ G_2에 흐르는 전류 I_2의 크기는 $5[A]$

정답 ④

예제 04

다음과 같은 회로에서 저항 R(Ω)은?

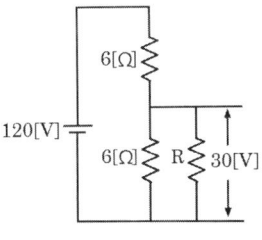

① 3   ② 4   ③ 6   ④ 8

해설 합성저항

전압분배법칙에 의해서 $6 : 90 = \dfrac{6R}{6+R} : 30$ 이므로

$\dfrac{6R}{6+R} = 2$, $6R = 12 + 2R$ ∴ $R = 3[\Omega]$

정답 ①

04 키르히호프의 법칙

1 제1법칙(KCL)

(1) 전류법칙 : 회로 내 임의의 접속점을 기준으로 들어오는 전류(+)와 나가는 전류(-)의 대수합은 0이다.

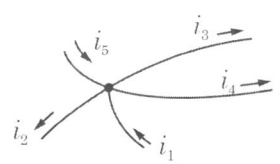

(2) 관계식

$$\Sigma I = I_1 + I_2 + I_3 + \cdots + I_n = 0$$

예제 05

그림에서 전류 I_5 (A)의 크기는? (단, $I_1 = 5$ [A], $I_2 = 3$ [A], $I_3 = 2$ [A], $I_4 = 2$ [A])

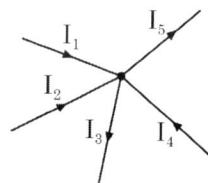

① 3   ② 5   ③ 8   ④ 12

해설 키르히호프 전류법칙

- 한 절점에서 들어오는 전류와 나가는 전류의 합이 같다.
- $I_1 + I_2 + I_4 = I_3 + I_5$

∴ $I_5 = I_1 + I_2 + I_4 - I_3 = 5 + 3 + 2 - 2 = 8[A]$

정답 ③

2 제2법칙(KVL)

(1) 전압법칙 : 폐회로에서 기전력(전원 전압)의 합은 저항에 의한 전압강하의 합과 같다.

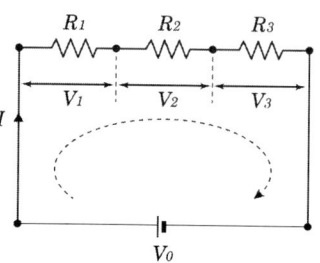

(2) 관계식

$$V_1 + V_2 + V_3 + \cdots + V_n = IR_1 + IR_2 + IR_3 + \cdots + IR_n$$

05 전지의 접속 및 줄열과 전력

1 전지의 연결

(1) 전지의 직렬연결

① 내부저항(r) → $n \cdot r$

② 기전력(E) → $n \cdot E$

③ 합성저항 : $R' = n \cdot r + R$

④ 외부저항 R에 흐르는 전류 :
$$I = \frac{nE}{R'}, \quad I = \frac{nE}{nr+R} \text{ [A]}$$

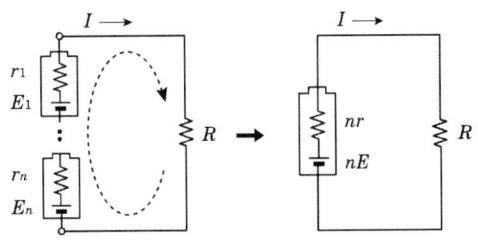

(2) 전지의 병렬연결

① 내부저항(r) → $\dfrac{r}{m}$

② 기전력(E) → E

③ 합성저항 $R' = \dfrac{r}{m} + R$

④ 외부저항 R에 흐르는 전류 :
$$I = \frac{E}{R'}, \quad I = \frac{E}{\frac{r}{m}+R} \text{ [A]}$$

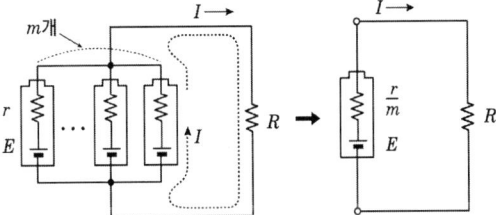

예제 06

10 [Ω]의 저항 5개를 접속하여 얻을 수 있는 합성저항 중 가장 작은 값은 몇 [Ω]인가?

① 10   ② 5   ③ 2   ④ 0.5

해설 합성저항의 계산

합성저항은 직렬로 연결할 때 가장 크고 병렬로 연결할 때 가장 작다.
- 직렬연결 10 × 5 = 50 [Ω]
- 병렬연결 10 ÷ 5 = 2 [Ω]

정답 ③

예제 07

기전력 3 [V], 내부저항 0.5 [Ω]의 전지 9개가 있다. 이것을 3개씩 직렬로 하여 3조 병렬 접속한 것에 부하저항 1.5 [Ω]을 접속하면 부하 전류(A)는?

① 2.5   ② 3.5   ③ 4.5   ④ 5.5

해설 저항 1.5 [Ω] 접속 시 부하 전류 I 계산

- 전지 3개 합성저항 R
$$R = 0.5 \times 3 = 1.5\,[\Omega]$$
- 3조 병렬저항 R_3
$$R_3 = \frac{0.5 \times 3}{3} = 0.5\,[\Omega]$$
- 부하저항 포함 합성저항 R_T
$$R_T = 0.5 + 1.5 = 2\,[\Omega]$$
∴ 부하 전류 I 계산
$$I = \frac{V}{R_T} = \frac{9}{2} = 4.5\,[A]$$

정답 ③

2 전력과 전력량

(1) 줄의 법칙(전류의 발열작용)
　① 전류가 흐를 때 저항성분의 방해로 인하여 열 발생
　② 저항체에서 단위시간당 발생하는 열량과의 관계를 나타낸 법칙

$$H = 0.24\,VIt = 0.24I^2Rt = 0.24\frac{V^2}{R}t = 0.24\,Pt\,[cal]$$

(2) 전력(Power)
　① 전기가 단위시간(1초) 동안 한 일의 양(에너지의 크기)
　② 기호는 P, 단위 [W] = [J/sec]

$$P = VI = I^2R = \frac{V^2}{R} = \frac{W}{t}$$

예제 08

정격 전압에서 1 [kW]의 전력을 소비하는 저항에 정격의 80 [%]의 전압을 가할 때의 전력(W)은?

① 340   ② 540   ③ 640   ④ 740

해설 정격 80 [%]의 전압을 가할 때 전력 P 계산

- 1000 [W] 전력 P 계산식

$$P = \frac{V^2}{R} = 1000[W], \quad P \propto V^2$$

∴ 전압 0.8배 시 전력 $P_{0.8}$ 계산

$$P_{0.8} = \frac{(0.8V)^2}{R} = 0.64 \times \frac{V^2}{R} = 0.64 \times 1000 = 640\,[W]$$

정답 ③

(3) 전력량

① 일정 시간 동안 사용한 전기적 에너지의 양

② 기호는 W, 단위 [W · sec] = [J]

$$W = VIt = I^2Rt = \frac{V^2}{R}t = Pt$$

(4) 단위환산

① 1 [J] = 0.24 [cal]

② 1 [cal] = $\frac{1}{0.24}$ = 4.2 [J]

③ 1 [HP] = 746 [W] = 0.74 [kW]

④ 1 [kg] = 9.8 [N]

06 배율기와 분류기

1 배율기

(1) 전압계를 측정범위 확대를 위해 직렬로 연결한 저항

(2) 고전압용 계측기들의 절연 증대로 인한 크기 증대를 방지

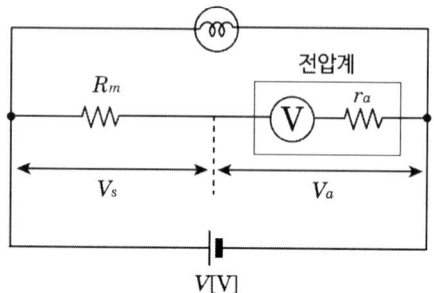

V : 확대된 측정값 [V]
V_a : 전압계 측정한도값 [V]
r_a : 전압계 내부저항 [Ω]
R_m : 배율기 저항 [Ω]

(3) 비례식

직렬 회로의 각 저항에 흐르는 전류는 동일하므로

$$I = \frac{V_a}{r_a} = \frac{V_s}{R_m} \quad (V_s = V - V_a)$$

예제 09

최대 눈금 250 [V], 내부저항 20 [kΩ]의 전압계로 배율기를 사용하여 최대 1250 [V]를 측정하는 전압계로 만들기 위해서는 몇 [kΩ]의 배율기를 사용하면 되는가?

① 60 ② 80 ③ 20 ④ 40

해설 배율기

$r_a = 20, \quad V_a = 250, \quad V_s = 1250 - 250 = 1000$

$\dfrac{V_a}{r_a} = \dfrac{V_s}{R_m}$ 이므로 $\dfrac{250}{20} = \dfrac{1000}{R}$

∴ $R = 80\,[\text{kΩ}]$

정답 ②

2 분류기

(1) 전류계의 측정범위 확대를 위해 병렬로 연결한 저항

(2) 대전류용 계측기들의 절연 증대로 인한 크기 증대를 방지

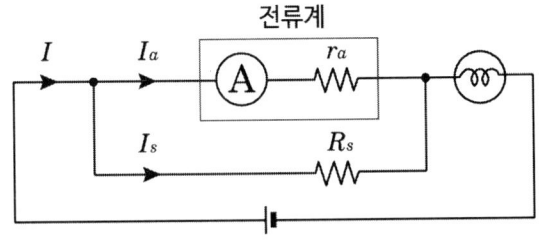

I : 확대된 측정값 [A]

I_a : 전류계 측정한도값 [A]

r_a : 전류계 내부저항 [Ω]

R_s : 분류기 저항 [Ω]

(3) 비례식

병렬 회로의 각 저항에 인가되는 전압은 동일하므로

$$V = I_a \times r_a = I_s \times R_s \quad (I_s = I - I_a)$$

예제 10

최대눈금 1 [A], 내부저항 10 [Ω]의 전류계로 최대 101 [A]까지 측정하려면 몇 [Ω]의 분류기가 필요한가?

① 0.01 ② 0.02 ③ 0.05 ④ 0.1

해설 분류기

$I_a = 1, \ r_a = 10, \ I_s = 101 - 1 = 100$

$I_a \times r_a = I_s \times R_s$ 이므로

$1 \times 10 = 100 \times R \rightarrow R = 0.1 [\Omega]$

정답 ④

07 회로망의 해석

1 중첩의 원리

다수의 독립된 전압원 및 전류원을 포함하는 회로에서 그 회로의 임의의 도선 각 부분에 흐르는 전류는 각각 전원이 단독으로 존재할 때 흐르는 전류의 합과 같다.

(1) 이상적인 전류원
  ① 내부저항이 무한대(∞)인 경우
  ② 회로에서 개방으로 놓고 계산

(2) 이상적인 전압원
  ① 내부저항이 0 [Ω]인 경우
  ② 회로에서 단락으로 놓고 계산

(3) 적용
  ① 하나의 전원을 제외한 나머지는 개방 또는 단락
  ② 각각의 전원에 흐르는 전류를 모두 구한 뒤 합산

예제 11

그림에서 저항 20 [Ω]에 흐르는 전류(A)는?

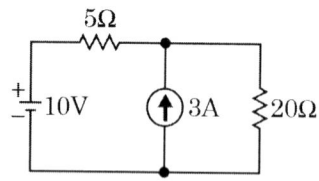

① 0.5 ② 1.0 ③ 1.5 ④ 2.0

해설 중첩의 원리

- 전류원 개방 $I_1 = \dfrac{10}{5+20} = \dfrac{10}{25} [A]$
- 전압원 단락 $I_2 = \dfrac{5}{5+20} \times 3 = \dfrac{15}{25} [A]$

$\therefore I_1 + I_2 = \dfrac{10}{25} + \dfrac{15}{25} = 1 [A]$

정답 ②

예제 12

회로에서 10 [Ω]의 저항에 흐르는 전류(A)는?

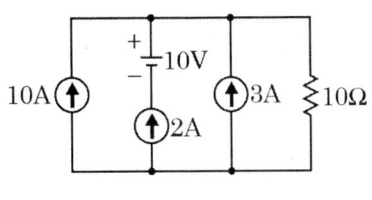

① 8 ② 10 ③ 15 ④ 20

해설 중첩의 정리

전압원 단락	전류원 개방
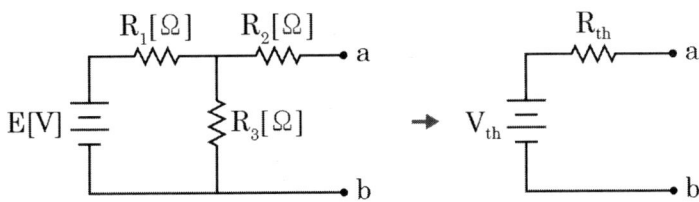	
$i = 10 + 2 + 3 = 15[A]$	$i = 0$ (모든 회로가 개방되어 전류가 흐르지 않는다)

$$\therefore i = 15 + 0 = 15[A]$$

정답 ③

2 테브난의 정리

복잡한 전기 회로를 하나의 전압원 및 저항을 가진 직렬 회로로 등가변환

(1) 전압 $V_{th} = \dfrac{R_3}{R_1 + R_3} \times E$

(2) 저항 $R_{th} = \dfrac{R_1 \times R_3}{R_1 + R_3} + R_2$

예제 13

회로의 양 단자에서 테브난의 정리에 의한 등가 회로로 변환할 경우 V_{ab} 전압과 테브난 등가저항(Ω)은?

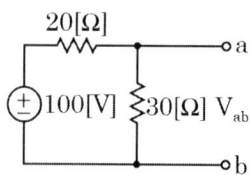

① 60 [V], 12 [Ω] ② 60 [V], 15 [Ω] ③ 50 [V], 15 [Ω] ④ 50 [V], 50 [Ω]

해설 테브난 등가 회로

$$V_{ab} = 100 \times \frac{30}{20+30} = 60[V]$$

$$R_{th} = \frac{20 \times 30}{20+30} = 12[V]$$

정답 ①

예제 14

테브난의 정리를 이용하여 (a) 회로를 (b)와 같은 등가 회로로 바꾸려 한다. V [V]와 R [Ω]의 값은?

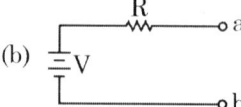

① 7 [V], 9.1 [Ω]   ② 10 [V], 9.1 [Ω]
③ 7 [V], 6.5 [Ω]   ④ 10 [V], 6.5 [Ω]

해설 테브난 등가 회로

a, b가 개방되어 있으므로 폐회로의 7 [Ω]에 걸리는 전압을 구해보면

$$V_{ab} = \frac{7}{3+7} \times 10 = 7\,[V]$$

∴ 직, 병렬 회로의 합성저항 $R_{ab} = 7 + \frac{3 \times 7}{3+7} = 9.1\,[\Omega]$

정답 ①

3 노튼의 정리

복잡한 전기 회로를 하나의 전류원 및 저항을 가진 병렬 회로로 등가변환

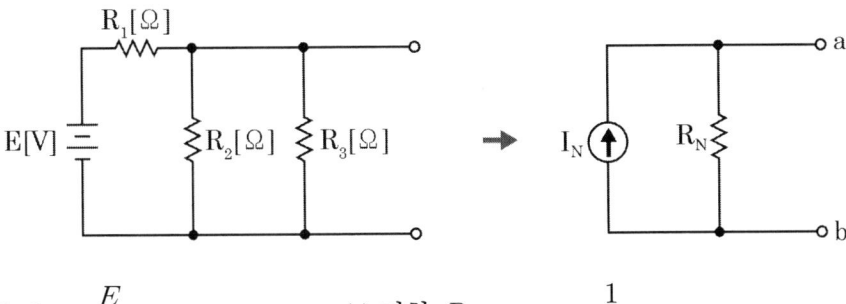

(1) 전류 $I_N = \dfrac{E}{R_1}$

(2) 저항 $R_N = \dfrac{1}{\dfrac{1}{R_1}+\dfrac{1}{R_2}+\dfrac{1}{R_3}}$

4 밀만의 정리

다수의 전압원(내부 임피던스 포함)이 병렬로 접속되어 있을 때 그 병렬 접속점에 나타나는 합성 전압은 다음과 같다

$$V_{ab} = IZ = \frac{I}{Y} = \frac{\dfrac{E}{Z}}{\dfrac{1}{Z}} = \frac{\dfrac{E_1}{Z_1}+\dfrac{E_2}{Z_2}+\dfrac{E_3}{Z_3}+\cdots+\dfrac{E_n}{Z_n}}{\dfrac{1}{Z_1}+\dfrac{1}{Z_2}+\dfrac{1}{Z_3}+\cdots+\dfrac{1}{Z_n}}$$

예제 15

그림의 회로에서 전류 I는 약 몇 [A]인가? (단, 저항의 단위는 [Ω]이다)

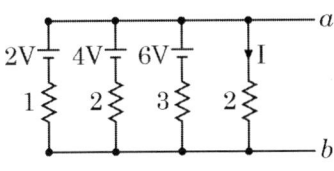

① 1.125　　② 1.29　　③ 6　　④ 7

해설 밀만의 정리

$$V_{ab} = \frac{\dfrac{2}{1}+\dfrac{4}{2}+\dfrac{6}{3}}{\dfrac{1}{1}+\dfrac{1}{2}+\dfrac{1}{3}+\dfrac{1}{2}} = 2.57\,[V] \quad \therefore \text{전류 } I = \frac{2.57}{2} = 1.29\,[A]$$

정답 ②

5 브릿지 회로

(1) 휘스톤 브릿지
  ① 평형 조건을 이용하여 미지의 저항을 측정하는 장치
  ② 미지의 저항은 온도 측정을 하며, 측온저항체(서미스터)라 함

(2) 휘스톤 브릿지의 평형 조건
  ① 검류계 G에 흐르는 전류가 0일 것
  ② 대각선 저항의 곱이 같을 것

$$R_1 \times R_4 = R_2 \times R_3$$

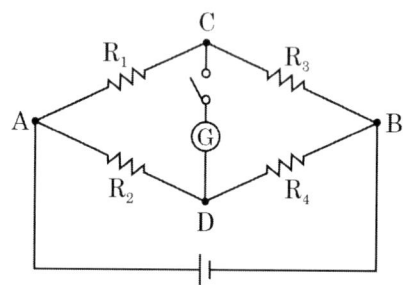

예제 16

다음과 같은 회로에서 단자 a, b 사이의 합성저항(Ω)은?

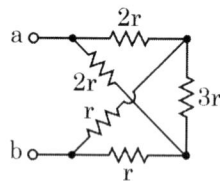

① r ② $\dfrac{1}{2}r$ ③ $\dfrac{3}{2}r$ ④ $3r$

해설 휘스톤 브릿지

$$\therefore 합성저항\ R = \frac{(2r+r) \times (2r+r)}{(2r+r)+(2r+r)} = \frac{3}{2}r\,[\Omega]$$

정답 ③

CHAPTER 02 교류 회로

01 정현파 교류

1 정현파형

(1) 정현파 교류의 발생

자기장 내에서 도체가 회전운동을 하면 플레밍의 오른손법칙에 의해 유도기전력이 도체의 위치에 따라서 다음 그림과 같은 파형으로 발생함

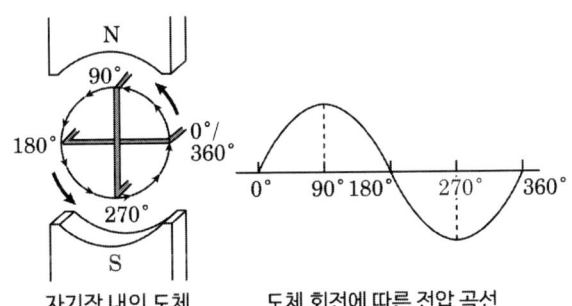

자기장 내의 도체   도체 회전에 따른 전압 곡선

(2) 각도의 표시

① 전기 회로를 다룰 때는 1회전 한 각도를 2π [rad]로 하는 호도법을 사용함

② 호도법 : 호의 길이로 각도를 나타내는 방법

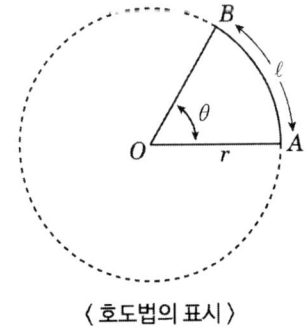

⟨호도법의 표시⟩

(3) 각도와 라디안 표시

도수법	0°	1°	30°	45°	60°	90°	180°	270°	360°
호도법 [rad]	0	$\dfrac{\pi}{180}$	$\dfrac{\pi}{6}$	$\dfrac{\pi}{4}$	$\dfrac{\pi}{3}$	$\dfrac{\pi}{2}$	π	$\dfrac{3\pi}{2}$	2π

2 주기와 주파수

(1) 주파수 : f

① 1 [sec] 동안에 반복되는 주기의 수

② 단위 : [Hz]

$$f = \frac{1}{T} [\text{Hz}]$$

(2) 주기(Period) : T

① 교류의 파형이 1사이클의 변화에 필요한 시간

② 단위 : [sec]

$$T = \frac{1}{f} [\text{sec}]$$

3 정현파의 평균치와 실효치

(1) 순싯값 : 임의의 순간에서의 전압 또는 전류의 크기

① $v(t) = V_m \sin\omega t = \sqrt{2}\, V\sin\omega t\,[\text{V}]$

② $i(t) = I_m \sin\omega t = \sqrt{2}\, I\sin\omega t\,[\text{A}]$

(2) 평균값 : 한 주기 동안의 면적을 주기로 나누어 구한 산술적인 평균값

$$V_{av} = \frac{1}{T}\int v(t)\,dt = \frac{1}{\frac{T}{2}}\int_0^{\frac{T}{2}} v(t)\,dt = \frac{1}{\pi}\int_0^{\pi} V_m \sin\theta\,d\theta$$

$$= \frac{V_m}{\pi}[-\cos\theta]_0^{\pi} = \frac{2}{\pi}V_m = 0.637\,V_m$$

(3) 실횻값 : 한 주기 동안 교류를 직류와 동일한 일을 하는 크기로 환산한 값

$$I = \sqrt{\frac{1}{\frac{T}{2}}\int_0^{\frac{T}{2}} i^2\,dt} = \sqrt{\frac{1}{\pi}\int_0^{\pi}(I_m \sin\theta)^2\,d\theta} = \sqrt{\frac{1}{\pi}\int_0^{\pi} I_m^2 \sin^2\theta\,d\theta}$$

$$= \sqrt{\frac{I_m^2}{\pi}\int_0^{\pi}\frac{1}{2}(1-\cos 2\theta)\,d\theta} = \sqrt{\frac{I_m^2}{2\pi}[\theta - \frac{1}{2}\sin 2\theta]_0^{\pi}} = \frac{I_m}{\sqrt{2}} = 0.707\,I_m$$

※ 비정현파의 평균값과 실횻값 계산

예제 01

그림과 같은 주기 전압파에 있어서 0초부터 0.02초의 사이에서는 $e = 5 \times 10^4 (t-0.02)^2$ [V]로 표시되고 0.02초에서부터 0.04초까지는 $e = 0$이다. 전압의 평균치 [V]는 약 얼마인가?

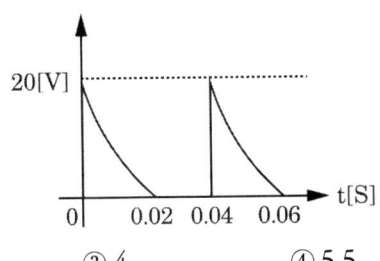

① 2.2   ② 3.3   ③ 4   ④ 5.5

해설 평균값 계산

$$V_{av} = \frac{1}{T}\int_0^T e(t)dt = \frac{1}{0.04}\int_0^{0.02} 5 \times 10^4 (t-0.02)^2 dt = 0.3333$$

정답 ②

예제 02

그림과 같이 주기가 3인 전압 파형의 실횻값은 약 몇 [V]인가?

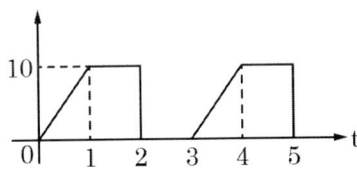

① 5.67   ② 6.67   ③ 7.57   ④ 8.57

해설 파형의 실횻값 계산

$$V = \sqrt{\frac{1}{T}\int_0^T v^2 dt} = \sqrt{\frac{1}{3}\int_0^1 (10t)^2 dt + \int_1^2 10^2 dt} = \frac{20}{3} = 6.67\,[V]$$

정답 ②

(4) 교류값의 관계

① 최댓값(V_m)과 실횻값(V)의 관계

$$V_m = \sqrt{2}\,V = 1.414\,V$$

② 최댓값(V_m)과 평균값(V_{av})의 관계

$$V_m = \frac{\pi}{2} V_{av} = 1.57 V_{av}$$

③ 실횻값(V)과 평균값(V_{av})의 관계

$$V = \frac{\pi}{2\sqrt{2}} V_{av} = 1.11 V_{av}$$

예제 03

어떤 정현파 교류 전압의 실횻값이 314 [V]일 때 평균값은 약 몇 [V]인가?

① 142 ② 283 ③ 365 ④ 382

해설 정현파 교류 평균값 V_{av} 계산

- 정현파 교류 전압 실횻값 V 계산

$$V = \frac{V_m}{\sqrt{2}} = 314, \ V_m = 314\sqrt{2}$$

∴ 정현파 교류 전압 평균값 V_{av} 계산

$$V_{av} = \frac{2V_m}{\pi} = \frac{2 \times 314\sqrt{2}}{\pi} \fallingdotseq 283\,[V]$$

정답 ②

예제 04

정현파 교류의 평균치에 어떠한 수를 곱하여 실효치를 얻을 수 있는가?

① $\dfrac{\pi}{2\sqrt{2}}$ ② $\dfrac{2}{\sqrt{3}}$ ③ $\dfrac{\sqrt{3}}{2}$ ④ $\dfrac{2\sqrt{2}}{\pi}$

해설 정현파 교류의 평균값과 실횻값

- 정현파 교류 평균값 $V_a = \dfrac{2}{\pi} V_m$
- 정현파 교류 실횻값 $V = \dfrac{1}{\sqrt{2}} V_m$

$\therefore V = \dfrac{1}{\sqrt{2}} V_m = \dfrac{1}{\sqrt{2}} \times \dfrac{\pi}{2} V_a = \dfrac{\pi}{2\sqrt{2}} V_a$

정답 ①

4 정현파의 파고율과 파형률

(1) 파고율

$$파고율 = \dfrac{최댓값}{실횻값} = \sqrt{2} = 1.414$$

(2) 파형률

$$파형률 = \dfrac{실횻값}{평균값} = \dfrac{\pi}{2\sqrt{2}} = 1.111$$

예제 05

$i(t) = 3\sqrt{2} \sin(377t - 30°)$ [A]의 **평균값은 약 몇 [A]인가?**

① 1.35 ② 2.7 ③ 4.35 ④ 5.4

해설 정현파의 평균값

- 파형률 = $\dfrac{실횻값}{평균값}$ 평균값 = $\dfrac{실횻값}{파형률}$
- 정현파의 파형률 = $\dfrac{\pi}{2\sqrt{2}} ≒ 1.11$ $\therefore$ 평균값 = $\dfrac{3}{1.11} ≒ 2.7$

정답 ②

5 위상차

(1) 위상 : 파형의 한 주기에서 첫 시작점의 각도 혹은 어느 한 순간의 위치

(2) 위상차 : 주파수가 동일한 2개 이상 교류 사이의 시간적 차이

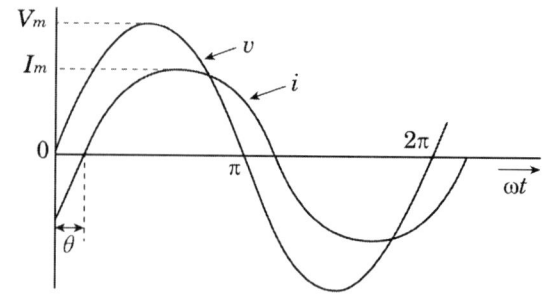

〈 교류전압의 위상차 〉

$$v = V_m \sin\omega t \, [\text{V}] \qquad i = I_m \sin(\omega t - \theta) \, [\text{A}]$$

① v는 i보다 θ만큼 앞선다(빠르다).

② i는 v보다 θ만큼 뒤진다(느리다).

(3) 각속도(각주파수)

① 각속도의 기호 : ω

② 각속도의 단위 : [rad/sec]

③ 회전체가 1초 동안에 회전한 각도를 의미한다.

$$\omega = \frac{\theta}{t} = \frac{2\pi}{T} = 2\pi f \, [\text{rad/sec}]$$

6 정현파 교류의 표현

(1) 극형식법 : $v = V_m \sin(\omega t + \theta) = \dfrac{V_m}{\sqrt{2}} \angle \theta°$

① 곱셈 : $A \angle \theta_1 \times B \angle \theta_2 = A \times B \angle (\theta_1 + \theta_2)$

② 나눗셈 : $A \angle \theta_1 \div B \angle \theta_2 = A \div B \angle (\theta_1 - \theta_2)$

(2) 복소수법 : 위상각을 sin 및 cos 함수를 이용한 표현방법

$$v = V_m \sin(\omega t + \theta) = \frac{V_m}{\sqrt{2}} \cos\theta + j \frac{V_m}{\sqrt{2}} \sin\theta$$

예제 06

$e_1 = 6\sqrt{2}\sin\omega t\,[\text{V}]$, $e_2 = 4\sqrt{2}\sin(\omega t - 60°)\,[\text{V}]$일 때, $e_1 - e_2$의 실횻값(V)은?

① 4　　　　② $2\sqrt{2}$　　　　③ $2\sqrt{7}$　　　　④ $2\sqrt{13}$

해설 $e_1 - e_2$의 실횻값 계산

- e_1, e_2 실횻값
  $e_1 = 6(\cos 0° + j\sin 0°) = 6$
  $e_2 = 4\{\cos(-60)° + j\sin(-60)°\} = 4(\cos 60° - j\sin 60°)$
  $\quad = 2 - j2\sqrt{3}$
- $e_1 - e_2 = 6 - (2 - j2\sqrt{3}) = 4 + j2\sqrt{3}$
$\therefore \sqrt{4^2 + (2\sqrt{3})^2} = 2\sqrt{7}$

TIP 계산기 이용 $e_2 = 4\angle -60° = 2 - j2\sqrt{3}$

정답 ③

(3) 오일러 공식

$e^{j\theta} = \cos\theta + j\sin\theta$

예제 07

$e^{j\frac{2}{3}\pi}$와 같은 것은?

① $\dfrac{1}{2} - j\dfrac{\sqrt{3}}{2}$　　　　　　　　② $-\dfrac{1}{2} - j\dfrac{\sqrt{3}}{2}$

③ $-\dfrac{1}{2} + j\dfrac{\sqrt{3}}{2}$　　　　　　　　④ $\cos\dfrac{2}{3}\pi + \sin\dfrac{2}{3}\pi$

해설 오일러 공식

$e^{j\frac{2}{3}\pi} = \cos\dfrac{2}{3}\pi + j\sin\dfrac{2}{3}\pi$
$\quad = -\dfrac{1}{2} + j\dfrac{\sqrt{3}}{2}$

정답 ③

02 교류 회로의 페이저 해석

1 수동소자의 전압 – 전류 관계

(1) R 회로

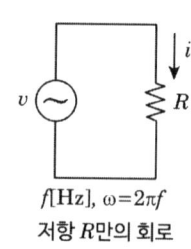

저항 R만의 회로

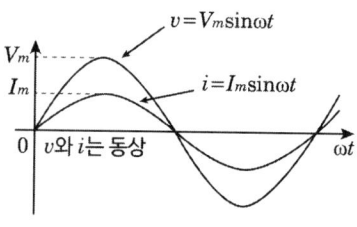

전압과 전류의 파형

① I = ∠0°, V = ∠0°

② 전류와 전압은 동위상

③ 전류와 전압의 주파수는 동일

(2) L 회로

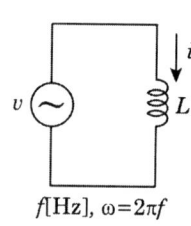

인덕턴스 L만의 회로

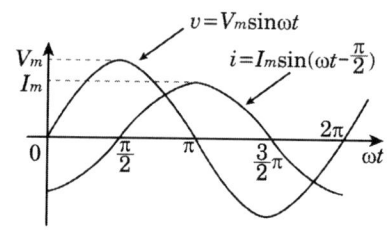

전압과 전류의 파형

① I = ∠0°, V = ∠90°

② 전류는 전압보다 위상이 90° 뒤짐(지상 전류)

③ 전류와 전압의 주파수는 동일

(3) C 회로

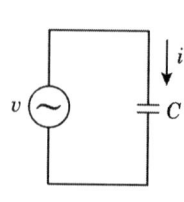

콘덴서 C만의 회로

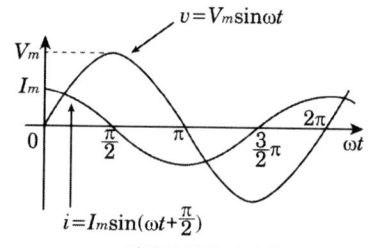

전압과 전류의 파형

① I = ∠0°, V = ∠-90°

② 전류는 전압보다 위상이 90° 앞섬(진상 전류)

③ 전류와 전압의 주파수는 동일

예제 08

저항 1 [Ω]과 인덕턴스 1 [H]를 직렬로 연결한 후 60 [Hz], 100 [V]의 전압을 인가할 때 흐르는 전류의 위상은 전압의 위상보다 어떻게 되는가?

① 뒤지지만 90° 이하이다. ② 90° 늦다.
③ 앞서지만 90° 이하이다. ④ 90° 빠르다.

해설 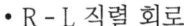 R – L 직렬 회로일 때, 전압과 전류의 위상

• R - L 직렬 회로

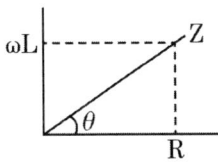　　$i(t) = \dfrac{E_m}{Z} sin(\omega t - \theta)$　　∴ 뒤지지만 90° 이하이다.

정답 ①

2 복소 임피던스 – 직렬 회로

(1) 임피던스 $Z_0 = Z_1 + Z_2 + \cdots + Z_n$
$$= (R_1 + R_2 + \cdots + R_n) + j(X_1 + X_2 + \cdots + X_n)$$
$$= R_0 + jX_0 = Z(\cos\theta + j\sin\theta) = Z\angle\theta°$$

(2) 역률 $\cos\theta = \dfrac{R_0}{Z_0} = \dfrac{R_0}{\sqrt{R_0^2 + X_0^2}}$

3 복소 어드미턴스 – 병렬 회로

(1) 어드미턴스 $Y_0 = Y_1 + Y_2 + \cdots + Y_n$
$$= (G_1 + G_2 + \cdots + G_n) + j(B_1 + B_2 + \cdots + B_n)$$
$$= G_0 + jB_0 = Y(\cos\theta + j\sin\theta) = Y\angle\theta°$$

(2) 역률 $\cos\theta = \dfrac{G_0}{Y_0} = \dfrac{\frac{1}{R_0}}{\frac{1}{Z_0}} = \dfrac{Z_0}{R_0} = \dfrac{\frac{R_0 X_0}{\sqrt{R_0^2 + X_0^2}}}{R_0} = \dfrac{X_0}{\sqrt{R_0^2 + X_0^2}}$

4 수동소자의 페이저 해석

(1) 직렬 회로

① 임피던스(Z) : 교류에서는 R, L, C를 고려한 임피던스로 해석한다.

$$Z = R + jX = R + j(X_L - X_C) = R + j\left(\omega L - \frac{1}{\omega C}\right) [\Omega]$$

② 전류(I)

$$I = \frac{V}{|Z|} = \frac{V}{\sqrt{R^2 + (X_L - X_C)^2}} [A]$$

③ 위상차(θ)

$$\theta = \tan^{-1} \frac{X}{R}$$

④ 역률($\cos\theta$)

$$\cos\theta = \frac{R}{|Z|} = \frac{R}{\sqrt{R^2 + (X_L - X_C)^2}}$$

예제 09

저항 100 [Ω], 커패시턴스 10 [μF]가 직렬로 연결된 회로에 100 [V], 50 [Hz]의 교류 전압을 가할 때 역률은?

① 0.2   ② 0.3   ③ 0.5   ④ 0.8

해설 직렬 회로의 역률

$$\cos\theta = \frac{R}{Z} = \frac{R}{\sqrt{R^2 + X^2}}$$

$$X_C = \frac{1}{2\pi f C} = \frac{1}{2\pi \times 50 \times 10^{-5}} = 318.31$$

$$\therefore \cos\theta = \frac{100}{\sqrt{100^2 + 318^2}} ≒ 0.30$$

정답 ②

⑤ 직렬 회로의 비교

구분	R-L 직렬	R-C 직렬	R-L-C 직렬
회로	(I, R, L 직렬, V_R, V_L)	(I, R, C 직렬, V_R, V_C)	(I, R, L, C 직렬, V_R, V_L, V_C)
전압 V	$V = V_R + jV_L = \sqrt{V_R^2 + V_L^2}\ [V]$	$V = V_R - jV_C = \sqrt{V_R^2 + V_C^2}\ [V]$	$V = V_R + j(V_L - V_C)$ $= \sqrt{V_R^2 + (V_L - V_C)^2}\ [V]$
임피던스 Z	$Z = R + jX_L = \sqrt{R^2 + X_L^2}$ $= \sqrt{R^2 + (\omega L)^2}\ [\Omega]$	$Z = R - jX_C = \sqrt{R^2 + X_C^2}$ $= \sqrt{R^2 + \left(\dfrac{1}{\omega C}\right)^2}\ [\Omega]$	$Z = R + j(X_L - X_C)$ $= \sqrt{R^2 + \left(\omega L - \dfrac{1}{\omega C}\right)^2}\ [\Omega]$
위상 θ	$\theta = \tan^{-1}\dfrac{\omega L}{R}$ 만큼 전류가 전압에 비해 뒤진다.	$\theta = \tan^{-1}\dfrac{1}{\omega CR}$ 만큼 전류가 전압에 비해 앞선다.	$\theta = \tan^{-1}\dfrac{\omega L - \dfrac{1}{\omega C}}{R}$ **$\omega L > \dfrac{1}{\omega C}$ 일 경우** 전류가 전압보다 위상이 θ만큼 뒤진다. **$\omega L < \dfrac{1}{\omega C}$ 일 경우** 전류가 전압보다 위상이 θ만큼 앞선다.
역률 $\cos\theta$	$\cos\theta = \dfrac{R}{Z} = \dfrac{R}{\sqrt{R^2 + X_L^2}}$ $= \dfrac{R}{\sqrt{R^2 + (\omega L)^2}}$	$\cos\theta = \dfrac{R}{Z} = \dfrac{R}{\sqrt{R^2 + X_C^2}}$ $= \dfrac{R}{\sqrt{R^2 + \left(\dfrac{1}{\omega C}\right)^2}}$	$\cos\theta = \dfrac{R}{Z}$ $= \dfrac{R}{\sqrt{R^2 + (X_L - X_C)^2}}$ $= \dfrac{R}{\sqrt{R^2 + \left(\omega L - \dfrac{1}{\omega C}\right)^2}}$

(2) 병렬 회로

① 어드미턴스(Y) : 임피던스의 역수

$$Y = \frac{1}{Z} = \frac{1}{R} + j\left(\frac{1}{X_C} - \frac{1}{X_L}\right) = \frac{1}{R} + j\left(\omega C - \frac{1}{\omega L}\right) = G + jB \, [\mho]$$

- 어드미턴스의 실수부(컨덕턴스) : $G = \dfrac{1}{R}$

- 어드미턴스의 허수부(서셉턴스) : $B = \dfrac{1}{X_C} - \dfrac{1}{X_L}$

② 전류(I)

$$I = |Y|V = \sqrt{G^2 + B^2}\, V = \sqrt{\left(\frac{1}{R}\right)^2 + \left(\frac{1}{X_C} - \frac{1}{X_L}\right)^2}\, V \, [A]$$

③ 위상차(θ)

$$\theta = \tan^{-1} \frac{B}{G}$$

④ 역률($\cos\theta$)

$$\cos\theta = \frac{G}{|Y|} = \frac{\dfrac{1}{R}}{\sqrt{\left(\dfrac{1}{R}\right)^2 + \left(\dfrac{1}{X_C} - \dfrac{1}{X_L}\right)^2}}$$

예제 10

저항 $\frac{1}{3}[\Omega]$, 유도 리액턴스 $\frac{1}{4}[\Omega]$인 R-L 병렬 회로의 합성 어드미턴스(℧)는?

① $3+j4$　　② $3-j4$　　③ $\frac{1}{3}+j\frac{1}{4}$　　④ $\frac{1}{3}-j\frac{1}{4}$

해설 합성 어드미턴스 Y 계산

$$Y = Y_1 + Y_2$$
$$= \frac{1}{R} + \frac{1}{j\omega L}$$
$$= \frac{1}{\frac{1}{3}} + \frac{1}{j\frac{1}{4}} = 3 - j4[\text{℧}]$$

정답 ②

예제 11

저항 30 [Ω], 용량성 리액턴스 40 [Ω]의 병렬 회로에 120 [V]의 정현파 교류 전압을 가할 때 전체 전류(A)는?

① 3　　　　② 4　　　　③ 5　　　　④ 6

해설 병렬 회로의 임피던스

$$Y = \sqrt{\left(\frac{1}{30}\right)^2 + \left(\frac{1}{40}\right)^2} = \frac{1}{24}$$

$$\therefore I = |Y|V = \frac{1}{24} \times 120 = 5[A]$$

정답 ③

⑤ 병렬 회로의 비교

구분	R-L 병렬	R-C 병렬	R-L-C 병렬
회로	(회로도)	(회로도)	(회로도)
전류 I	$I = I_R - jI_L = \sqrt{I_R^2 + I_L^2}$	$I = I_R + jI_C = \sqrt{I_R^2 + I_C^2}$	$I = I_R + j(I_C - I_L)$ $= \sqrt{I_R^2 + (I_C - I_L)^2}$
임피던스 Z	$\dfrac{1}{Z} = \dfrac{1}{R} - j\dfrac{1}{X_L}$ $= \sqrt{\left(\dfrac{1}{R}\right)^2 + \left(\dfrac{1}{X_L}\right)^2}$ $Z = \dfrac{1}{\sqrt{\left(\dfrac{1}{R}\right)^2 + \left(\dfrac{1}{X_L}\right)^2}}$	$\dfrac{1}{Z} = \dfrac{1}{R} + j\dfrac{1}{X_C}$ $= \sqrt{\left(\dfrac{1}{R}\right)^2 + \left(\dfrac{1}{X_C}\right)^2}$ $Z = \dfrac{1}{\sqrt{\left(\dfrac{1}{R}\right)^2 + \left(\dfrac{1}{X_C}\right)^2}}$	$\dfrac{1}{Z} = \dfrac{1}{R} + j\left(\dfrac{1}{X_C} - \dfrac{1}{X_L}\right)$ $= \sqrt{\left(\dfrac{1}{R}\right)^2 + \left(\dfrac{1}{X_C} - \dfrac{1}{X_L}\right)^2}$ $Z = \dfrac{1}{\sqrt{\dfrac{1}{R^2} + \left(\dfrac{1}{X_C} - \dfrac{1}{X_L}\right)^2}}$
위상 θ	$\theta = \tan^{-1}\dfrac{R}{\omega L}$ 만큼 전류가 전압에 비해 뒤진다.	$\theta = \tan^{-1}\omega CR$ 만큼 전류가 전압에 비해 앞선다.	$\theta = \tan^{-1} R\left(\omega C - \dfrac{1}{\omega L}\right)$ **$\dfrac{1}{\omega L} > \omega C$ 일 경우** 전류가 전압보다 θ 만큼 뒤진다. **$\dfrac{1}{\omega L} < \omega C$ 일 경우** 전류가 전압보다 θ 만큼 앞선다.
역률 $\cos\theta$	$\cos\theta = \dfrac{Z}{R} = \dfrac{1}{R} \times Z$ $= \dfrac{1}{R\sqrt{\left(\dfrac{1}{R}\right)^2 + \left(\dfrac{1}{X_L}\right)^2}}$	$\cos\theta = \dfrac{Z}{R} = \dfrac{1}{R} \times Z$ $= \dfrac{1}{R\sqrt{\left(\dfrac{1}{R}\right)^2 + \left(\dfrac{1}{X_C}\right)^2}}$	$\cos\theta = \dfrac{Z}{R} = \dfrac{1}{R} \times Z$ $= \dfrac{1}{R\sqrt{\dfrac{1}{R^2} + \left(\dfrac{1}{X_C} - \dfrac{1}{X_L}\right)^2}}$

5 교류 브릿지 회로

(1) 교류 브릿지의 평형 조건

① 검류계 G에 흐르는 전류 I_G가 0일 것

② 대각선 저항의 곱이 같을 것

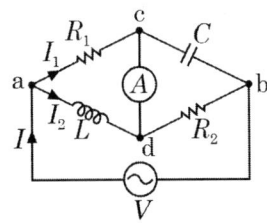

$$R_1 \times R_2 = X_L \times X_C$$

예제 12

다음과 같은 교류 브릿지 회로에서 Z_0에 흐르는 전류가 0이 되기 위한 각 임피던스의 조건은?

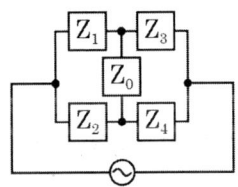

① $Z_1Z_2 = Z_3Z_4$ ② $Z_1Z_2 = Z_3Z_0$
③ $Z_2Z_3 = Z_1Z_0$ ④ $Z_2Z_3 = Z_1Z_4$

해설 휘스톤 브릿지 회로

- 평형 조건 만족 시, Z_0에는 전류가 흐르지 않음
- 브릿지 평형 조건 $Z_2Z_3 = Z_1Z_4$

정답 ④

6 공진 회로

(1) 공진현상

① 기계의 공진 : 진동체의 고유진동수에 같은 진동수의 강제력을 가했을 때 약간의 힘으로 대단히 큰 진동을 일으키는 현상

② 전기의 공진 : 교류 회로에 있어서 인덕턴스 L, 정전 용량 C, 주파수 f 사이에 특정한 관계가 성립할 때, 회로에 큰 전류가 흐르는 현상

(2) 공진조건

① R만인 회로일 때

② $X_L = X_C$, $\omega L = \dfrac{1}{\omega C}$ 일 때

③ 허수부가 '0'일 때

(3) 공진주파수

$$f_o = \frac{1}{2\pi\sqrt{LC}} [\text{Hz}]$$

예제 13

1000 [Hz]인 정현파 교류에서 5 [mH]인 유도 리액턴스와 같은 용량 리액턴스를 갖는 C [μF]의 값은?

① 4.07   ② 5.07   ③ 6.07   ④ 7.07

해설 공진조건

- $X_L = X_C$, $\omega L = \dfrac{1}{\omega C}$

- $C = \dfrac{1}{\omega^2 L} = \dfrac{1}{(2\pi f)^2 L}$

  $= \dfrac{1}{(2\pi \times 1000)^2 \times 5 \times 10^{-3}}$

  $= 5.07 \times 10^{-6}$ [F]

∴ 5.07 [μF]

정답 ②

예제 14

그림과 같은 회로가 공진이 되기 위한 조건을 만족하는 어드미턴스(℧)는?

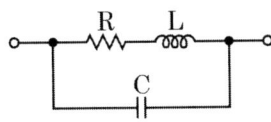

① $\dfrac{CL}{R}$ ② $\dfrac{CR}{L}$ ③ $\dfrac{L}{CR}$ ④ $\dfrac{LR}{C}$

해설 병렬 회로의 공진조건

병렬 회로의 공진조건은 어드미턴스의 허수부가 '0'이어야 한다.

$$Y = \frac{1}{R+j\omega L} + j\omega C$$

$$= \frac{1}{R+j\omega L} \times \frac{(R-j\omega L)}{(R-j\omega L)} + j\omega C$$

$$= \frac{R-j\omega L}{R^2+\omega^2 L^2} + j\omega C$$

$$= \frac{R}{R^2+\omega^2 L^2} - \frac{j\omega L}{R^2+\omega^2 L^2} + j\omega C$$

$$= \frac{R}{R^2+\omega^2 L^2} - j\left(\frac{\omega L}{R^2+\omega^2 L^2} - \omega C\right)$$

• 어드미턴스의 허수부 = '0'이어야 하므로

$$\omega C - \frac{\omega L}{R^2+\omega^2 L^2} = 0$$

$$\omega C = \frac{\omega L}{R^2+\omega^2 L^2} \rightarrow \frac{L}{C} = R^2+\omega^2 L^2$$

$$\therefore Y = \frac{R}{R^2+\omega^2 L^2} = \frac{R}{\dfrac{L}{C}} = \frac{CR}{L}$$

정답 ②

(4) 직렬공진과 병렬공진의 비교

구분	R-L-C 직렬 공진	R-L-C 병렬 공진
공진조건		$X_L = X_C \rightarrow \omega L = \dfrac{1}{\omega C}$ (허수부 = 0)
공진주파수		$\omega L = \dfrac{1}{\omega C} \rightarrow \omega^2 = \dfrac{1}{LC}$ $\rightarrow (2\pi f)^2 = \dfrac{1}{LC}$ $\rightarrow 2\pi f = \dfrac{1}{\sqrt{LC}}$ $\rightarrow f = \dfrac{1}{2\pi \sqrt{LC}} [Hz]$
역률		1
임피던스	$Z = R$ (최소)	$Z = R$ (최대)
어드미턴스	$Y = \dfrac{1}{R}$ (최대)	$Y = \dfrac{1}{R}$ (최소)
전류	최대	최소
선택도 (첨예도) Q	$Q = \dfrac{1}{R} \sqrt{\dfrac{L}{C}}$	$Q = R \sqrt{\dfrac{C}{L}}$

예제 15

R = 100 [Ω], L = 381 [mH], C = 152.4 [pF]인 R-L-C 직렬 회로에서 공진 시 첨예도는?

① 300 ② 400 ③ 500 ④ 600

해설 R-L-C 직렬 회로 첨예도

$Q = \dfrac{1}{R} \sqrt{\dfrac{L}{C}}$

$= \dfrac{1}{100} \sqrt{\dfrac{381 \times 10^{-3}}{152.4 \times 10^{-12}}} = 500$

정답 ③

03 교류전력

1 교류전력의 표현

(1) 피상전력 : 발전소에서 공급되는 전력

(2) 유효전력 : 전기로 사용되는 전력(평균전력)

(3) 무효전력 : 전기로 사용되지 못하고 되돌려 보내는 전력

2 역률

(1) 역률($\cos\theta$) : 피상전력과 유효전력과의 비

$$\cos\theta = \frac{P}{P_a} = \sqrt{1-\sin^2\theta}$$

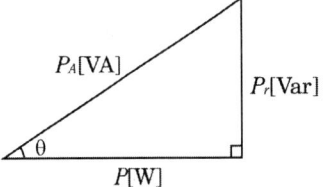

(2) 무효율($\sin\theta$) : 피상전력과 무효전력과의 비

$$\sin\theta = \frac{P_r}{P_a} = \sqrt{1-\cos^2\theta}$$

3 교류전력의 계산

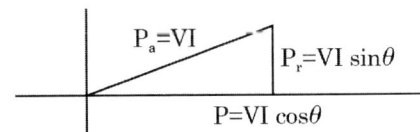

(1) 피상전력

$$P_a = VI\,[\text{VA}], \quad P_a = \sqrt{P^2 + P_r^2}\,[\text{VA}]$$

(2) 유효전력

$$P = VI\cos\theta\,[\text{W}]$$

(3) 무효전력

$$P_r = VI\sin\theta\,[\text{Var}]$$

예제 16

저항이 40 [Ω], 임피던스가 50 [Ω]인 R – L 직렬 회로의 부하에 전압 100 [V]를 인가한 경우 리액턴스에서 소비되는 무효전력(Var)은?

① 120　　② 160　　③ 200　　④ 250

해설 무효전력의 계산

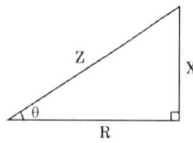

$Z^2 = R^2 + X^2$

$X = \sqrt{Z^2 - R^2} = \sqrt{50^2 - 40^2} = 30\,[\Omega],\ \sin\theta = \frac{3}{5}$

$I = \dfrac{V}{Z} = \dfrac{100}{50} = 2\,[A]$

∴ 무효전력 $P_r = VI\sin\theta = 100 \times 2 \times \dfrac{3}{5} = 120\,[\mathrm{Var}]$

다른풀이 $P_r = I^2 X = 2^2 \times 30 = 120\,[\mathrm{Var}]$

정답 ①

예제 17

전압과 전류가 각각 $v = 141.4\sin\left(377t + \dfrac{\pi}{3}\right)[V]$, $i = \sqrt{8}\sin\left(377t + \dfrac{\pi}{6}\right)[A]$인 회로의 소비(유효)전력은 약 몇 [W]인가?

① 100　　② 173　　③ 200　　④ 344

해설 소비전력 P 계산

$P = \dfrac{V_m}{\sqrt{2}} \times \dfrac{I_m}{\sqrt{2}} \times \cos\theta$

$= \dfrac{141.4 \times \sqrt{8}}{2} \times \cos\left(\dfrac{\pi}{3} - \dfrac{\pi}{6}\right)$

$= 173\,[W]$

정답 ②

4 복소전력

(1) **복소전력** : 전압과 전류를 실수부와 허수부로 나누어 표현한 것

$$S = P + jQ = |S| \angle \theta_S$$

S : 복소전력, P : 유효전력, Q : 무효전력

(2) 피상전력의 계산

구분	피상전력	$+jQ$	$-jQ$
전류 공액	$S = P_a = V\overline{I}$	유도성 부하	용량성 부하
전압 공액	$S = P_a = \overline{V}I$	용량성 부하	유도성 부하

※ 거의 모든 문제는 전류공액을 이용한다.

예제 18

$V = 50\sqrt{3} - j50 \,[\text{V}]$, $I = 15\sqrt{3} + j15 \,[\text{A}]$일 때 유효전력 $P\,[\text{W}]$와 무효전력 $Q\,[\text{Var}]$는 각각 얼마인가?

① $P = 3000$, $Q = -1500$
② $P = 1500$, $Q = -1500\sqrt{3}$
③ $P = 750$, $Q = -750\sqrt{3}$
④ $P = 2250$, $Q = -1500\sqrt{3}$

해설 유효진력 P 및 무효진력 P_r 계산

$$P_a = V\overline{I} = (50\sqrt{3} - j50)(15\sqrt{3} - j15)$$
$$= 1500 - j1500\sqrt{3}$$

TIP 전압 V 및 전류 I 값 복소수일 때, 복소전력 공식으로 계산

정답 ②

5 역률개선

(1) 역률개선 : 용량성 무효전력을 공급함으로써 유도성 무효전력을 상쇄시켜 전체 무효전력을 감소시키는 것

(2) 전력용 콘덴서

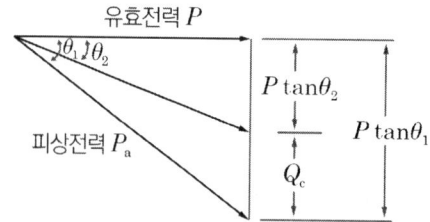

① 부하와 병렬로 접속하여 진상 전류를 얻어 부하역률을 개선함
② 콘덴서의 용량

$$Q_c = P(\tan\theta_1 - \tan\theta_2) = P\left(\frac{\sqrt{1-\cos^2\theta_1}}{\cos\theta_1} - \frac{\sqrt{1-\cos^2\theta_2}}{\cos\theta_2}\right)$$

θ_1 : 개선 전 역률각, θ_2 : 개선 후 역률각

③ 용량 리액턴스

$$P_r = \frac{V^2}{X_c}, \quad X_c = \frac{V^2}{P_r}$$

P_r : 무효전력, X_c : 용량 리액턴스

예제 19

2단자 회로망에 단상 100 [V]의 전압을 가하면 30 [A]의 전류가 흐르고 1.8 [kW]의 전력이 소비된다. 이 회로망과 병렬로 커패시터를 접속하여 합성 역률을 100 [%]로 하기 위한 용량성 리액턴스(Ω)는?

① 2.1   ② 4.2   ③ 6.3   ④ 8.4

해설 용량성 리액턴스 X_c 계산

- 피상전력 $P_a = 30 \times 100 = 3000\,[VA]$
- 무효전력 $P_r = \sqrt{3000^2 - 1800^2} = 2400\,[Var]$
- $P_r = \dfrac{V^2}{X_c},\ 2400 = \dfrac{100^2}{X_c}\ \therefore X_c = \dfrac{100^2}{2400} ≒ 4.2\,[\Omega]$

정답 ②

6 교류의 최대 전력 전달

(1) 소비전력

① 직류 전압을 가할 때

$$P = I^2 R = \left(\frac{V}{R}\right)^2 R = \frac{V^2}{R}$$

② 교류 전압을 가할 때

$$P = I^2 R = \left(\frac{V}{Z}\right)^2 R$$

예제 20

어떤 코일의 임피던스를 측정하고자 직류 전압 100 [V]를 가했더니 500 [W]가 소비되고, 교류 전압 150 [V]를 가했더니 720 [W]가 소비되었다. 코일의 저항(Ω)과 리액턴스(Ω)는 각각 얼마인가?

① R = 20, X_L = 15
② R = 15, X_L = 20
③ R = 25, X_L = 20
④ R = 30, X_L = 25

해설 전력의 계산

- 직류 전압을 가할 때
$$P = I^2 R = \left(\frac{V}{R}\right)^2 R = \frac{V^2}{R} \quad 500 = \frac{100^2}{R}, \quad \therefore R = 20[\Omega]$$

- 교류 전압을 가할 때
$$P = I^2 R = \left(\frac{V}{Z}\right)^2 R$$
$$= \left(\frac{150}{\sqrt{20^2 + X_L^2}}\right)^2 \times 20 = 720[\Omega]$$
$$\therefore X_L = 15[\Omega]$$

정답 ①

(2) 교류의 최대 전력

구분	직류 회로	교류 회로
회로	(r, R, E, I 회로도)	($Z_r = r+jx$, $Z_L = R+JX$, $\dot{E}$, $\dot{I}_L$ 회로도)
최대 전력 조건	내부저항 r = 부하저항 R	부하 임피던스 Z_L = 내부 임피던스 공액값 $\overline{Z_r}$
최대 출력	$P_{최대} = I^2 R = \left(\dfrac{E}{R_T}\right)^2 R = \left(\dfrac{E}{r+R}\right)^2 R = \left(\dfrac{E}{2R}\right)^2 R = \dfrac{E^2}{4R}$	

예제 21

다음 회로에서 부하 R에 최대 전력이 공급될 때의 전력값이 5 [W]라고 하면 $R_L + R_i$의 값은 몇 [Ω]인가? (단, R_i는 전원의 내부저항이다)

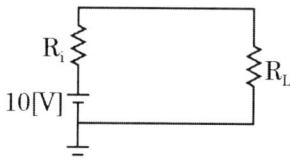

① 5   ② 10   ③ 15   ④ 20

해설 최대 전력 공급계산

- $P_{\max} = \dfrac{E^2}{4R_L}[W]$
- $R_L = \dfrac{10^2}{4 \times 5} = 5[\Omega]$
- ∴ $R_L + R_i = 5 + 5 = 10[\Omega]$

TIP 최대 전력 전송조건 $R_i = R_L = R$

최대 전력 $P_{\max} = \dfrac{E^2}{4R}$

정답 ②

04 유도결합 회로

1 유도결합 회로

(1) 상호유도작용 : 1차 코일에 흐르는 전류로 인해 2차 코일에 기전력이 유도

(2) 유도결합 회로 : 2개 이상의 인턱터가 상호 연결된 회로로 구성된 전기 회로

2 상호 인덕턴스

(1) 상호 인덕턴스 : 코일 두 개를 상호 연결 시 유도되는 인덕턴스

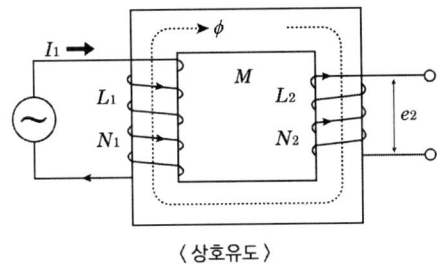

〈상호유도〉

(2) 1차 코일의 기전력

$$e_1 = L_1 \frac{di_1}{dt} - M\frac{di_2}{dt}$$

(3) 2차 코일의 기전력

$$e_2 = L_2 \frac{di_2}{dt} - M\frac{di_1}{dt}$$

예제 22

그림과 같은 회로에서 $i_1(t) = I_m \sin\omega t$ [A]일 때, 개방된 2차 단자에 나타나는 유기기전력 e_2(V)는?

① $\omega MI_m \sin\omega t$
② $\omega MI_m \cos\omega t$
③ $\omega MI_m \sin(\omega t - 90°)$
④ $\omega MI_m \sin(\omega t + 90°)$

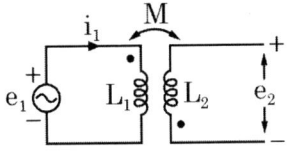

해설 2차코일의 유기기전력

$e_2 = L_2 \frac{di_2}{dt} - M\frac{di_1}{dt}$ 에서 2차가 개방되었기 때문에 $i_2 = 0$이므로

$e_2 = -M\frac{d}{dt}I_m \sin\omega t = -\omega MI_m \cos\omega t = \omega MI_m \sin(\omega t - 90°)$

정답 ③

3 등가 인덕턴스

(1) 직렬접속

접속방식	가동접속	차동접속
계산식	$L_{가동} = L_1 + L_2 + 2M$	$L_{차동} = L_1 + L_2 - 2M$
회로	$L_1 \overset{M}{\longleftrightarrow} L_2$	$L_1 \overset{M}{\longleftrightarrow} L_2$

$$L_{가동-차동} = L_1 + L_2 + 2M - (L_1 + L_2 - 2M) = 4M\,[\text{H}]$$

(2) 병렬접속

접속방식	가동접속	차동접속
계산식	$L_{가동} = \dfrac{L_1 L_2 - M^2}{L_1 + L_2 - 2M}$	$L_{차동} = \dfrac{L_1 L_2 - M^2}{L_1 + L_2 + 2M}$
회로	$L_1 \; L_2$ (M)	$L_1 \; L_2$ (M)

예제 23

인덕턴스가 각각 5 [H], 3 [H]인 두 코일을 모두 dot 방향으로 전류가 흐르게 직렬로 연결하고 인덕턴스를 측정하였더니 15 [H]이었다. 두 코일 간의 상호 인덕턴스(H)는?

① 3.5　　　② 4.5　　　③ 7　　　④ 9

해설 상호 인덕턴스 M [H] 계산

- 인덕턴스 가동결합

$L = L_1 + L_2 + 2M \rightarrow 15 = 5 + 3 + 2M$

$\therefore M = \dfrac{L - L_1 - L_2}{2} = \dfrac{15 - 5 - 3}{2} = 3.5$

정답 ①

4 결합계수

(1) 자기 인덕턴스와 상호 인덕턴스와의 관계

$$M = k\sqrt{L_1 L_2} \; [\text{H}]$$

(2) 결합계수 : 1차 코일과 2차 코일의 자속에 의한 결합의 정도를 나타내는 양

$$k = \frac{M}{\sqrt{L_1 L_2}} \; [\text{H}]$$

① $k=0$: 상호자속이 없는 경우
② $k=1$: 누설자속이 없는 경우(가장 이상적인 상태)

CHAPTER 03 비정현파 교류

01 푸리에 급수

1 비정현파

(1) 비정현파 : 정현파 외에 다른 모양의 주기를 가지는 파형

(2) 비정현파 교류의 해석

$$\text{비정현파} = \text{직류분} + \text{고조파} + \text{기본파}$$

2 푸리에 급수 표시

직류, 기본파, 무수히 많은 고조파 성분의 구성을 합으로 표현함

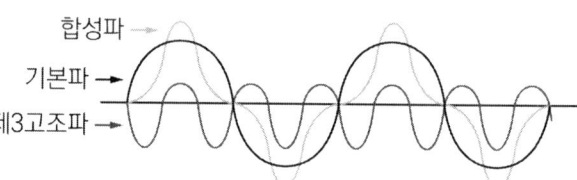

$$f(t) = a_0 + \sum_{n=1}^{\infty} a_n \cos n\omega t + \sum_{n=1}^{\infty} b_n \sin n\omega t$$

예제 01

주기함수 $f(t)$의 푸리에 급수 전개식으로 옳은 것은?

① $f(t) = \sum\limits_{n=1}^{\infty} a_n \sin n\omega t + \sum\limits_{n=1}^{\infty} b_n \sin n\omega t$

② $f(t) = b_0 + \sum\limits_{n=2}^{\infty} a_n \sin n\omega t + \sum\limits_{n=2}^{\infty} b_n \cos n\omega t$

③ $f(t) = a_0 + \sum\limits_{n=1}^{\infty} a_n \cos n\omega t + \sum\limits_{n=1}^{\infty} b_n \sin n\omega t$

④ $f(t) = \sum\limits_{n=1}^{\infty} a_n \cos n\omega t + \sum\limits_{n=1}^{\infty} b_n \cos n\omega t$

해설 푸리에 급수(비정현파 분해 기법)

- $f(t) = a_0 + \sum\limits_{n=1}^{\infty} a_n \cos n\omega t + \sum\limits_{n=1}^{\infty} b_n \sin n\omega t$
- 직류분 (a_0), 기본파 (a_1, b_1), 무수히 많은 고조파 $(a_2 \cdots a_n,\ b_2 \cdots b_n)$ 성분의 합으로 표현한 것

정답 ③

3 푸리에 급수의 계수

(1) 직류분 : $a_0 = \dfrac{1}{T}\displaystyle\int_0^T f(t)dt$: 비정현파의 한 주기까지의 평균값

(2) 여현항 고조파 : $a_n = \dfrac{2}{T}\displaystyle\int_0^T f(t)\cos n\omega t\, dt$

(3) 정현항 고조파 : $b_n = \dfrac{2}{T}\displaystyle\int_0^T f(t)\sin n\omega t\, dt$

예제 02

ωt가 0에서 π까지는 I = 20 [A], π에서 2π까지는 I = 0 [A]인 파형을 푸리에 급수로 전개할 때 직류분 a_0는?

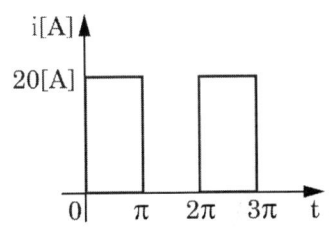

① 5 ② 7.07 ③ 10 ④ 14.14

해설 푸리에 급수

직류분 : 비정현파의 한 주기 동안 평균값

$a_0 = \dfrac{1}{T}\displaystyle\int_0^T f(t)dt = \dfrac{1}{2\pi}\displaystyle\int_0^{2\pi} f(t)dt = \dfrac{1}{2\pi}\displaystyle\int_0^{\pi} 20\,dt$

$= \dfrac{20\pi}{2\pi} = 10$

정답 ③

02 비정현파의 대칭

1 정현대칭(기함수)

(1) 특징 : 원점대칭이므로 sin항만 존재함

(2) 함수식 : $f(t) = \sum_{n=1}^{\infty} b_n \sin\omega t$

$$f(t) = -f(-t)$$

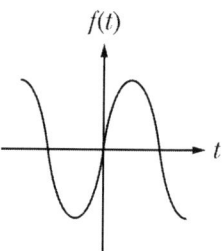

2 여현대칭(우함수)

(1) 특징 : Y축 대칭이므로 a_0, cos항만 존재함

(2) 함수식 : $f(t) = a_0 + \sum_{n=1}^{\infty} a_n \cos\omega t$

$$f(t) = f(-t)$$

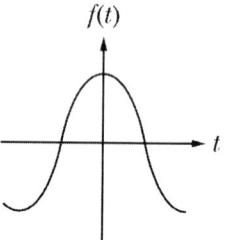

3 반파대칭

(1) 특징 : 홀수(기수) 고조파항만 존재함

(2) 함수식 : $f(t) = \sum_{n=1}^{\infty} a_n \cos\omega t + \sum_{n=1}^{\infty} b_n \sin\omega t$

$$f(t) = -f\left(t + \frac{T}{2}\right)$$

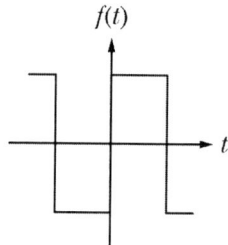

예제 03

푸리에 급수로 표현된 f(t)가 반파대칭 및 정현대칭일 때 f(t)에 대한 특징으로 옳은 것은?

$$f(t) = a_0 + \sum_{n=1}^{\infty} a_n \cos n\omega t + \sum_{n=1}^{\infty} b_n \sin n\omega t$$

① a_n의 우수항만 존재한다. ② a_n의 기수항만 존재한다.
③ b_n의 우수항만 존재한다. ④ b_n의 기수항만 존재한다.

해설 반파 및 정현대칭

• 반파대칭 : 홀수(기수)항만 존재 • 정현대칭 : sin 항
∴ b_n의 기수항만 존재

정답 ④

03 비정현파의 실횻값

1 전압의 실횻값

(1) 비정현파 교류 전압 $v(t)$ 표현

$$v(t) = V_0 + V_{m1}\sin\omega t + V_{m2}\sin2\omega t + V_{m3}\sin3\omega t + \cdots + V_{mn}\sin n\omega t \, [\text{V}]$$

(2) 비정현파 실횻값 V 계산

$$V = \sqrt{V_0^2 + \left(\frac{V_{m1}}{\sqrt{2}}\right)^2 + \left(\frac{V_{m2}}{\sqrt{2}}\right)^2 + \left(\frac{V_{m3}}{\sqrt{2}}\right)^2 + \cdots + \left(\frac{V_{mn}}{\sqrt{2}}\right)^2} \, [\text{V}]$$

$$= \sqrt{V_0^2 + V_1^2 + V_2^2 + V_3^2 + \cdots + V_n^2} \, [\text{V}]$$

예제 04

비정현파의 전압이 $3 + 10\sqrt{2}\sin\omega t + 5\sqrt{2}\sin3\omega t \, [\text{V}]$일 때, 실효치(V)는?

① 11.5 ② 10.5 ③ 9.5 ④ 8.5

해설 비정현파의 실횻값

$$V = \sqrt{V_0 + V_1 + V_2 + \cdots} = \sqrt{3^2 + 10^2 + 5^2} \fallingdotseq 11.58 \, [V]$$

정답 ①

2 전류의 실횻값

(1) 비정현파 교류 전류 $i(t)$ 표현

$$i(t) = I_0 + I_{m1}\sin\omega t + I_{m2}\sin2\omega t + I_{m3}\sin3\omega t + \cdots + I_{mn}\sin n\omega t \, [\text{A}]$$

(2) 비정현파 실횻값 I 계산

$$I = \sqrt{I_0^2 + \left(\frac{I_{m1}}{\sqrt{2}}\right)^2 + \left(\frac{I_{m2}}{\sqrt{2}}\right)^2 + \left(\frac{I_{m3}}{\sqrt{2}}\right)^2 + \cdots + \left(\frac{I_{mn}}{\sqrt{2}}\right)^2} \, [\text{A}]$$

$$= \sqrt{I_0^2 + I_1^2 + I_2^2 + I_3^2 + \cdots + I_n^2} \, [\text{A}]$$

3 비정현파의 전력

$v(t) = V_0 + V_{m1}\sin\omega t + V_{m2}\sin2\omega t + V_{m3}\sin3\omega t + \cdots + V_{mn}\sin n\omega t [V]$,

$i(t) = I_0 + I_{m1}\sin\omega t + I_{m2}\sin2\omega t + I_{m3}\sin3\omega t + \cdots + I_{mn}\sin n\omega t [A]$ 일 때

(1) 피상전력

$$P_a = V \times I = \sqrt{V_0^2 + V_1^2 + V_2^2 + \cdots + V_n^2} \times \sqrt{I_0^2 + I_1^2 + I_2^2 + \cdots + I_n^2} \ [VA]$$

(2) 유효전력

$$P = V_0 I_0 + V_1 I_1 \cos\theta_1 + V_2 I_2 \cos\theta_2 + \cdots + V_n I_n \cos\theta_n \ [W]$$

(3) 무효전력

$$P = V_0 I_0 + V_1 I_1 \sin\theta_1 + V_2 I_2 \sin\theta_2 + \cdots + V_n I_n \sin\theta_n \ [W]$$

(단, θ는 각 고조파끼리의 위상차)

예제 05

어떤 회로의 단자 전압과 전류가 다음과 같을 때, 회로에 공급되는 평균 전력은 약 몇 [W]인가?

$v(t) = 100\sin\omega t + 70\sin2\omega t + 50\sin(3\omega t - 30°) \ [V]$
$i(t) = 20\sin(\omega t - 60°) + 10\sin(3\omega t + 45°) \ [A]$

① 565 ② 525 ③ 495 ④ 465

해설 전력 P 계산

$$P = V_1 I_1 \cos\theta_1 + V_3 I_3 \cos\theta_3 = \frac{100}{\sqrt{2}} \cdot \frac{20}{\sqrt{2}} \cos60° + \frac{50}{\sqrt{2}} \cdot \frac{10}{\sqrt{2}} \cos75°$$
$$= 565 \ [W]$$

정답 ①

예제 06

R-C 회로에 비정현파 전압을 가하여 흐른 전류가 다음과 같을 때 이 회로의 역률은 약 몇 [%]인가?

$$v = 20 + 220\sqrt{2}\sin120\pi t + 40\sqrt{2}\sin360\pi t\,[V]$$
$$i = 2.2\sqrt{2}\sin(120\pi t + 36.87°) + 0.49\sqrt{2}\sin(360\pi t + 14.04°)\,[A]$$

① 75.8
② 80.4
③ 86.3
④ 89.7

해설 역률 계산

- 유효전력 P 계산

    $P = V_1 I_1 \cos\theta_1 + V_3 I_3 \cos\theta_3$
    $= (220 \times 2.2 \times \cos36.8°) + (40 \times 0.49 \times \cos14.04°)$
    $= 406\,[W]$

- 실횻값 V 및 I 계산

    $V = \sqrt{V_0^2 + V_1^2 + V_3^2} = \sqrt{20^2 + 220^2 + 40^2} = 224.5\,[V]$
    $I = \sqrt{I_1^2 + I_3^2} = \sqrt{2.2^2 + 0.49^2} = 2.25\,[A]$

- 피상전력 P_a 계산

    $P_a = V \times I = 224.5 \times 2.25 = 505.13\,[VA]$

∴ 역률 $\cos\theta$ 계산

$\cos\theta = \dfrac{P}{P_a} = \dfrac{406}{505.13} \times 100 = 80.4\,[\%]$

정답 ②

4 파형의 종류

구분	파형	실횻값	평균값	파형률	파고율
정현파		$\dfrac{1}{\sqrt{2}}E_m$	$\dfrac{2}{\pi}E_m$	1.11	1.414
전파 정현파		$\dfrac{1}{\sqrt{2}}E_m$	$\dfrac{2}{\pi}E_m$	1.11	1.414

구분	파형	실횻값	평균값	파형률	파고율
반파 정현파		$\frac{1}{2}E_m$	$\frac{1}{\pi}E_m$	1.57	2
구형파		E_m	E_m	1	1
반파 구형파		$\frac{1}{\sqrt{2}}E_m$	$\frac{1}{2}E_m$	1.41	1.41
삼각파 톱니파		$\frac{1}{\sqrt{3}}E_m$	$\frac{1}{2}E_m$	1.15	1.73

예제 07

그림과 같은 파형의 실횻값은 약 몇 [A]인가?

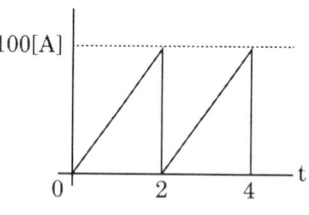

① 47.7   ② 57.7   ③ 67.7   ④ 87.7

해설 톱니파

- 파고율 = 최댓값 ÷ 실횻값
  따라서, 실횻값 = 최댓값 ÷ 파고율
- 톱니파의 파고율 = $\sqrt{3}$
- ∴ 톱니파의 실횻값 = $\frac{100}{\sqrt{3}} ≒ 57.7\,[A]$

정답 ②

5 전고조파의 왜형률

(1) 왜형률 : 기본파와 비교하여 고조파의 포함 정도를 나타낸 비율

(2) 전압의 왜형률

$$\epsilon = \frac{\text{전 고조파의 실횻값}}{\text{기본파의 실횻값}} = \frac{\sqrt{V_2^2 + V_3^2 + \cdots + V_n^2}}{V_1} \times 100 \, [\%]$$

(3) 전류의 왜형률

$$\epsilon = \frac{\text{전 고조파의 실횻값}}{\text{기본파의 실횻값}} = \frac{\sqrt{I_2^2 + I_3^2 + \cdots + I_n^2}}{I_1} \times 100 \, [\%]$$

예제 08

비정현파 전압 $v = 100\sqrt{2}\sin\omega t + 50\sqrt{2}\sin 2\omega t + 30\sqrt{2}\sin 3\omega t \, [\text{V}]$의 왜형률은 약 얼마인가?

① 0.36 ② 0.58 ③ 0.87 ④ 1.41

해설 왜형률

$$\text{왜형률} = \frac{\text{전 고조파 실횻값}}{\text{기본파 실횻값}} = \frac{\sqrt{V_2^2 + V_3^2}}{V_1} = \frac{\sqrt{50^2 + 30^2}}{100} = 0.58$$

정답 ②

예제 09

기본파의 60 [%]인 제3고조파와 80 [%]인 제5고조파를 포함하는 전압의 왜형률은?

① 0.3 ② 1 ③ 5 ④ 10

해설 왜형률

$$\text{왜형률} = \frac{\text{각 고조파 실횻값}}{\text{기본파 실횻값}} = \frac{\sqrt{(0.6V_1)^2 + (0.8V_1)^2}}{V_1} = \sqrt{0.6^2 + 0.8^2} = 1$$

정답 ②

04 비정현파의 임피던스

1 비정현파의 R-L-C 회로

(1) R-L 직렬 회로 : n고조파의 저항은 변화가 없고 유도 리액턴스는 n배로 증가

① 유도 리액턴스 : $X_{nL} = 2n\pi fL = n\omega L$

② $Z_{n고조파} = R + jnX_L = R + jn\omega L = \sqrt{R^2 + (n\omega L)^2}$

(2) R-C 직렬 회로 : n고조파의 저항은 변화가 없고 용량 리액턴스는 $\frac{1}{n}$배로 감소

① 용량 리액턴스 : $X_{nC} = \dfrac{1}{2n\pi fC} = \dfrac{1}{n\omega C}$

② $Z_{n고조파} = R - j\dfrac{1}{n}X_C = R - j\dfrac{1}{n\omega C} = \sqrt{R^2 + \left(\dfrac{1}{n\omega C}\right)^2}$

예제 10

R-L 직렬 회로에서
$e = 10 + 100\sqrt{2}\sin\omega t + 50\sqrt{2}\sin(3\omega t + 60°) + 60\sqrt{2}\sin(5\omega t + 30°)$ [V]인 전압을 가할 때 제3고조파 전류의 실횻값은 몇 [A]인가? (단, $R = 8[\Omega]$, $\omega L = 2[\Omega]$이다)

① 1 ② 3 ③ 5 ④ 7

해설 제 3고조파 실횻값

$$I_3 = \frac{V_3}{Z_3} = \frac{V_3}{\sqrt{R^2 + (3\omega L)^2}} = \frac{50}{\sqrt{8^2 + (3 \times 2)^2}} = 5[A]$$

정답 ③

2 고조파 공진조건

(1) 고조파의 특성

① 기본파 = 대칭 3상 기전력

② $3k$고조파(3, 6, 9, 12, …) : 각 상의 크기가 같고 동위상

③ $3k-1$고조파(2, 5, 8, 11, …) : 기본파와 상회전 방향이 반대되는 대칭기전력

④ $3k+1$고조파(4, 7, 10, 13, …) : 기본파와 상회전 방향이 같은 대칭기전력

(2) n고조파의 공진조건

$$n^2\omega^2 LC = 1$$

CHAPTER 04 다상 교류

01 대칭 n상 교류

1 전압과 전류의 구분

(1) 상전압(Phase Voltage) : 단상에 걸리는 전압(V_p)

(2) 선간 전압(Line Voltage) : 선과 선 사이에 걸리는 전압(V_ℓ)

(3) 상전류(Phase Current) : 상에 흐르는 전류(I_p)

(4) 선전류(Line Current) : 선에 흐르는 전류(I_ℓ)

2 다상 교류의 전력

(1) n상 교류의 전력 $P = \dfrac{n}{2\sin\dfrac{\pi}{n}} V_\ell I_\ell \cos\theta \, [\text{W}]$

(2) 평형 3상 회로의 전력 $P = \sqrt{3}\, V_\ell I_\ell \cos\theta \, [\text{W}]$

(3) 위상 $\cos\theta = \dfrac{2\sin\dfrac{\pi}{n} P}{n V_\ell I_\ell}$

3 성형결선

(1) 선간 전압 : $V_\ell = 2 V_p \sin\dfrac{\pi}{n}$ (V_p : 상전압)

(2) 선전류 : $I_\ell = I_p$ (I_p : 상전류)

(3) 위상차 : 선간 전압이 상전압보다 $\dfrac{\pi}{2}\left(1 - \dfrac{2}{n}\right)$ [rad]만큼 빠름

예제 01

대칭 10상 회로의 선간 전압이 100 [V]일 때 성형결선에서 상전압은 약 몇 [V]인가? (단, sin18° = 0.309이다)

① 161.8   ② 172   ③ 183.1   ④ 193

해설 대칭 n상 상전압 V_p 계산

- $V_\ell = 2V_p \sin \dfrac{\pi}{n}$
- $100 = 2V_p \sin \dfrac{\pi}{10}$, $100 = 2V_p \sin 18°$
- $\therefore V_p = \dfrac{100}{2 \times \sin 18°} = 161.8\,[V]$

정답 ①

4 환상결선

(1) 선간 전압 : $V_\ell = V_p$ (V_p : 상전압)

(2) 선전류 : $I_\ell = 2I_p \sin \dfrac{\pi}{n}$ (I_p : 상전류)

(3) 위상차 : 선전류가 상전류보다 $\dfrac{\pi}{2}\left(1 - \dfrac{2}{n}\right)$[rad]만큼 늦음

예제 02

대칭 6상 전원이 있다. 환상결선으로 각 전원이 150 [A]의 전류를 흘린다고 하면 선전류는 몇 [A]인가?

① 50   ② 75   ③ $150\sqrt{3}$ ④ 150

해설 n상 선전류 I_ℓ 계산

$$I_\ell = 2I_p \sin \dfrac{\pi}{2} = 2 \times 150 \times \sin \dfrac{\pi}{6} = 150\,[A]$$

정답 ④

예제 03

대칭 5상 회로의 선간 전압과 상전압의 위상차는?

① 27°   ② 36°   ③ 54°   ④ 72°

해설 대칭 n상 기전력 위상차

$$\theta = \frac{\pi}{2}\left(1 - \frac{2}{n}\right) = \frac{\pi}{2}\left(1 - \frac{2}{5}\right) = 54°$$

정답 ③

02 평형 3상 회로

1 대칭 3상 교류

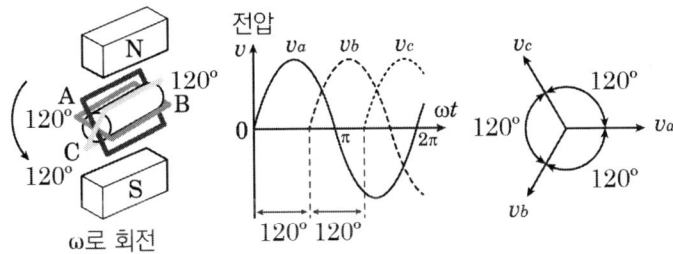

(1) 3상 교류는 크기와 주파수가 같고 위상만 120°씩 서로 다른 3개의 단상 교류로 구성

(2) 각 상의 전압의 순싯값

① $v_a = \sqrt{2}\,V\sin\omega t = V\angle 0°$

② $v_b = \sqrt{2}\,V\sin(\omega t - \frac{2}{3}\pi) = V\angle -120° = V\angle 240°$

③ $v_c = \sqrt{2}\,V\sin(\omega t - \frac{4}{3}\pi) = V\angle -240° = V\angle 120°$

(3) 대칭 3상 교류의 조건

① 파형이 같을 것
② 주파수가 같을 것
③ 위상차가 각각 120°일 것
④ 크기가 같을 것

2 Y결선

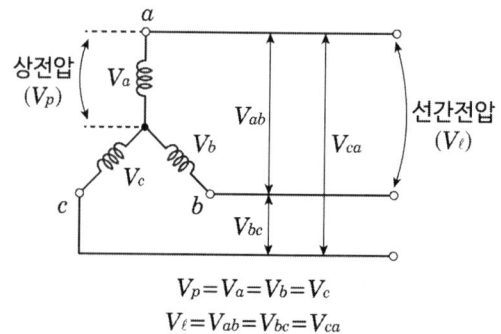

$V_p = V_a = V_b = V_c$
$V_\ell = V_{ab} = V_{bc} = V_{ca}$

(1) 상전압(V_p)과 선간 전압(V_ℓ)의 관계

V_ℓ은 V_p보다 위상이 30°($=\dfrac{\pi}{6}$) 앞서며, 크기는 V_p의 $\sqrt{3}$ 배이다.

$$V_\ell = \sqrt{3}\, V_p \angle \dfrac{\pi}{6}$$

(2) 상전류(I_p)와 선전류(I_ℓ)의 관계

$$I_\ell = I_p$$

예제 04

대칭 3상 Y결선 부하에서 각 상의 임피던스가 Z = 16 + j12 [Ω]이고 부하 전류가 5 [A]일 때, 이 부하의 선간 전압은 몇 [V]인가?

① $100\sqrt{2}$ ② $100\sqrt{3}$ ③ $200\sqrt{2}$ ④ $200\sqrt{3}$

해설 Y 결선의 선간 전압

$V_p = I \times Z = 5 \times \sqrt{16^2 + 12^2} = 100\ [V]$
$\therefore V_\ell = \sqrt{3}\, V_p = 100\sqrt{3}\ [V]$

정답 ②

예제 05

그림과 같은 평형 3상 Y결선에서 각 상이 8[Ω]의 저항과 6[Ω]의 리액턴스가 직렬로 연결된 부하에 선간 전압 $100\sqrt{3}$ [V]가 공급되었다. 이때 선전류는 몇 [A]인가?

① 5
② 10
③ 15
④ 20

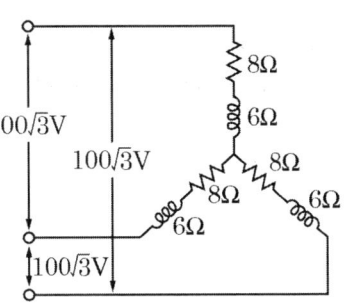

해설 평형 3상 Y결선

- $V_\ell = \sqrt{3}\, V_p$, $V_p = 100[\text{V}]$
- $Z = \sqrt{8^2 + 6^2} = 10[\Omega]$

$$\therefore I_\ell = I_p = \frac{V_p}{Z} = \frac{100}{10} = 10[\text{A}]$$

정답 ②

3 △결선

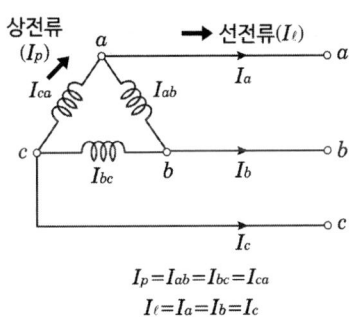

$I_p = I_{ab} = I_{bc} = I_{ca}$
$I_\ell = I_a = I_b = I_c$

(1) 상전압(V_p)과 선간 전압(V_ℓ)의 관계

$$V_\ell = V_p$$

(2) 상전류(I_p)와 선전류(I_ℓ)의 관계

I_ℓ은 I_p보다 위상이 30°(=$\frac{\pi}{6}$) 뒤지며, 크기는 I_p의 $\sqrt{3}$ 배이다.

$$I_\ell = \sqrt{3}\, I_p \angle -\frac{\pi}{6}$$

예제 06

1상의 직렬 임피던스가 R = 6 [Ω], X_L = 8 [Ω]인 △결선의 평형부하가 있다. 여기에 선간 전압 100 [V]인 대칭 3상 교류 전압을 가하면 선전류는 몇 [A]인가?

① $3\sqrt{3}$ ② $\dfrac{10\sqrt{3}}{3}$ ③ 10   ④ $10\sqrt{3}$

해설 △결선 선전류 I_ℓ 계산

$$I_p = \frac{V_p}{Z} = \frac{V_\ell}{\sqrt{R^2 + X^2}} = \frac{100}{\sqrt{6^2 + 8^2}} = 10\,[A]$$

$$\therefore I_\ell = \sqrt{3}\,I_p = 10\sqrt{3}\,[A]$$

정답 ④

예제 07

저항 3개를 Y로 접속하고 이것을 선간 전압 200 [V]의 평형 3상 교류 전원에 연결할 때 선전류가 20[A] 흘렀다. 이 3개의 저항을 △로 접속하고 동일전원에 연결하였을 때의 선전류는 몇 [A]인가?

① 30   ② 40   ③ 50   ④ 60

해설 선전류 I_ℓ 계산

- Y 결선 저항 $R = \dfrac{V_p}{I_p} = \dfrac{\frac{200}{\sqrt{3}}}{20} = 5.77\,[\Omega]$

- △ 결선 상전류 $I_p = \dfrac{V_p}{R} = \dfrac{200}{5.77} = 34.6\,[A]$

$$\therefore I_\ell = \sqrt{3}\,I_p = 34.6 \times \sqrt{3} = 60\,[A]$$

정답 ④

4 V결선

(1) △결선된 3상 전원 변압기의 1상 고장 시 3상 전압을 공급하기 위한 방법으로서 고장 변압기를 제외한 나머지 단상 변압기 2대로 3상 전원을 공급하여 운전하는 결선

(2) 출력

$$P_V = \sqrt{3}\,P_1\,[\text{kVA}]$$

P_1 : 단상의 출력, P_V : V결선 시의 출력

(3) 이용률 $= \dfrac{P_V(V결선시출력)}{P_2(변압기 2대의 출력)} = \dfrac{\sqrt{3}\,VI}{2VI} \times 100 ≒ 86.6\,[\%]$

(4) 출력비 $= \dfrac{P_V(V결선시출력)}{P_\Delta(\Delta결선시출력)} = \dfrac{\sqrt{3}\,VI}{3VI} \times 100 ≒ 57.7\,[\%]$

예제 08

용량이 50 [kVA]인 단상 변압기 3대를 △결선하여 3상으로 운전하는 중 1대의 변압기에 고장이 발생하였다. 나머지 2대의 변압기를 이용하여 3상 V결선으로 운전하는 경우 최대 출력은 몇 [kVA]인가?

① $30\sqrt{3}$ ② $50\sqrt{3}$ ③ $100\sqrt{3}$ ④ $200\sqrt{3}$

해설 V결선 출력 P_V 계산

$$P_V = \sqrt{3}\,P_1 = 50\sqrt{3}\,[kVA]$$

정답 ②

5 3상 교류의 전력

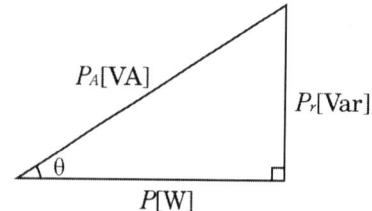

(1) 유효전력

$$P = 3I_p^2 R = 3\left(\frac{V_p}{Z}\right)^2 R = 3V_p I_p \cos\theta = \sqrt{3}\, V_\ell I_\ell \cos\theta \,[\mathrm{W}]$$

(2) 무효전력

$$P_r = 3I_p^2 X = 3\left(\frac{V_p}{Z}\right)^2 X = 3V_p I_p \sin\theta = \sqrt{3}\, V_\ell I_\ell \sin\theta \,[\mathrm{Var}]$$

(3) 피상전력

$$P_a = 3I_p^2 Z = 3\left(\frac{V_p}{Z}\right)^2 Z = 3V_p I_p = \sqrt{3}\, V_\ell I_\ell \,[\mathrm{VA}]$$

예제 09

$Z = 5\sqrt{3} + j5\,[\Omega]$ 3개의 임피던스를 Y결선하여 선간 전압 $250\,[\mathrm{V}]$의 평형 3상 전원에 연결하였다. 이때 소비되는 유효전력은 약 몇 $[\mathrm{W}]$인가?

① 3125   ② 5413   ③ 6252   ④ 7120

해설 3상 교류의 유효전력

$$P = 3I_p^2 R = 3 \times \left(\frac{V_p}{Z}\right)^2 \times R$$

$$= 3 \times \left(\frac{\frac{250}{\sqrt{3}}}{\sqrt{(5\sqrt{3})^2 + 5^2}}\right)^2 \times 5\sqrt{3}$$

$$= 5413\,[W]$$

정답 ②

예제 10

어떤 교류전동기의 명판에 역률 = 0.6, 소비전력 = 120 [kW]로 표기되어 있다. 이 전동기의 무효전력은 몇 [kVar]인가?

① 80   ② 100   ③ 140   ④ 160

해설 전동기의 무효전력 P_r 계산

- 피상전력 P_a 계산

$$P_a = \frac{P}{\cos\theta} = \frac{120}{0.6} = 200\,[kVA]$$

- 무효전력 P_r 계산

$$P_r = P_a \sin\theta$$
$$= 200 \times \sqrt{1-0.6^2} = 160\,[kVar]$$

정답 ④

03 Δ-Y결선 변환

1 등가변환

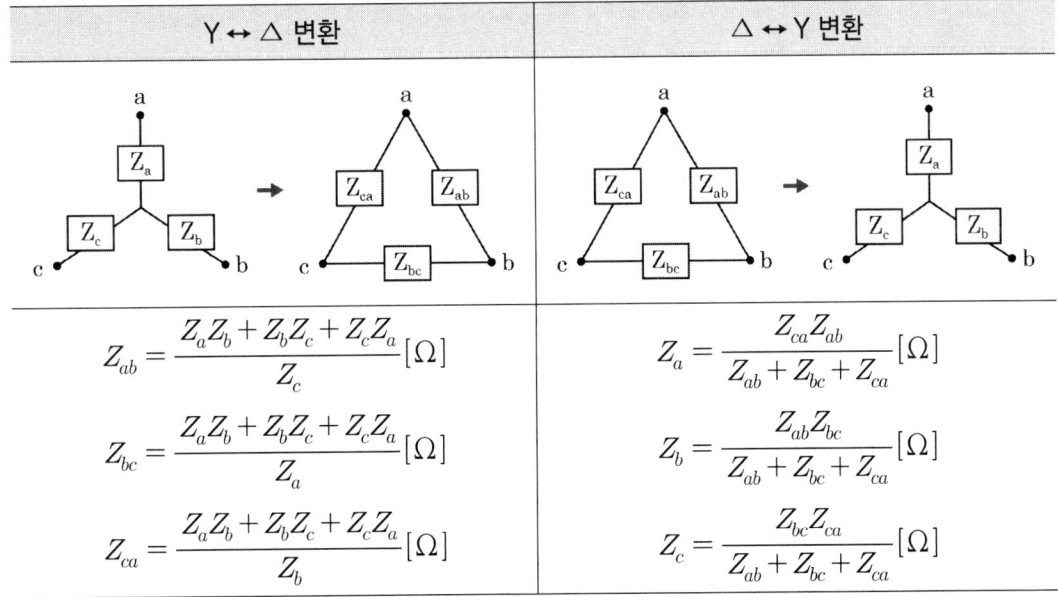

예제 11

다음과 같은 Y결선 회로와 등가인 △결선 회로의 A, B, C 값은 몇 [Ω]인가?

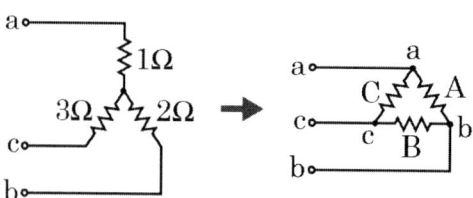

① $A = \dfrac{7}{3}$, $B = 7$, $C = \dfrac{7}{2}$ ② $A = 7$, $B = \dfrac{7}{2}$, $C = \dfrac{7}{3}$

③ $A = 11$, $B = \dfrac{11}{2}$, $C = \dfrac{11}{3}$ ④ $A = \dfrac{11}{3}$, $B = 11$, $C = \dfrac{11}{2}$

해설 $Y \Rightarrow \triangle$ 저항의 등가변환

- $Y \Rightarrow \triangle$ 등가변환 및 저항값 계산

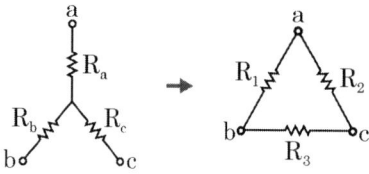

$$R_2 = \frac{R_a R_b + R_b R_c + R_c R_a}{R_b} = \frac{1 \times 2 + 2 \times 3 + 3 \times 1}{2} = \frac{11}{3} [\Omega]$$

$$R_3 = \frac{R_a R_b + R_b R_c + R_c R_a}{R_a} = \frac{1 \times 2 + 2 \times 3 + 3 \times 1}{1} = 11 [\Omega]$$

$$R_1 = \frac{R_a R_b + R_b R_c + R_c R_a}{R_c} = \frac{1 \times 2 + 2 \times 3 + 3 \times 1}{3} = \frac{11}{2} [\Omega]$$

$$\therefore A = R_2 = \frac{11}{3}[\Omega], \; B = R_3 = 11[\Omega], \; C = R_1 = \frac{11}{2}[\Omega]$$

정답 ④

예제 12

저항만으로 구성된 그림의 회로에 평형 3상 전압을 가했을 때 각 선에 흐르는 선전류가 모두 같게 되기 위한 R [Ω]의 값은?

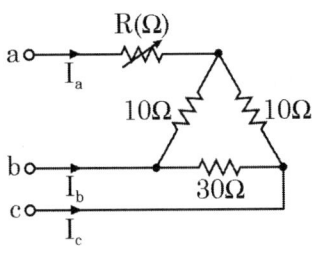

① 2 ② 4 ③ 6 ④ 8

해설 가변저항 R 계산

- △ ⇒ Y 변환 등가 회로

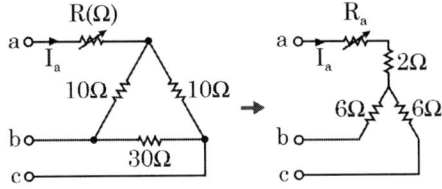

$$R_a = \frac{10 \times 10}{10 + 10 + 30} = 2\,[\Omega]$$

$$R_b = \frac{30 \times 10}{10 + 10 + 30} = 6\,[\Omega]$$

$$R_c = \frac{30 \times 10}{10 + 10 + 30} = 6\,[\Omega]$$

- 선전류 I_ℓ이 같게 될 조건

$R_a = R_b = R_c$

$R_a = 2 + R = 6\,[\Omega]$

∴ 가변저항 $R = 4\,[\Omega]$

정답 ②

2 평형 3상 등가변환

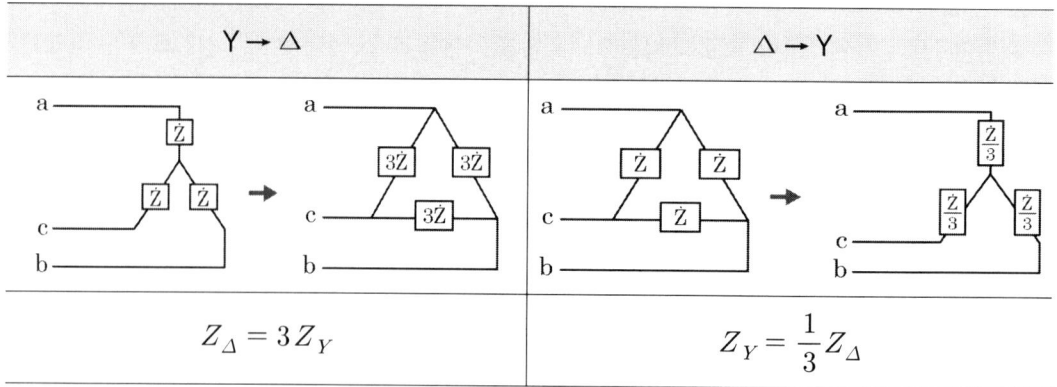

Y → △	△ → Y
$Z_\Delta = 3Z_Y$	$Z_Y = \dfrac{1}{3}Z_\Delta$

예제 13

같은 저항 r [Ω] 6개를 사용하여 그림과 같이 결선하고 대칭 3상 전압 V [V]를 가하였을 때 흐르는 전류 I는 몇 [A]인가?

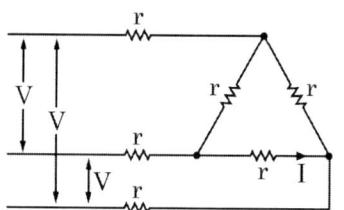

① $\dfrac{V}{2r}$ ② $\dfrac{V}{3r}$ ③ $\dfrac{V}{4r}$ ④ $\dfrac{V}{5r}$

해설 전류 I 계산

- △ → Y 등가변환 시 상저항 R 계산

$$R = \frac{r \times r}{r+r+r} = \frac{r^2}{3r} = \frac{r}{3}\ [\Omega]$$

- △ → Y 등가변환 시 선전류 I_ℓ 계산

$$I_\ell = \frac{\dfrac{V}{\sqrt{3}}}{r + \dfrac{r}{3}} = \frac{\sqrt{3}\,V}{4r}\ [A]$$

- △ 결선 상전류 I_p 계산

$$\therefore I_p = \frac{I_\ell}{\sqrt{3}} = \frac{\dfrac{\sqrt{3}\,V}{4r}}{\sqrt{3}} = \frac{V}{4r}\ [A]$$

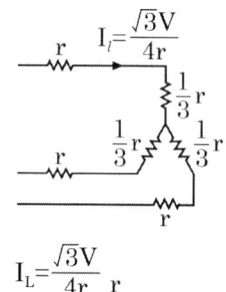

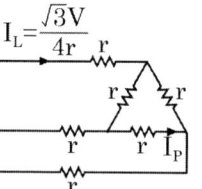

정답 ③

04 평형 3상 회로의 전력계

1 단상전력계

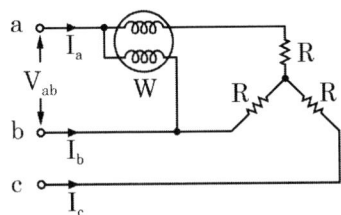

전력계 W의 지시값을 P_1이라고 하면

(1) 유효전력 : $P = 2P_1$

(2) 무효전력 : $P_r = 0$

TIP 순저항 = 무유도 저항

(3) 피상전력 : $P_a = P$

(4) 역률 : $\cos\theta = 1$

예제 14

평형 3상 저항 부하가 3상 4선식 회로에 접속되어 있을 때 단상 전력계를 그림과 같이 접속하였더니 그 지시값이 W [W]이었다. 이 부하의 3상 전력(W)은 얼마인가?

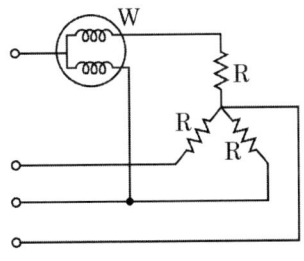

① $\sqrt{2}\,W$ ② $2W$ ③ $\sqrt{3}\,W$ ④ $3W$

해설 1전력계법 특성(중성선 미접속 시)

- 순저항 = 무유도 저항
- $P_a = P$, $P_r = 0$
- $P = 2W = \sqrt{3}\,VI$

정답 ②

2 2전력계법

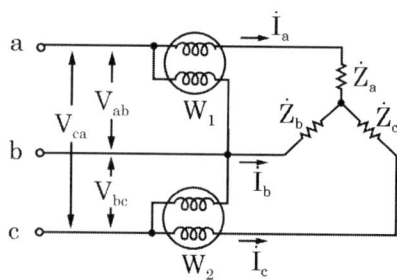

두 전력계 W_1, W_2를 결선하고 각각의 지시값을 P_1, P_2라 하면

(1) 유효전력

$$P = P_1 + P_2 \ [\text{W}]$$

(2) 무효전력

$$P_r = \sqrt{3}\,(P_1 - P_2) \ [\text{Var}]$$

(3) 피상전력

$$P_a = 2\sqrt{P_1^2 + P_2^2 - P_1 P_2} \ [\text{VA}]$$

(4) 역률

$$\cos\theta = \frac{P}{P_a} = \frac{P_1 + P_2}{2\sqrt{P_1^2 + P_2^2 - P_1 P_2}}$$

예제 15

그림은 평형 3상 회로에서 운전하고 있는 유도전동기의 결선도이다. 각 계기의 지시가 W_1 = 2.36 [kW], W_2 = 5.95 [kW], V = 200 [V], I = 30 [A]일 때, 이 유도 전동기의 역률은 약 몇 [%]인가?

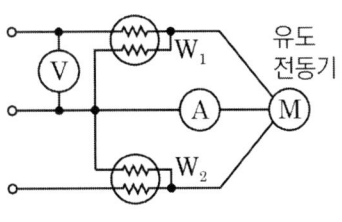

① 80   ② 76   ③ 70   ④ 66

해설 두 전력계를 이용한 역률

유효전력 $P = W_1 + W_2 = 2360 + 5950 = 8310\,[W]$

피상전력 $P_a = \sqrt{3}\,VI = \sqrt{3} \times 200 \times 30 = 10392.3\,[VA]$

$\therefore \cos\theta = \dfrac{P}{P_a} = \dfrac{8310}{10392.3} \times 100 = 79.96\,[\%]$

- 2전력계법에 의한 풀이

$\cos\theta = \dfrac{P_1 + P_2}{2\sqrt{P_1^2 + P_2^2 - P_1 P_2}} = \dfrac{2360 + 5950}{2\sqrt{2360^2 + 5950^2 - 2360 \times 5950}} = \dfrac{8310}{10378.8} \times 100 = 80.07\,[\%]$

정답 ①

3 교류전력 측정

구분	제3전압계법	제3전류계법
그림	(회로도: 전원, V_1, R, V_2, V_3, 부하)	(회로도: 전원, I_1, R, I_2, I_3, 부하)
역률 $\cos\theta$	$\cos\theta = \dfrac{V_1^2 - V_2^2 - V_3^2}{2V_2 V_3}$	$\cos\theta = \dfrac{I_1^2 - I_2^2 - I_3^2}{2I_2 I_3}$
전력 P	$P = \dfrac{1}{2R}(V_1^2 - V_2^2 - V_3^2)$	$P = \dfrac{R}{2}(I_1^2 - I_2^2 - I_3^2)$

CHAPTER 05 대칭좌표법

01 대칭좌표법

1 불평형 3상 회로의 해석

(1) 대칭좌표법 : 불평형 전압이나 전류를 3개의 성분(영상분, 정상분, 역상분)으로 나누어 계산하는 방법으로 1선 지락 등 불평형 고장에서 사용함

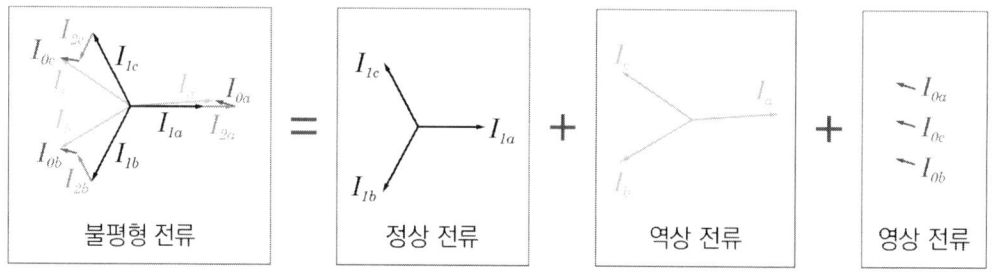

불평형 전류 벡터합성도

(2) 벡터 연산자와 위상

① $a = a^4 = 1 \angle 120° = \cos 120° + j\sin 120° = -\dfrac{1}{2} + j\dfrac{\sqrt{3}}{2}$

② $a^2 = 1 \angle 240° = \cos 240° + j\sin 240° = -\dfrac{1}{2} - j\dfrac{\sqrt{3}}{2}$

③ $1 = a^3 = 1 \angle 360°$

④ $a + a^2 = -\dfrac{1}{2} + j\dfrac{\sqrt{3}}{2} - \dfrac{1}{2} - j\dfrac{\sqrt{3}}{2} = -1$ $\qquad \therefore \ 1 + a + a^2 = 0$

예제 01

대칭좌표법에 관한 설명이 아닌 것은?

① 대칭좌표법은 일반적인 비대칭 3상 교류 회로의 계산에도 이용된다.
② 대칭 3상 전압의 영상분과 역상분은 0이고, 정상분만 남는다.
③ 비대칭 3상 교류 회로는 영상분, 역상분 및 정상분의 3성분으로 해석한다.
④ 비대칭 3상 회로의 접지식 회로에는 영상분이 존재하지 않는다.

> **해설** 대칭좌표법
>
> 영상분은 접지선 또는 중성선에 존재하므로 접지식 회로에는 영상분이 있지만 비접지식 회로에서는 영상분이 없다.
>
> **정답** ④

2 영상분

(1) 영상분 : 크기가 같고 위상이 동상인 성분

(2) 영상 전압 : $V_0 = \dfrac{1}{3}(V_a + V_b + V_c)$

(3) 영상 전류 : $I_0 = \dfrac{1}{3}(I_a + I_b + I_c)$

예제 02

불평형 3상 전류가 I_a = 15 + j2 [A], I_b = -20 - j14 [A], I_c = -3 + j10 [A]일 때의 영상 전류 I_0 (A)는?

① 1.57 - j3.25
② 2.85 + j0.36
③ -2.67 - j0.67
④ 12.67 + j2

> **해설** 영상 전류 I_0(A) 계산
>
> $I_0 = \dfrac{1}{3}(I_a + I_b + I_c)$
>
> $= \dfrac{1}{3}(15 + j2 - 20 - j14 - 3 + j10)$
>
> $= -2.67 - j0.67\,[A]$
>
> **정답** ③

3 정상분

(1) 정상분 : a상 - b상 - c상 순으로 120°의 위상차

(2) 정상 전압 : $V_1 = \dfrac{1}{3}(V_a + aV_b + a^2 V_c)$

(3) 정상 전류 : $I_1 = \dfrac{1}{3}(I_a + aI_b + a^2 I_c)$

예제 03

대칭 3상 전압이 a상 $V_a[\text{V}]$, b상 $V_b = a^2 V_a[\text{V}]$, c상 $V_c = a V_a[\text{V}]$일 때 a상을 기준으로 한 대칭분 전압 중 정상분 $V_1[\text{V}]$은 어떻게 표시되는가? (단, $a = -\frac{1}{2} + j\frac{\sqrt{3}}{2}$이다)

① 0 ② V_a ③ aV_a ④ $a^2 V_a$

해설 정상분 V_1 계산

$$V_1 = \frac{1}{3}(V_a + aV_b + a^2 V_c) = \frac{1}{3}(V_a + a \cdot a^2 V_a + a^2 \cdot a V_a)$$
$$= \frac{1}{3}(V_a + V_a + V_a) = V_a$$

정답 ②

4 역상분

(1) 역상분 : a상 - c상 - b상 순으로 120°의 위상차

(2) 역상 전압 : $V_2 = \frac{1}{3}(V_a + a^2 V_b + a V_c)$

(3) 역상 전류 : $I_2 = \frac{1}{3}(I_a + a^2 I_b + a I_c)$

예제 04

불평형 3상 전류가 다음과 같을 때 역상 전류 I_2는 약 몇 [A]인가?

| $I_a = 15 + j2$ [A] | $I_b = -20 - j14$ [A] | $I_c = -3 + j10$ [A] |

① 1.91 + j6.24 ② 2.17 + j5.34 ③ 3.38 - j4.26 ④ 4.27 - j3.68

해설 역상 전류 I_2 계산

$$I_2 = \frac{1}{3}(I_a + a^2 I_b + a I_c) = \frac{1}{3}\left\{ \begin{array}{l} (15 + j2) \\ + \left(-\frac{1}{2} - j\frac{\sqrt{3}}{2}\right)(-20 - j14) \\ + \left(-\frac{1}{2} + j\frac{\sqrt{3}}{2}\right)(-3 + j10) \end{array} \right\} = 1.91 + j6.24\,[A]$$

정답 ①

02 불평형률

1 전압

(1) a상 전압 : $V_a = V_0 + V_1 + V_2$

(2) b상 전압 : $V_b = V_0 + a^2 V_1 + a V_2$

(3) c상 전압 : $V_c = V_0 + a V_1 + a^2 V_2$

2 전류

(1) a상 전류 : $I_a = I_0 + I_1 + I_2$

(2) b상 전류 : $I_b = I_0 + a^2 I_1 + a I_2$

(3) c상 전류 : $I_c = I_0 + a I_1 + a^2 I_2$

예제 05

전류의 대칭분이 I₀ = -2 + j4 [A], I₁ = 6 - j5 [A], I₂ = 8 + j10 [A]일 때 3상 전류 중 a상 전류 I$_a$의 크기 |I$_a$|는 몇 [A]인가? (단, I₀는 영상분이고, I₁은 정상분이고, I₂는 역상분이다)

① 9   ② 12   ③ 15   ④ 19

해설 대칭좌표법

- $I_a = I_0 + I_1 + I_2$
  $= -2 + j4 + 6 - j5 + 8 + j10$
  $= 12 + j9$

∴ $|I_a| = \sqrt{12^2 + j9^2} = 15\,[A]$

정답 ③

3 불평형률

$$\text{불평형률} = \frac{\text{역상 전압}}{\text{정상 전압}} \times 100 \, [\%]$$

예제 06

3상 불평형 전압에서 역상 전압이 50 [V], 정상 전압이 200 [V], 영상 전압이 10 [V]라고 할 때 전압의 불평형률(%)은?

① 1 ② 5 ③ 25 ④ 50

해설 불평형률

$$\text{불평형률} = \frac{\text{역상전압}}{\text{정상전압}} \times 100 = \frac{50}{200} \times 100 = 25 \, [\%]$$

정답 ③

---

03 3상 교류 기기의 기본식

1 교류 발전기의 기본식

(1) $V_0 = -I_0 Z_0$ (2) $V_1 = E_a - I_1 Z_1$ (3) $V_2 = -I_2 Z_2$

TIP 3상 평형 회로 시, 영상분과 역상분 전압은 존재하지 않음

2 지락사고

(1) 1선지락 : 영상분(I_0) = 정상분(I_1) = 역상분(I_2)

(2) 2선지락 : 영상분(I_0) = 역상분(I_2)

3 단락사고

(1) 2선단락 : 정상분(I_1) = -역상분($-I_2$), 영상분(I_0) = 0

(2) 3상단락 : 영상분(I_0) = 역상분(I_2) = 0,

CHAPTER 06 회로망

01 4단자 파라미터

1 임피던스 파라미터

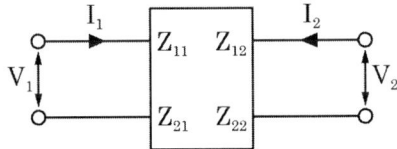

(1) Z 파라미터 : 전압 V_1, V_2을 계산 및 T형 회로를 해석 시 사용함

(2) 기초방정식

$$\begin{bmatrix} V_1 \\ V_2 \end{bmatrix} = \begin{bmatrix} Z_{11} & Z_{12} \\ Z_{21} & Z_{22} \end{bmatrix} \begin{bmatrix} I_1 \\ I_2 \end{bmatrix}$$

$$V_1 = Z_{11} \cdot I_1 + Z_{12} \cdot I_2$$
$$V_2 = Z_{21} \cdot I_1 + Z_{22} \cdot I_2$$

(3) Z 파라미터 해석

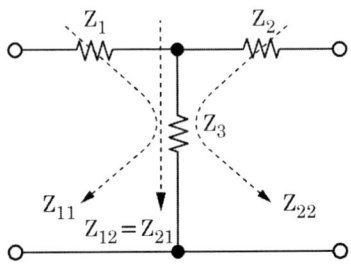

① $Z_{11} = \dfrac{V_1}{I_1} \mid_{I_2 = 0}$ (2차 측을 개방) $= Z_1 + Z_3$

② $Z_{12} = \dfrac{V_1}{I_2} \mid_{I_1 = 0}$ (1차 측을 개방) $= Z_3$ (역방향 전달 임피던스)

③ $Z_{21} = \dfrac{V_2}{I_1} \mid_{I_2 = 0}$ (2차 측을 개방) $= Z_3$ (순방향 전달 임피던스)

④ $Z_{22} = \dfrac{V_2}{I_2} \mid_{I_1 = 0}$ (1차 측을 개방) $= Z_2 + Z_3$

예제 01

다음의 4단자 회로에서 단자 a - b에서 본 구동점 임피던스 Z_{11}은 몇 [Ω]인가?

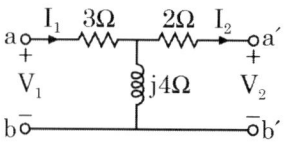

① 2 + j4　　② 2 - j4　　③ 3 + j4　　④ 3 - j4

해설 구동점 임피던스 Z_{11} 계산

Z_{11} = 3 + j4 [Ω]

Z_{22} = 2 + j4 [Ω]

정답 ③

2 어드미턴스 파라미터

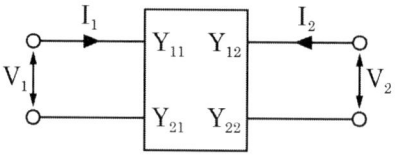

(1) Y 파라미터 : 전류 I_1, I_2 계산 및 π형 회로를 해석할 때 사용함

(2) 기초방정식

$$\begin{bmatrix} I_1 \\ I_2 \end{bmatrix} = \begin{bmatrix} Y_{11} & Y_{12} \\ Y_{21} & Y_{22} \end{bmatrix} \begin{bmatrix} V_1 \\ V_2 \end{bmatrix}$$

$$I_1 = Y_{11} \cdot V_1 + Y_{12} \cdot V_2$$

$$I_2 = Y_{21} \cdot V_1 + Y_{22} \cdot V_2$$

(3) Y 파라미터 해석

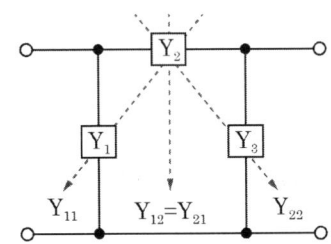

① $Y_{11} = \dfrac{I_1}{V_1} \mid_{V_2 = 0}$ (2차 측 단락) $= Y_2 + Y_1$

② $Y_{12} = \dfrac{I_1}{V_2} \mid_{V_1 = 0}$ (1차 측 단락) $= -Y_2$ (역방향 전달 어드미턴스)

③ $Y_{21} = \dfrac{I_2}{V_1} \mid_{V_2 = 0}$ (2차 측 단락) $= -Y_2$ (순방향 전달 어드미턴스)

④ $Y_{22} = \dfrac{I_2}{V_2} \mid_{V_1 = 0}$ (1차 측 단락) $= Y_3 + Y_2$

예제 02

그림과 같은 π형 4단자 회로의 어드미턴스 상수 중 Y_{22}는 몇 [℧]인가?

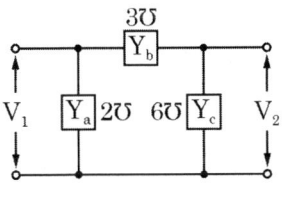

① 5 ② 6 ③ 9 ④ 11

해설 어드미턴스 파라미터

$Y_{11} = 3 + 2 = 5$ [℧]
$Y_{22} = 3 + 6 = 9$ [℧]
$Y_{12} = Y_{21} = 3$ [℧]

정답 ③

02 4단자 회로망

1 A, B, C, D 파라미터

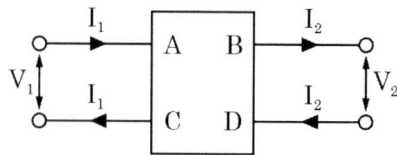

(1) 4단자 정수 : 4단자망의 입력과 출력을 나타내는 계수

$$AD - BC = 1$$

(2) 기초방정식

$$\begin{bmatrix} V_1 \\ I_1 \end{bmatrix} = \begin{bmatrix} A & B \\ C & D \end{bmatrix} \begin{bmatrix} V_2 \\ I_2 \end{bmatrix}$$

$$V_1 = A \cdot V_2 + B \cdot I_2$$
$$I_1 = C \cdot V_2 + D \cdot I_2$$

(3) 4단자 정수의 의미

① $A = \dfrac{V_1}{V_2} \mid_{I_2 = 0}$ (2차 측을 개방한 상태에서 전압비)

② $B = \dfrac{V_1}{I_2} \mid_{V_2 = 0}$ (2차 측을 단락한 상태에서의 임피던스)

③ $C = \dfrac{I_1}{V_2} \mid_{I_2 = 0}$ (2차 측을 개방한 상태에서의 어드미턴스)

④ $D = \dfrac{I_1}{I_2} \mid_{V_2 = 0}$ (2차 측을 단락한 상태에서의 전류비)

예제 03

어떤 회로망의 4단자 정수가 A = 8, B = j2, D = 3 + j2 이면 이 회로망의 C는?

① 2 + j3   ② 3 + j3   ③ 24 + j14   ④ 8 - j11.5

해설 4단자 회로망

- 4단자 회로망의 성립조건
  $AD - BC = 1$
  $\therefore C = \dfrac{AD-1}{B} = \dfrac{8(3+j2)-1}{j2}$
  $= 8 - j11.5$

정답 ④

예제 04

그림과 같은 4단자 회로망에서 출력 측을 개방하니 V_1 = 12 [V], I_1 = 2 [A], V_2 = 4 [V]이고, 출력 측을 단락하니 V_1 = 16 [V], I_1 = 4 [A], I_2 = 2 [A]이었다. 4단자 정수 A, B, C, D는 얼마인가?

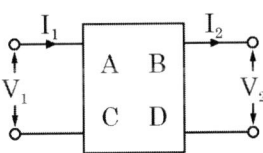

① A = 2, B = 3, C = 8, D = 0.5
② A = 0.5, B = 2, C = 3, D = 8
③ A = 8, B = 0.5, C = 2, D = 3
④ A = 3, B = 8, C = 0.5, D = 2

해설 4단자 정수 A, B, C, D 계산

- $A = \dfrac{V_1}{V_2}\bigg|_{I_2=0} = \dfrac{12}{4} = 3$
- $B = \dfrac{V_1}{I_2}\bigg|_{V_2=0} = \dfrac{16}{2} = 8$
- $C = \dfrac{I_1}{V_2}\bigg|_{I_2=0} = \dfrac{2}{4} = 0.5$
- $D = \dfrac{I_1}{I_2}\bigg|_{V_2=0} = \dfrac{4}{2} = 2$

$\therefore A = 3, \ B = 8, \ C = 0.5, \ D = 2$

정답 ④

2 4단자 회로망의 종류 및 정수

(1) 임피던스 회로

$$\begin{bmatrix} A & B \\ C & D \end{bmatrix} = \begin{bmatrix} 1 & Z_1 \\ 0 & 1 \end{bmatrix}$$

(2) 어드미턴스 회로

$$\begin{bmatrix} A & B \\ C & D \end{bmatrix} = \begin{bmatrix} 1 & 0 \\ \dfrac{1}{Z_1} & 1 \end{bmatrix}$$

(3) L형 회로

$$\begin{bmatrix} A & B \\ C & D \end{bmatrix} = \begin{bmatrix} 1 + \dfrac{Z_1}{Z_2} & Z_1 \\ \dfrac{1}{Z_2} & 1 \end{bmatrix}$$

(4) 역 L형 회로

$$\begin{bmatrix} A & B \\ C & D \end{bmatrix} = \begin{bmatrix} 1 & Z_1 \\ \dfrac{1}{Z_2} & 1 + \dfrac{Z_1}{Z_2} \end{bmatrix}$$

(5) π형 회로

$$\begin{bmatrix} A & B \\ C & D \end{bmatrix} = \begin{bmatrix} 1 + \dfrac{Z_3}{Z_2} & Z_3 \\ \dfrac{1}{Z_1} + \dfrac{1}{Z_2} + \dfrac{Z_3}{Z_1 Z_2} & 1 + \dfrac{Z_3}{Z_1} \end{bmatrix}$$

(6) T형 회로

$$\begin{bmatrix} A & B \\ C & D \end{bmatrix} = \begin{bmatrix} 1 + \dfrac{Z_1}{Z_3} & Z_1 + Z_2 + \dfrac{Z_1 Z_2}{Z_3} \\ \dfrac{1}{Z_3} & 1 + \dfrac{Z_2}{Z_3} \end{bmatrix}$$

예제 05

그림에서 4단자 회로 정수 A, B, C, D 중 출력 단자 3, 4가 개방되었을 때의 $\dfrac{V_1}{V_2}$ 인 A의 값은?

① $1+\dfrac{Z_2}{Z_1}$

② $1+\dfrac{Z_3}{Z_2}$

③ $1+\dfrac{Z_2}{Z_3}$

④ $\dfrac{Z_1+Z_2+Z_3}{Z_1 Z_3}$

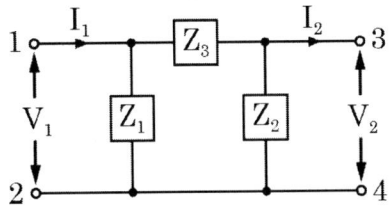

해설 π형 회로 4단자 정수 A값 계산

$$\begin{bmatrix} A & B \\ C & D \end{bmatrix} = \begin{bmatrix} 1 & 0 \\ \dfrac{1}{Z_1} & 1 \end{bmatrix} \begin{bmatrix} 1 & Z_3 \\ 0 & 1 \end{bmatrix} \begin{bmatrix} 1 & 0 \\ \dfrac{1}{Z_2} & 1 \end{bmatrix} = \begin{bmatrix} 1 & Z_3 \\ \dfrac{1}{Z_1} & 1+\dfrac{Z_3}{Z_1} \end{bmatrix} \begin{bmatrix} 1 & 0 \\ \dfrac{1}{Z_2} & 1 \end{bmatrix} = \begin{bmatrix} 1+\dfrac{Z_3}{Z_2} & Z_3 \\ \dfrac{1}{Z_1}+\dfrac{1}{Z_2}+\dfrac{Z_3}{Z_1 Z_2} & 1+\dfrac{Z_3}{Z_1} \end{bmatrix}$$

$$\therefore A = 1+\dfrac{Z_3}{Z_2}$$

정답 ②

예제 06

다음 두 회로의 4단자 정수 A, B, C, D가 동일할 조건은?

① $R_1 = R_2, R_3 = R_4$

② $R_1 = R_3, R_2 = R_4$

③ $R_1 = R_4, R_2 = R_3 = 0$

④ $R_2 = R_3, R_1 = R_4 = 0$

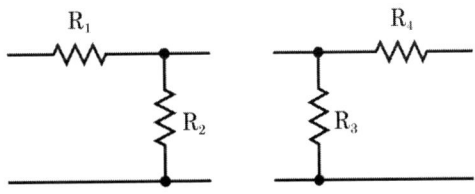

해설 4단자 정수가 동일할 조건

• 왼쪽 회로

$$\begin{bmatrix} A & B \\ C & D \end{bmatrix} = \begin{bmatrix} 1 & R_1 \\ 0 & 1 \end{bmatrix} \begin{bmatrix} 1 & 0 \\ \dfrac{1}{R_2} & 1 \end{bmatrix} = \begin{bmatrix} 1+\dfrac{R_1}{R_2} & R_1 \\ \dfrac{1}{R_2} & 1 \end{bmatrix}$$

• 오른쪽 회로

$$\begin{bmatrix} A & B \\ C & D \end{bmatrix} = \begin{bmatrix} 1 & 0 \\ \dfrac{1}{R_3} & 1 \end{bmatrix} \begin{bmatrix} 1 & R_4 \\ 0 & 1 \end{bmatrix} = \begin{bmatrix} 1 & R_4 \\ \dfrac{1}{R_3} & 1+\dfrac{R_4}{R_3} \end{bmatrix}$$

$$\therefore R_2 = R_3, \ R_1 = R_4 = 0$$

정답 ④

03 4단자 정수의 적용

1 영상 임피던스

(1) 영상 임피던스 : 입력 및 출력단자를 단락 또는 개방했을 때, 임의의 특정 점을 기준으로 대칭이 되는 임피던스

(2) 1차 측 영상 임피던스

$$Z_{01} = \sqrt{\frac{AB}{CD}}$$

(3) 2차 측 영상 임피던스

$$Z_{02} = \sqrt{\frac{BD}{AC}}$$

(4) 특수관계식

① $\dfrac{Z_{01}}{Z_{02}} = \dfrac{\sqrt{\dfrac{AB}{CD}}}{\sqrt{\dfrac{BD}{AC}}} = \dfrac{A}{D}$

② $Z_{01} \times Z_{02} = \sqrt{\dfrac{AB}{CD}} \times \sqrt{\dfrac{DB}{CA}} = \dfrac{B}{C}$

(5) 회로망이 대칭 4단자망일 경우

① $A = D$

② $Z_{01} = Z_{02} = \sqrt{\dfrac{B}{C}}\,[\Omega]$

예제 07

L형 4단자 회로망에서 4단자 정수가 $B = \dfrac{5}{3}$, $C = 1$이고, 영상 임피던스 $Z_{01} = \dfrac{20}{3}\,[\Omega]$일 때 영상 임피던스 $Z_{02}\,[\Omega]$의 값은?

① 4   ② 1/4   ③ 100/9   ④ 9/100

해설 영상 임피던스 Z_{02} 계산

$$Z_{01} \times Z_{02} = \sqrt{\frac{AB}{CD}} \times \sqrt{\frac{BD}{AC}} = \frac{B}{C} \qquad \therefore Z_{02} = \frac{B}{C \times Z_{01}} = \frac{\frac{5}{3}}{1 \times \frac{20}{3}} = \frac{1}{4}\,[\Omega]$$

정답 ②

예제 08

그림과 같은 회로의 영상 임피던스 Z_{01}, $Z_{02}(\Omega)$는 각각 얼마인가?

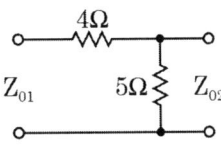

① 9, 5　　② 6, 10/3　　③ 4, 5　　④ 4, 20/9

해설 영상 임피던스 Z_{01}, Z_{02} 계산

- L형 회로 4단자 정수 계산

$$\begin{pmatrix} A & B \\ C & D \end{pmatrix} = \begin{pmatrix} 1 & 4 \\ 0 & 1 \end{pmatrix} \begin{pmatrix} 1 & 0 \\ \frac{1}{5} & 1 \end{pmatrix} = \begin{pmatrix} 1+\frac{4}{5} & 4 \\ \frac{1}{5} & 1 \end{pmatrix}$$

- 영상 임피던스 Z_{01}, Z_{02} 계산

$$Z_{01} = \sqrt{\frac{AB}{CD}} = \sqrt{\frac{\frac{9}{5} \times 4}{\frac{9}{5} \times 1}} = 6\,[\Omega] \qquad Z_{02} = \sqrt{\frac{BD}{AC}} = \sqrt{\frac{1 \times 4}{\frac{9}{5} \times \frac{1}{5}}} = \frac{10}{3}\,[\Omega]$$

$\therefore Z_{01} = 6\,[\Omega],\ Z_{02} = \frac{10}{3}\,[\Omega]$

정답 ②

2 영상전달정수

(1) 영상전달정수 θ : 4단자망에서 입력 측에서 출력 측으로 전달되는 전력전달 효율을 나타내는 상수값

$$\theta = \log_e (\sqrt{AD} + \sqrt{BC})$$

(2) 영상 임피던스와 4단자 정수와의 관계

① $A = \sqrt{\dfrac{Z_{01}}{Z_{02}}} \cosh\theta$　　② $B = \sqrt{Z_{01} \cdot Z_{02}} \sinh\theta$

③ $C = \dfrac{1}{\sqrt{Z_{01} \cdot Z_{02}}} \sinh\theta$　　④ $D = \sqrt{\dfrac{Z_{02}}{Z_{01}}} \cosh\theta$

예제 09

그림과 같은 4단자망의 영상전달정수 θ는?

① $\sqrt{5}$
② $5\ln\sqrt{5}$
③ $\ln\sqrt{5}$
④ $\ln\dfrac{1}{\sqrt{5}}$

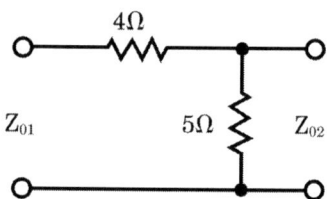

해설 영상전달정수 θ

$$\theta = \log_e(\sqrt{AD} + \sqrt{BC})$$

$$\begin{bmatrix} A & B \\ C & D \end{bmatrix} = \begin{bmatrix} 1 & 4 \\ 0 & 1 \end{bmatrix}\begin{bmatrix} 1 & 0 \\ \frac{1}{5} & 1 \end{bmatrix} = \begin{bmatrix} \frac{9}{5} & 4 \\ \frac{1}{5} & 1 \end{bmatrix} \quad \therefore \theta = \log_e\left(\sqrt{\frac{9}{5}} + \sqrt{\frac{4}{5}}\right) = \ln\sqrt{5}$$

정답 ③

예제 10

그림과 같은 T형 회로의 영상전달정수 θ는?

① 0
② 1
③ -3
④ -1

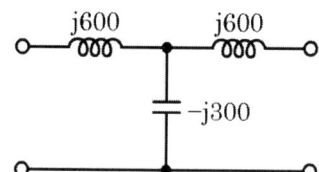

해설 영상전달정수 θ 계산

- 4단자 정수 계산

$$\begin{bmatrix} A & B \\ C & D \end{bmatrix} = \begin{bmatrix} 1 & j600 \\ 0 & 1 \end{bmatrix}\begin{bmatrix} 1 & 0 \\ \frac{1}{-j300} & 1 \end{bmatrix}\begin{bmatrix} 1 & j600 \\ 0 & 1 \end{bmatrix} = \begin{bmatrix} -1 & j600 \\ \frac{1}{-j300} & 1 \end{bmatrix}\begin{bmatrix} 1 & j600 \\ 0 & 1 \end{bmatrix} = \begin{bmatrix} -1 & 0 \\ \frac{1}{-j300} & -1 \end{bmatrix}$$

$$\therefore \theta = \log_e(\sqrt{AD} + \sqrt{BC})$$
$$= \log_e 1 = 0$$

정답 ①

04 리액턴스 2단자망

1 구동점 임피던스

(1) 구동점 임피던스 : 출력단과는 상관없이 입력단의 전압과 전류만 관련된 구동점에서 바라본 임피던스로, $j\omega \Rightarrow s$로 변환하여 계산함

① $R = R$

② $j\omega L = Ls$

③ $\dfrac{1}{j\omega C} = \dfrac{1}{Cs}$

(2) R - L - C 직렬 회로의 임피던스 : $Z = R + Ls + \dfrac{1}{Cs}$

(3) R - L - C 병렬 회로의 임피던스 : $Z = \dfrac{1}{\dfrac{1}{R} + \dfrac{1}{Ls} + \dfrac{1}{\frac{1}{Cs}}} = \dfrac{1}{\dfrac{1}{R} + \dfrac{1}{Ls} + Cs}$

예제 11

그림과 같은 2단자망의 구동점 임피던스(Ω)는?

① $\dfrac{s}{s^2+1}$ ② $\dfrac{1}{s^2+1}$

③ $\dfrac{2s}{s^2+1}$ ④ $\dfrac{3s}{s^2+1}$

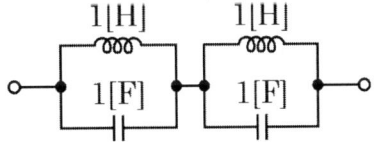

해설 2단자망 구동점 임피던스

$$Z(s) = \dfrac{s \times \dfrac{1}{s}}{s + \dfrac{1}{s}} \times 2 = \dfrac{2s}{s^2+1}$$

정답 ③

예제 12

그림과 같은 2단자 회로망의 구동점 임피던스는?

① $\dfrac{2s^4 + 4s^2 + 1}{3s^3 + s}$ ② $\dfrac{s^4 + 4s^2 + 1}{3s^3 + s}$

③ $\dfrac{2s^4 + 2s^2 + 1}{3s^3 + s}$ ④ $\dfrac{s^4 + 2s^2 + 1}{3s^3 + s}$

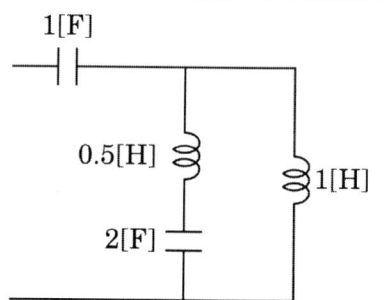

해설 2단자 회로망의 임피던스

- $1[F] = \dfrac{1}{s}$ $2[F] = \dfrac{1}{2s}$ $0.5[H] = 0.5s$ $1[H] = s$

- $Z(s) = \dfrac{\left(0.5s + \dfrac{1}{2s}\right) \times s}{0.5s + \dfrac{1}{2s} + s} + \dfrac{1}{s} = \dfrac{s^3 + s}{3s^2 + 1} + \dfrac{1}{s} = \dfrac{s^4 + 4s^2 + 1}{3s^3 + s}$

정답 ②

2 극점

(1) $Z(s) \Rightarrow \infty$로 만드는 s 값

(2) 전달함수의 분모를 0으로 만드는 s 값

(3) 회로 개방상태를 나타냄

예제 13

2단자 임피던스 함수가 $Z(s) = \dfrac{(s+2)(s+3)}{(s+4)(s+5)}$일 때 극점(Pole)은 얼마인가?

① -2, -3   ② -3, -4   ③ -2, -4   ④ -4, -5

해설 극점

- 전달함수의 분모를 0으로 만드는 s값
- 회로 개방상태를 나타냄
∴ -4, -5

정답 ④

3 영점

(1) $Z(s) \Rightarrow 0$으로 만드는 s 값

(2) 전달함수의 분자를 0으로 만드는 s 값

(3) 회로 단락상태를 나타냄

예제 14

다음의 전달함수 중에서 극점이 $-1 \pm j2$ 영점이 -2인 것은?

① $\dfrac{s+2}{(s+1)^2+4}$ ② $\dfrac{s-2}{(s+1)^2+4}$

③ $\dfrac{s+2}{(s-1)^2+4}$ ④ $\dfrac{s-2}{(s-1)^2+4}$

해설 극점과 영점

- 영점 $s = -2, \; s+2 = 0$,
- 극점 $s = -1 \pm j2, \; s+1 = \pm j2$

  양변을 제곱하면 $(s+1)^2 = -4, \; \therefore (s+1)^2+4 = 0$

정답 ①

---

05 역회로 및 정저항 회로

1 역회로

(1) 역회로의 정의 : L과 C의 병렬 회로와 직렬 회로가 전기적인 등가관계에 있는 회로

(2) 역회로의 관계식

① $\dfrac{L_1}{C_1} = \dfrac{L_2}{C_2} = K^2$

② $\dfrac{L_1}{C_1} = \dfrac{L_2}{C_2} = \dfrac{L_3}{C_3} = K^2$

③ 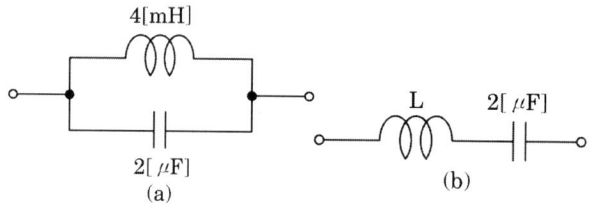 $\dfrac{L_1}{C_1} = \dfrac{L_2}{C_2} = \dfrac{L_3}{C_3} = K^2$

④ $\dfrac{L_1}{C_1} = \dfrac{L_2}{C_2} = \dfrac{L_3}{C_3} = \dfrac{L_4}{C_4} = K^2$

예제 15

그림 (a)와 그림 (b)가 역회로 관계에 있으려면 L의 값은 몇 [mH]인가?

① 1   ② 2   ③ 4   ④ 8

해설 역회로의 조건

$\dfrac{L_1}{C_1} = \dfrac{L_2}{C_2}$, $L_1 C_2 = L_2 C_1$ $L_2 = \dfrac{L_1 C_2}{C_1} = \dfrac{4 \times 10^{-3} \times 2 \times 10^{-6}}{2 \times 10^{-6}} = 4 \times 10^{-3} [H]$

정답 ③

2 정저항 회로

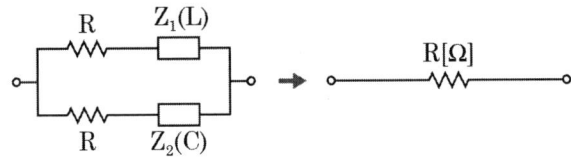

(1) 정저항 회로 : 2단자 구동점 임피던스가 주파수에 관계없이 항상 일정한 순저항이 될 때의 회로

(2) 정저항 회로 조건

$Z = R$ 이어야 하므로 $\dfrac{(R+Z_1)(R+Z_2)}{(R+Z_1)+(R+Z_2)} = R$

$\Rightarrow (R+Z_1)(R+Z_2) = (2R+Z_1+Z_2) \times R$

$\Rightarrow R^2 + (Z_1+Z_2)R + Z_1Z_2 = 2R^2 + (Z_1+Z_2)$

$\Rightarrow Z_1Z_2 = R^2$

$$R^2 = Z_1Z_2 = j\omega L \times \dfrac{1}{j\omega C} = \dfrac{L}{C}, \quad R = \sqrt{\dfrac{L}{C}}\ [\Omega]$$

예제 16

다음과 같은 회로가 정저항 회로가 되기 위한 저항 R(Ω)의 값은?

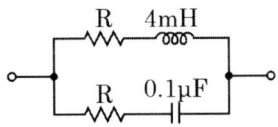

① 200
② 2
③ 2×10^{-2}
④ 2×10^{-4}

해설 정저항 조건

$RC = \dfrac{L}{R}, \quad R = \sqrt{\dfrac{L}{C}}$

$\therefore R = \sqrt{\dfrac{4 \times 10^{-3}}{0.1 \times 10^{-6}}} = 200\ [\Omega]$

정답 ①

CHAPTER 07 라플라스 변환

01 라플라스 변환의 정리

1 라플라스 변환

(1) 라플라스 변환
  ① 미분방정식을 다른 공간으로 변환시켜 단순하게 만든 후 이를 풀어내는 기법
  ② 시간함수 $f(t)$를 제어 회로에 입력해야 할 주파수함수 $F(s)$로 변환

(2) 변환 공식

$$\int_0^\infty f_{(t)} \cdot e^{-st} dt = F_{(s)}$$

2 역라플라스 변환

(1) 라플라스의 역변환
  ① 라플라스 변환으로 풀어낸 식을 다시 원래의 미분방정식 형태로 변환하는 과정
  ② 대수함수 $F(s)$를 시간함수 $f(t)$로 변환

(2) 변환 공식
  ① $f(t) = \dfrac{1}{2\pi i} \int_{\sigma - i\infty}^{\sigma + i\infty} F(s) e^{st} ds$
  ② 공식은 사용하지 않고 부분분수로 분해 후 변환표를 이용하여 변환

02 간단한 함수의 변환

1 단위(Unit) 충격(Impulse) 함수

(1) 단위 임펄스 함수 : 아주 짧은 시간 동안 힘 또는 전압 등 충격이 가해질 때 표현되는 함수
(2) 그래프로 표현된 면적이 1인 함수

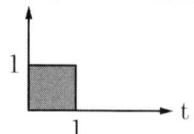

$$\delta_{(t)} \xrightarrow{\mathcal{L}} 1$$

2 단위(Unit) 계단(Step) 함수

(1) 단위 계단 함수 : $u(t) = \begin{cases} 0 & (t<0) \\ 1 & (t>0) \end{cases}$

(2) 크기가 1인 함수

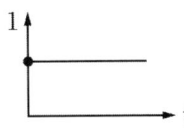

$$u(t) = 1 \xrightarrow{\mathcal{L}} \frac{1}{s}$$

(3) 단위 계단 함수의 시간이동 : 단위 계단 함수가 a만큼 늦게 시작

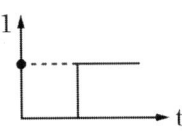

$$u(t-a) \xrightarrow{\mathcal{L}} \frac{1}{s}e^{-as}$$

예제 01

그림과 같이 높이가 1인 펄스의 라플라스 변환은?

① $\dfrac{1}{s}(e^{-as} + e^{-bs})$ ② $\dfrac{1}{a-b}\dfrac{(e^{-as} + e^{-bs})}{1}$

③ $\dfrac{1}{s}(e^{-as} - e^{-bs})$ ④ $\dfrac{1}{a-b}\dfrac{(e^{-as} - e^{-bs})}{1}$

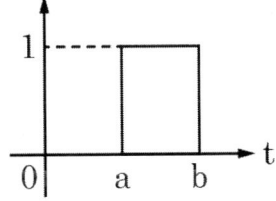

해설 시간함수 f(t) 라플라스 변환

- 시간함수 $f(t) = u(t-a) - u(t-b)$

$\therefore \mathcal{L}[u(t-a) - u(t-b)] = \dfrac{e^{-as}}{s} - \dfrac{e^{-bs}}{s} = \dfrac{1}{s}(e^{-as} - e^{-bs})$

정답 ③

3 단위(Unit) 경사(Lamp) 함수

(1) 단위 램프함수 : $f(t) = \begin{cases} 0 & (t<0) \\ t & (t>0) \end{cases}$

(2) 기울기가 1인 함수

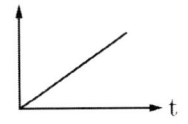

$$t \xrightarrow{\mathcal{L}} \frac{1}{s^2}$$

4 그 외 함수의 변환

(1) 시간함수

$$t^n \xrightarrow{\mathcal{L}} \frac{n!}{s^{n+1}}$$

(2) 지수함수

$$e^{at} \xrightarrow{\mathcal{L}} \frac{1}{s-a} \qquad e^{-at} \xrightarrow{\mathcal{L}} \frac{1}{s+a}$$

(3) 삼각함수

$$\sin\omega t \xrightarrow{\mathcal{L}} \frac{\omega}{s^2+\omega^2} \qquad \cos\omega t \xrightarrow{\mathcal{L}} \frac{s}{s^2+\omega^2}$$

예제 02

$f(t) = 3u(t) + 2e^{-t}$ 인 시간함수를 라플라스 변환한 것은?

① $\dfrac{3s}{s^2+1}$ ② $\dfrac{s+3}{s(s+1)}$ ③ $\dfrac{5s+3}{s(s+1)}$ ④ $\dfrac{5s+1}{s^2(s+1)}$

해설 라플라스 변환

$$\mathcal{L}[3u(t)+2e^{-t}] = \frac{3}{s} + \frac{2}{s+1} = \frac{5s+3}{s(s+1)}$$

정답 ③

예제 03

f(t) = e^{-t} + $3t^2$ + 3cos2t + 5의 라플라스 변환식은?

① $\dfrac{1}{s+1}+\dfrac{6}{s^2}+\dfrac{3s}{s^2+5}+\dfrac{5}{s}$ ② $\dfrac{1}{s+1}+\dfrac{6}{s^3}+\dfrac{3s}{s^2+4}+\dfrac{5}{s}$

③ $\dfrac{1}{s+1}+\dfrac{5}{s^2}+\dfrac{3s}{s^2+5}+\dfrac{4}{s}$ ④ $\dfrac{1}{s+1}+\dfrac{5}{s^3}+\dfrac{2s}{s^2+4}+\dfrac{4}{s}$

해설 라플라스 변환

$$\mathcal{L}[e^{-t}+3t^2+3\cos2t+5] \Rightarrow \frac{1}{s+1}+\frac{6}{s^3}+\frac{3s}{s^2+4}+\frac{5}{s}$$

정답 ②

03 기본 정리

1 추이 정리

(1) 시간추이 정리 : 시간함수 $f(t)$를 양의 방향으로 a만큼 이동한 함수의 라플라스 변환

$$f(t-a) \xrightarrow{\mathcal{L}} F(s)e^{-as}$$

(2) 복소추이 정리

$$e^{at}f(t) \xrightarrow{\mathcal{L}} F(s-a)$$

예제 04

$f(t) = e^{-2t}\sin 4t$ 함수를 라플라스 변환하면?

① $\dfrac{4}{(s+2)^2+4^2}$ ② $\dfrac{4}{(s+2)^2-4^2}$ ③ $\dfrac{2}{(s+2)^2+4^2}$ ④ $\dfrac{4}{(s+2)^2+2^2}$

해설 라플라스 변환

$\sin 4t$의 라플라스 변환 : $\dfrac{4}{s^2+4^2}$ 앞에 e^{-2t}가 곱해져 있기 때문에

$F(s) = \dfrac{4}{(s+2)^2+4^2}$

정답 ①

예제 05

$F(s) = \dfrac{s}{s^2+\pi^2} \cdot e^{-2s}$ 함수를 시간추이 정리에 따라 역변환하면?

① $\sin\pi(t+a) \cdot u(t+a)$ ② $\sin\pi(t-2) \cdot u(t-2)$
③ $\cos\pi(t+a) \cdot u(t+a)$ ④ $\cos\pi(t-2) \cdot u(t-2)$

해설 라플라스 역변환

$\mathcal{L}^{-1}\left[\dfrac{s}{s^2+\pi^2} \cdot e^{-2s}\right] = \cos\pi(t-2)$

∴ $\cos\pi(t-2) \cdot u(t-2)$

TIP 크기가 1인 단위함수 '$u(t-2)$'를 써놓은 것

정답 ④

2 미·적분 정리

(1) 미분 정리

$$\frac{d}{dt}f(t) \xrightarrow{\mathcal{L}} sF(s)$$

(2) 적분 정리

$$\int f(t)dt \xrightarrow{\mathcal{L}} \frac{1}{s}F(s)$$

(3) 미적분의 선형성
① $af_1(t) + bf_2(t) = aF_1(s) + bF_2(s)$
② $af_1(t) - bf_2(t) = aF_1(s) - bF_2(s)$

예제 06

$e_i(t) = Ri(t) + L\frac{di(t)}{dt} + \frac{1}{C}\int i(t)dt$ 에서 모든 초깃값을 0으로 하고 라플라스 변환했을 때 $I(s)$는? (단, $I(s)$, $E_i(s)$는 $i(t)$, $e_i(t)$를 라플라스 변환한 것이다)

① $\dfrac{Cs}{LCs^2 + RCs + 1}E_i(s)$

② $\dfrac{1}{R + Ls + \dfrac{1}{C}s}E_i(s)$

③ $\dfrac{1}{s^2 + \dfrac{L}{R}s + \dfrac{1}{LC}}E_i(s)$

④ $\left(R + Ls + \dfrac{1}{Cs}\right)E_i(s)$

해설 라플라스 변환

• 라플라스 변환
$\mathcal{L}[e_i(t) = Ri(t) + L\dfrac{di(t)}{dt} + \dfrac{1}{C}\int i(t)dt]$

$E_i(s) = RI(s) + LsI(s) + \dfrac{1}{Cs}I(s) = (R + Ls + \dfrac{1}{Cs})I(s)$

$I(s) = \dfrac{E_i(s)}{R + Ls + \dfrac{1}{Cs}} \times \dfrac{Cs}{Cs} = \dfrac{Cs}{LCs^2 + RCs + 1}E_i(s)$

정답 ①

예제 07

$\dfrac{E_0(s)}{E_i(s)} = \dfrac{1}{s^2 + 3s + 1}$ 의 전달함수를 미분방정식으로 표시하면?

① $\dfrac{d^2}{dt^2}e_i(t) + 3\dfrac{d}{dt}e_i(t) + e_i(t) = e_0(t)$

② $\dfrac{d^2}{dt^2}e_0(t) + 3\dfrac{d}{dt}e_0(t) + e_0(t) = e_i(t)$

③ $\dfrac{d^2}{dt^2}e_i(t) + 3\dfrac{d}{dt}e_i(t) + \int e_i(t) = e_0(t)$

④ $\dfrac{d^2}{dt^2}e_0(t) + 3\dfrac{d}{dt}e_0(t) + \int e_0(t) = e_i(t)$

해설 전달함수를 미분방정식으로 표현

- 전달함수 정리

$\dfrac{E_0(s)}{E_i(s)} = \dfrac{1}{s^2 + 3s + 1}$

$E_0(s)(s^2 + 3s + 1) = E_i(s)$

$s^2 \cdot E_0(s) + 3s \cdot sE_0(s) + E_0(s) = E_i(s)$

- 미분방정식 표현

$\mathcal{L}^{-1}[s^2 \cdot E_0(s) + 3s \cdot sE_0(s) + E_0(s) = E_i(s)]$

$\therefore \dfrac{d^2}{dt^2}e_0(t) + 3\dfrac{d}{dt}e_0(t) + e_0(t) = e_i(t)$

정답 ②

3 초깃값과 최종값 정리

(1) 초깃값 정리

$$\lim_{t \to 0} f(t) = \lim_{s \to \infty} sF(s)$$

(2) 최종값(정상값) 정리

$$\lim_{t \to \infty} f(t) = \lim_{s \to 0} sF(s)$$

예제 08

다음과 같은 전류의 초깃값 $I(0^+)$를 구하면 얼마인가?

$$I(s) = \frac{12(s+8)}{4s(s+6)}$$

① 1　　　　② 2　　　　③ 3　　　　④ 4

해설 초깃값 정리

$$\lim_{t \to 0} f(t) = \lim_{s \to \infty} sF(s) = \lim_{s \to \infty} s \times \frac{12(s+8)}{4s(s+6)} = \lim_{s \to \infty} \times \frac{12(s+8)}{4(s+6)} = 3$$

정답 ③

예제 09

$F(s) = \dfrac{5s+3}{s(s+1)}$ 일 때 $f(t)$의 최종값은 얼마인가?

① 3　　　　② -3　　　　③ 5　　　　④ -5

해설 최종값 정리

$$\lim_{t \to \infty} f(t) = \lim_{s \to 0} sF(s) = \lim_{s \to 0} s \times \frac{5s+3}{s(s+1)} = \lim_{s \to 0} \frac{5s+3}{(s+1)} = 3$$

정답 ①

04 역라플라스 변환

1 부분분수

(1) 분자가 상수인 경우

$$F(s) = \frac{c}{(s+a)(s+b)} = \frac{c}{b-a}\left(\frac{1}{s+a} - \frac{1}{s+b}\right)$$

(2) 분자가 1차식인 경우

$$F(s) = \frac{s+c}{(s+a)(s+b)} = \frac{A}{(s+a)} + \frac{B}{(s+b)}$$

$\Rightarrow \dfrac{A}{(s+a)} + \dfrac{B}{(s+b)}$ 를 통분해서 $\dfrac{s+c}{(s+a)(s+b)}$ 식과 계수 비교

2 헤비사이드 정리

(1) $F(s) = \dfrac{s+c}{(s+a)(s+b)} = \dfrac{A}{(s+a)} + \dfrac{B}{(s+b)}$

① $A = \dfrac{s+c}{(s+a)(s+b)} \times (s+a) = \dfrac{s+c}{s+b}\big|_{s=-a} = \dfrac{-a+c}{-a+b}$

② $B = \dfrac{s+c}{(s+a)(s+b)} \times (s+b) = \dfrac{s+c}{s+a}\big|_{s=-b} = \dfrac{-b+c}{-b+a}$

예제 10

$F(s) = \dfrac{s+1}{s^2+2s}$ 의 역라플라스 변환은?

① $\dfrac{1}{2}(1-e^{-t})$ ② $\dfrac{1}{2}(1-e^{-2t})$ ③ $\dfrac{1}{2}(1+e^{-t})$ ④ $\dfrac{1}{2}(1+e^{-2t})$

해설 역라플라스 변환

방법 1) 이항분리

$F(s) = \dfrac{s+1}{s(s+2)} = \dfrac{A}{s} + \dfrac{B}{s+2}$

$\dfrac{A}{s} + \dfrac{B}{s+2} = \dfrac{A(s+2)+Bs}{s(s+2)} = \dfrac{(A+B)s+2A}{s(s+2)}$

$A+B=1, \quad 2A=1 \;\Rightarrow\; A=\dfrac{1}{2}, \quad B=\dfrac{1}{2}$

방법 2) 헤비사이드 정리

$F(s) = \dfrac{s+1}{s(s+2)} = \dfrac{A}{s} + \dfrac{B}{s+2}$

$A = \dfrac{s+1}{s+2}$ 에 $s=0$ 대입하면 $A = \dfrac{1}{2}$

$B = \dfrac{s+1}{s}$ 에 $s=-2$ 대입하면 $B = \dfrac{1}{2}$

$\therefore F(s) = \dfrac{\frac{1}{2}}{s} + \dfrac{\frac{1}{2}}{s+2} = \dfrac{1}{2}\left(\dfrac{1}{s} + \dfrac{1}{s+2}\right)$

• 역라플라스 변환

$\mathcal{L}^{-1}\left[\dfrac{1}{2}\left(\dfrac{1}{s} + \dfrac{1}{s+2}\right)\right] \therefore \dfrac{1}{2}(1+e^{-2t})$

정답 ④

CHAPTER 08 과도현상

01 전달함수

1 전달함수의 정의

(1) 전달함수 : 입력신호에 대한 출력신호의 라플라스 변환비

입력($R_{(S)}$) —[$G_{(S)}$]— 출력($C_{(S)}$)

$$G_{(s)} = \frac{\text{라플라스 변환된 출력}}{\text{라플라스 변환된 입력}} = \frac{C_{(s)}}{R_{(s)}}$$

(2) 전달함수의 특징
 ① 시스템의 초깃값 = '0'
 ② 전달함수는 s로 표현
 ③ 선형 시스템에서만 정의
 ④ 시스템의 입력과는 무관

2 기본적 요소의 전달함수

종류	$G(s)$
비례요소	K
미분요소	Ks
적분요소	$\dfrac{K}{s}$
1차 지연요소	$\dfrac{K}{Ts+1}$
2차 지연요소	$\dfrac{\omega_n^{\,2}}{s^2 + 2\delta\omega_n s + \omega_n^{\,2}}$
부동작 시간요소	Ke^{-Ls}

T : 시정수, δ : 제동비, ω_n : 자연(고유) 각주파수

예제 01

전달함수에 대한 설명으로 틀린 것은?

① 전달함수가 s가 될 때 적분요소라 한다.

② 전달함수는 $\dfrac{출력\ 라플라스\ 변환}{입력\ 라플라스\ 변환}$ 으로 정의된다.

③ 어떤 계의 전달함수의 분모를 0으로 놓으면 이것이 곧 특성방정식이 된다.

④ 어떤 계의 전달함수는 그 계에 대한 임펄스 응답의 라플라스 변환과 같다.

해설 전달함수

- 비례 요소 : $G(s) = K$
- 미분 요소 : $G(s) = Ks$
- 적분 요소 : $G(s) = \dfrac{K}{s}$

정답 ①

3 전기 회로의 전달함수

(1) 회로 요소의 임피던스 표현

① $R[\Omega] = R[\Omega]$ ② $L[H] \Rightarrow j\omega L = Ls\ [\Omega]$ ③ $C[F] \Rightarrow \dfrac{1}{j\omega C} = \dfrac{1}{Cs}\ [\Omega]$

(2) R - L 회로

$$G(s) = \dfrac{V_2(s)}{V_1(s)} = \dfrac{Ls}{Ls+R} \times \dfrac{\dfrac{1}{R}}{\dfrac{1}{R}} = \dfrac{\dfrac{L}{R}s}{\dfrac{L}{R}s+1}$$

(3) R - C 회로

$$G(s) = \dfrac{V_2(s)}{V_1(s)} = \dfrac{\dfrac{1}{Cs}}{R+\dfrac{1}{Cs}} \times \dfrac{Cs}{Cs} = \dfrac{1}{RCs+1}$$

(4) L - C 회로

$$G(s) = \dfrac{V_2(s)}{V_1(s)} = \dfrac{\dfrac{1}{Cs}}{Ls+\dfrac{1}{Cs}} \times \dfrac{Cs}{Cs} = \dfrac{1}{LCs^2+1}$$

예제 02

그림과 같은 회로에서 $V_1(s)$를 입력, $V_2(s)$ 출력으로 한 전달함수는?

① $\dfrac{1}{\dfrac{1}{sL}+sC}$ ② $\dfrac{1}{1+s^2LC}$

③ $\dfrac{1}{LC+sC}$ ④ $\dfrac{sC}{s^2(s+LC)}$

해설 전달함수 G(s) 계산

$$G(s) = \frac{V_2}{V_1} = \frac{\dfrac{1}{Cs}}{Ls+\dfrac{1}{Cs}} \times \frac{Cs}{Cs} = \frac{1}{1+s^2LC}$$

정답 ②

예제 03

그림과 같은 회로에서 입력을 $V_1(s)$, 출력을 $V_2(s)$라 할 때, 전압비 전달함수는?

① $\dfrac{R_1}{R_1Cs+1}$ ② $\dfrac{R_2+R_1R_2Cs}{R_1+R_2+R_1R_2Cs}$

③ $\dfrac{R_1R_2s+RCs}{R_1Cs+R_1R_2s^2+C}$ ④ $\dfrac{s+1}{s+R_1+R_2+R_1R_2C}$

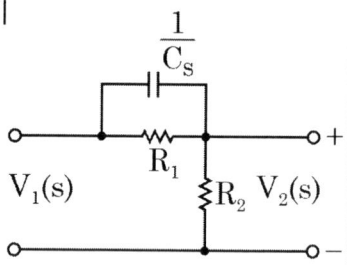

해설 전달함수 G(s) 정리

$$G(s) = \frac{V_2(s)}{V_1(s)} = \frac{R_2}{\dfrac{\dfrac{R_1}{Cs}}{R_1+\dfrac{1}{Cs}}+R_2} = \frac{R_2}{\dfrac{R_1}{1+R_1Cs}+R_2} \times \frac{1+R_1Cs}{1+R_1Cs}$$

$$= \frac{R_2+R_1R_2Cs}{R_1+R_2+R_1R_2Cs}$$

정답 ②

02 과도현상

1 과도현상

(1) 과도현상 : 전기 회로가 정상상태에서 다른 정상상태로 옮겨갈 때 과도적으로 나타나는 전압과 전류가 변화하는 현상

(2) 소자의 특성
① 저항(R) : 에너지를 소비
② 인덕턴스(L) : 전류를 자속의 형태로 변화시켜 에너지를 저장
③ 커패시턴스(C) : 전압을 전하의 형태로 변화시켜 에너지를 저장

2 R-L 직렬 회로

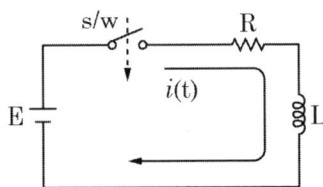 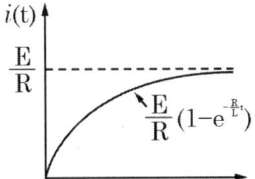

(1) 기전력 : $E = V_R + V_L = R \cdot i_{(t)} + L \cdot \dfrac{di}{dt}$ [V]

(2) 정상 전류 : $I = \dfrac{E}{R}$ [A]

(3) 전압 인가 시 과도현상
① 과도 전류

$$i(t) = \dfrac{E}{R}(1 - e^{-\frac{R}{L}t}) \text{ [A]}$$

② $V_R = R \cdot i(t) = R \cdot \dfrac{E}{R}\left(1 - e^{-\frac{R}{L}t}\right) = E\left(1 - e^{-\frac{R}{L}t}\right)$ [V]

③ $V_L = E - V_R = E - E\left(1 - e^{-\frac{R}{L}t}\right) = E \cdot e^{-\frac{R}{L}t}$ [V]

(4) 전압 제거 시 과도현상
① 과도 전류

$$i(t) = \dfrac{E}{R} \cdot e^{-\frac{R}{L}t} \text{ [A]}$$

예제 04

R = 4000 [Ω], L = 5 [H]의 직렬 회로에 직류 전압 200 [V]를 가할 때 급히 단자 사이의 스위치를 단락시킬 경우 이로부터 1/800초 후 회로의 전류는 몇 [mA]인가?

① 18.4
② 1.84
③ 28.4
④ 2.84

해설 R - L 직렬 회로의 과도 전류

R - L 회로에서 단락시켰을 때 과도 전류는
$$i(t) = \frac{E}{R} e^{-\frac{R}{L}t} = \frac{200}{4000} e^{-\frac{4000}{5} \times \frac{1}{800}}$$
$$= 18.4 \, [mA]$$

정답 ①

3 R-C 직렬 회로

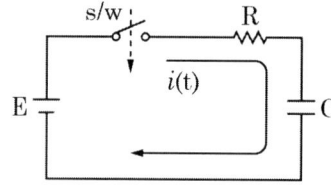
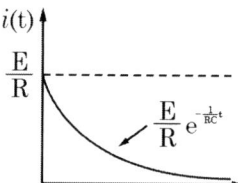

(1) 기전력 : $E = V_R + V_C = R \cdot i_{(t)} + \frac{1}{C} \int i(t) \, dt \, [V]$

(2) 정상 전류 : $I = \frac{E}{R} \, [A]$

(3) 전압 인가 시 과도현상

① 과도 전류

$$i_{(t)} = \frac{E}{R} \cdot e^{-\frac{1}{RC}t} \, [A]$$

② $V_R = R \cdot i(t) = R \cdot \frac{E}{R} \cdot e^{-\frac{1}{RC}t} = E \cdot e^{-\frac{1}{RC}t} \, [V]$

③ $V_C = E - V_R = E - E \cdot e^{-\frac{1}{RC}t} = E\left(1 - e^{-\frac{1}{RC}t}\right) [V]$

④ 충전전하 $Q_C = CV_C = CE\left(1 - e^{-\frac{1}{RC}t}\right) [V]$

(4) 전압 제거 시 과도현상

① 과도 전류

$$i_{(t)} = -\frac{E}{R} \cdot e^{-\frac{1}{RC}t} [A]$$

② 충전전하 $Q_C = CV_C = CE \cdot e^{-\frac{1}{RC}t} [V]$

예제 05

그림과 같은 회로에서 t = 0에서 스위치를 닫으면 전류 i(t) [A]는?
(단, 콘덴서의 초기 전압은 0 [V]이다)

① $5(1 - e^{-t})$ ② $1 - e^{-t}$
③ $5e^{-t}$ ④ e^{-t}

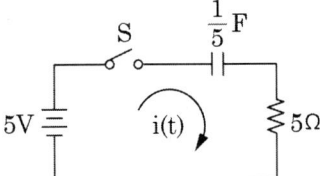

해설 R – C 직렬 회로의 과도 전류

• 전압 인가 시(on)

$$i(t) = \frac{E}{R}e^{-\frac{1}{RC}t} = \frac{5}{5}e^{-\frac{1}{5 \times \frac{1}{5}}t} = e^{-t} [A]$$

정답 ④

예제 06

저항 R = 5000 [Ω], 콘덴서 C = 20 [μF]가 직렬로 접속된 회로에 일정 전압 V = 100 [V]를 가하고 t = 0에서 스위치를 넣을 때 콘덴서 단자 전압(V)를 구하면?
(단, t = 0에서 콘덴서 전압은 0 [V]이다)

① $100(1 - e^{10t})$ ② $100e^{10t}$
③ $100(1 - e^{-10t})$ ④ $100e^{-10t}$

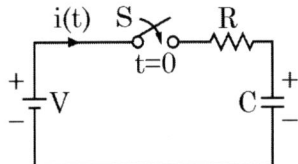

해설 R – C 직렬 회로의 충전 전압

스위치를 닫았을 때 단자 전압

$$V_c = E(1 - e^{-\frac{1}{RC}t}) = 100(1 - e^{-\frac{1}{5000 \times 20 \times 10^{-6}}t}) = 100(1 - e^{-10t}) [V]$$

정답 ③

예제 07

그림과 같은 R-C 직렬 회로에 t = 0에서 스위치 S를 닫아 직류 전압 100 [V]를 회로의 양단에 인가하면 시간 t에서의 충전전하는? (단, R = 10 [Ω], C = 0.1 [F]이다)

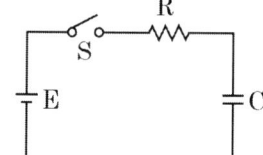

① $10(1 - e^{-t})$
② $-10(1 - e^{-t})$
③ $10e^{-t}$
④ $-10e^{-t}$

해설 충전전하 q 계산

$$q = CE\left(1 - e^{-\frac{1}{RC}t}\right) = 0.1 \times 100\left(1 - e^{-\frac{1}{0.1 \times 10}t}\right) = 10(1 - e^{-t})\,[C]$$

정답 ①

4 R-L-C 직렬 회로의 과도응답 특성

조건	특성
$R^2 > 4 \cdot \dfrac{L}{C}$	과제동(비진동)
$R^2 = 4 \cdot \dfrac{L}{C}$	임계 제동(임계 진동)
$R^2 < 4 \cdot \dfrac{L}{C}$	부족 제동(감쇠 진동)

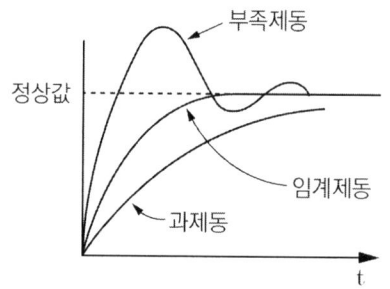

예제 08

R-L-C 직렬 회로에서 R = 100 [Ω], L = 5 [mH], C = 2 [μF]일 때 이 회로는?

① 과제동이다.
② 무제동이다.
③ 임계제동이다.
④ 부족제동이다.

해설 응답 특성

$$R^2 - 4\frac{L}{C} = 100^2 - 4 \times \frac{5 \times 10^{-3}}{2 \times 10^{-6}} = 0$$

$$\therefore R^2 = 4\frac{L}{C}, \text{ 임계제동}$$

정답 ③

03 시정수와 상승시간

1 시정수

(1) 시정수의 정의
　① 출력신호의 변화가 정상 최종값의 63.2 [%]에 이르는 데 걸리는 시간
　② 단위 : [sec]

(2) R - L 직렬 회로

$$\tau = \frac{L}{R} \, [\sec]$$

(3) R - C 직렬 회로

$$\tau = RC \, [\sec]$$

예제 09

회로에서 L = 50 [mH], R = 20 [kΩ]인 경우 회로의 시정수는 몇 [μs]인가?

① 4.0　　② 3.5
③ 3.0　　④ 2.5

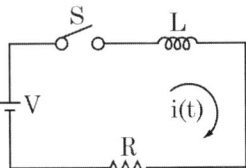

해설 R – L 직렬 회로 시정수 τ

$$\tau = \frac{L}{R} = \frac{50 \times 10^{-3}}{20 \times 10^{3}}$$
$$= 2.5 \times 10^{-6} = 2.5 \, [\mu s]$$

정답 ④

예제 10

R - L 직렬 회로에 직류 전압을 가했을 때, 시정수의 5배의 시간이 흐른 경우 전류는 정상 전류의 몇 [%]가 되겠는가?

① 99.3　　　② 97.3　　　③ 95.3　　　④ 93.3

해설 R - L 직렬 회로의 과도 전류

전압을 인가하였을 때 과도 전류 $i(t) = \dfrac{E}{R}\left(1 - e^{-\frac{R}{L}t}\right)$

시정수 $= \dfrac{L}{R}$ 이므로 $t = 5 \times \dfrac{L}{R}$ 을 대입하면

$i(t) = \dfrac{E}{R}(1 - e^{-5}) = \dfrac{E}{R} \times 0.993$　　　∴ 정상 전류의 0.993배 = 99.3 [%]

정답 ①

2 상승시간

(1) R - L 직렬 회로의 시정수

① 전류가 정상상태의 63.2 [%]가 될 때까지 걸리는 시간

② 방전 시 충전된 전류의 63.2 [%]가 소멸되는 시간

③ 공식유도

$$i(t) = \dfrac{E}{R}(1 - e^{-\frac{R}{L}t})[\text{A}] \text{에서 } t = \dfrac{L}{R} \text{ 대입}$$

$$\Rightarrow i(t) = \dfrac{E}{R}(1 - e^{-1}) = \dfrac{E}{R} \times 0.632 [\text{A}]$$

(2) R - C 직렬 회로의 시정수

① 충전 전압이 전원 전압의 63.2 [%]가 될 때까지 걸리는 시간

② 충전된 콘덴서를 저항을 통해 방전시켰을 때 최초 전압의 63.2 [%]가 소멸되는 시간

③ 공식유도

$$V_C = E\left(1 - e^{-\frac{1}{RC}t}\right)[\text{V}] \text{에서 } t = RC \text{ 대입}$$

$$\Rightarrow V_C = E(1 - e^{-1}) = E \times 0.632 [\text{V}]$$

(3) 시정수와 과도현상

① 시정수가 클수록 정상값에 도달하기까지의 시간이 증가함

② 시정수가 작을수록 정상값에 도달하기까지의 시간이 감소함

예제 11

시정수의 의미를 설명한 것 중 틀린 것은?

① 시정수가 작으면 과도현상이 짧다.
② 시정수가 크면 정상상태에 늦게 도달한다.
③ 시정수는 τ로 표기하며 단위는 초(sec)이다.
④ 시정수는 과도 기간 중 변화해야 할 양의 0.632 [%]가 변화하는 데 소요된 시간이다.

해설 시정수 τ

- 정상 전류의 63.2 [%]에 도달하기까지 걸리는 시간
- 시정수가 작으면 과도현상이 짧음
- 시정수가 크면 정상상태에 늦게 도달함

정답 ④

예제 12

R - L 직렬 회로에 직류 전압을 가했을 때 흐르는 전류가 정상 전류 $I = \dfrac{E}{R}$의 70 [%]에 도달하는 데 걸리는 시간은? (단, τ는 시정수이다)

① $t = 0.7\tau$
② $t = 1.1\tau$
③ $t = 1.2\tau$
④ $t = 1.4\tau$

해설 과도 전류의 상승시간

- R - L 직렬 회로 전류

$$i(t) = \dfrac{E}{R}\left(1 - e^{-\frac{R}{L}t}\right) = 0.7 \dfrac{E}{R} \ [A]$$

$\therefore 1 - e^{-\frac{t}{\tau}} = 0.7$

$\Rightarrow e^{-\frac{t}{\tau}} = 1 - 0.7 = 0.3$

$\Rightarrow -\dfrac{t}{\tau} = \ln(0.3)$

$\therefore t = -\tau \ln(0.3) = 1.2\tau$

정답 ③

PART 02

필기

모아 전기산업기사

과년도 기출문제

2023년 1회

01 그림과 같은 평형 3상 Y결선에서 각 상이 $8[\Omega]$의 저항과 $6[\Omega]$의 리액턴스가 직렬로 연결된 부하에 선간 전압 $100\sqrt{3}\,[\text{V}]$가 공급되었다. 이때 선전류는 몇 $[\text{A}]$인가?

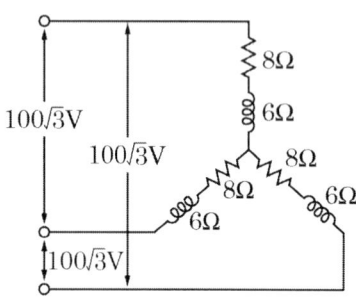

① 10 ② 8
③ 6 ④ 12

해설 | 평형 3상 Y결선

- $V_\ell = \sqrt{3}\,V_p$, $V_p = 100\,[\text{V}]$
- $Z = \sqrt{8^2 + 6^2} = 10\,[\Omega]$

$\therefore I_\ell = I_p = \dfrac{V_p}{Z} = \dfrac{100}{10} = 10\,[\text{A}]$

02 비접지 3상 Y부하의 각 선에 흐르는 비대칭 각 선전류를 I_a, I_b, I_c라 할 때 선전류의 영상분 I_0는?

① $\dfrac{1}{3}$ ② 0
③ $\dfrac{1}{3}(I_a + aI_b + a^2 I_c)$ ④ 1

해설 | 대칭좌표법

영상분	$I_0 = \dfrac{1}{3}(I_a + I_b + I_c)$
정상분	$I_1 = \dfrac{1}{3}(I_a + aI_b + a^2 I_c)$
역상분	$I_2 = \dfrac{1}{3}(I_a + a^2 I_b + aI_c)$

단, 비접지 회로의 영상분은 0이다.

03 그림과 같은 4단자망의 영상전달정수 θ는?

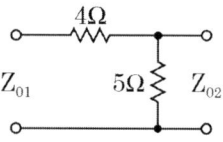

① $\sqrt{5}$ ② $5\ln\sqrt{5}$
③ $\ln\sqrt{5}$ ④ $\ln\dfrac{1}{\sqrt{5}}$

해설 | 영상전달정수 θ

$\theta = \log_e(\sqrt{AD} + \sqrt{BC})$

$\begin{bmatrix} A & B \\ C & D \end{bmatrix} = \begin{bmatrix} 1 & 4 \\ 0 & 1 \end{bmatrix}\begin{bmatrix} 1 & 0 \\ \dfrac{1}{5} & 1 \end{bmatrix} = \begin{bmatrix} \dfrac{9}{5} & 4 \\ \dfrac{1}{5} & 1 \end{bmatrix}$

$\therefore \theta = \log_e\left(\sqrt{\dfrac{9}{5}} + \sqrt{\dfrac{4}{5}}\right) = \ln\sqrt{5}$

정답 01 ① 02 ② 03 ③

04 다음과 같은 교류 브릿지 회로에서 Z_0에 흐르는 전류가 0이 되기 위한 각 임피던스의 조건은?

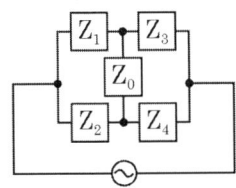

① $Z_1 Z_2 = Z_3 Z_4$
② $Z_1 Z_2 = Z_3 Z_0$
③ $Z_2 Z_3 = Z_1 Z_0$
④ $Z_2 Z_3 = Z_1 Z_4$

해설 | 휘스톤 브릿지 회로
- 평형 조건 만족 시, Z_0에는 전류가 흐르지 않음
- 브릿지 평형 조건 : $Z_2 Z_3 = Z_1 Z_4$

05 R-C 직렬 회로에 t = 0일 때 직류 전압 100 [V]를 인가하면, 0.2초에 흐르는 전류는 몇 [mA]인가? (단, R=1000 [Ω], C=25 [μF]이고, 커패시터의 초기 충전전하는 0 [C]이다)

① 0.0332
② 0.0328
③ 0.0338
④ 0.0335

해설 | R-C 직렬 회로의 과도 전류

- 스위치 on : $i(t) = \dfrac{E}{R} e^{-\frac{1}{RC}t}$ [A]

- 스위치 off : $i_{(t)} = -\dfrac{E}{R} \cdot e^{-\frac{1}{RC}t}$ [A]

$i(t) = \dfrac{100}{1000} e^{-\frac{1}{1000 \times 25 \times 10^{-3}} \times 0.2}$

$\fallingdotseq 3.35 \times 10^{-5}$ [A]

$\therefore i(t) = 0.0335$ [mA]

06 3상 불평형 전압에서 영상 전압이 150 [V]이고 정상 전압이 500 [V], 역상 전압이 300 [V]이면 전압의 불평형률은 몇 [%]인가?

① 70
② 60
③ 50
④ 40

해설 | 불평형률

불평형률 = $\dfrac{역상전압}{정상전압} \times 100$

$= \dfrac{300}{500} \times 100 = 60$ [%]

07 그림과 같은 회로에서 스위치 S를 닫았을 때 시정수(sec)는 얼마인가?
(단, L=10 [mH], R=20 [Ω]이다)

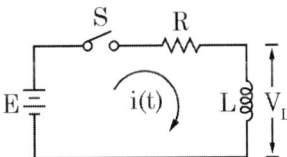

① 5×10^{-3}
② 5×10^{-4}
③ 200
④ 2000

해설 | 시정수 τ

R-L 직렬 회로에서의 시정수

$\tau = \dfrac{L}{R} = \dfrac{10 \times 10^{-3}}{20} = 5 \times 10^{-4}$

8 그림과 같은 순저항으로 된 회로에 대칭 3상 전압을 가했을 때, 각 선에 흐르는 전류가 같으려면 R [Ω]의 값은?

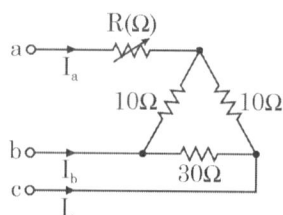

① 2
② 4
③ 3
④ 5

해설 | 가변저항 R 계산

• △ ⇒ Y 변환 등가 회로

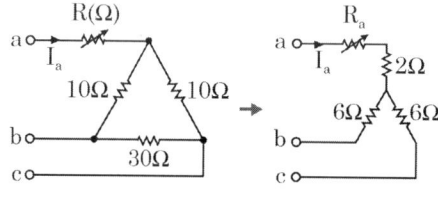

$$R_a = \frac{10 \times 10}{10 + 10 + 30} = 2\,[\Omega]$$

$$R_b = \frac{30 \times 10}{10 + 10 + 30} = 6\,[\Omega]$$

$$R_c = \frac{30 \times 10}{10 + 10 + 30} = 6\,[\Omega]$$

• 선전류 I_ℓ이 같게 될 조건

$$R_a = R_b = R_c$$
$$R_a = 2 + R = 6\,[\Omega]$$

∴ 가변저항 $R = 4\,[\Omega]$

9 대칭 3상 Y결선 부하에서 각 상의 임피던스가 16 + j12 [Ω]이고 부하 전류가 10 [A]일 때, 이 부하의 선간 전압은 약 몇 [V]인가?

① 153
② 229
③ 347
④ 445

해설 | Y결선 선간 전압 V_ℓ 계산

$$V_p = I \times Z = 10 \times \sqrt{16^2 + 12^2} = 200\,[V]$$
$$\therefore V_\ell = \sqrt{3}\,V_p = 200\sqrt{3} = 346.4\,[V]$$

10 △결선된 저항 부하를 Y결선으로 바꾸면 소비전력은? (단, 저항과 선간 전압은 일정하다)

① 3배로 된다.
② $\frac{1}{3}$배로 된다.
③ $\sqrt{3}$배로 된다.
④ $\frac{1}{\sqrt{3}}$배로 된다.

해설 | 3상 평형의 Y결선과 △결선
3상 평형일 때,

• $R_\Delta = 3R_Y$ • $I_\Delta = 3I_Y$
• $Z_\Delta = 3Z_Y$ • $P_\Delta = 3P_Y$

11 저항 30 [Ω], 용량성 리액턴스 40 [Ω]의 병렬 회로에 120 [V]의 정현파 교류 전압을 가할 때 전체 전류(A)는?

① 3 ② 4
③ 5 ④ 6

해설 | 병렬 회로의 임피던스

$$Y = \sqrt{\left(\frac{1}{30}\right)^2 + \left(\frac{1}{40}\right)^2} = \frac{1}{24}$$

$$Z = \frac{1}{Y} = 24 \, [\Omega]$$

$$\therefore I = \frac{V}{Z} = \frac{120}{24} = 5 \, [A]$$

12 그림은 평형 3상 회로에서 운전하고 있는 유도전동기의 결선도이다. 각 계기의 지시가 $W_1 = 0.811$ [kW], $W_2 = 1.989$ [kW], V = 200 [V], I = 10 [A]일 때, 이 유도 전동기의 역률은 약 몇 [%]인가?

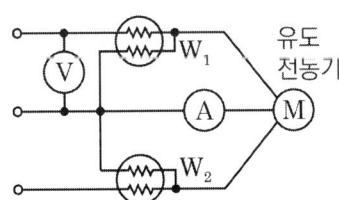

① 80 ② 76
③ 70 ④ 84

해설 | 두 전력계를 이용한 역률

유효전력 $P = W_1 + W_2 = 811 + 1989$
$\quad = 2800 \, [W]$

피상전력 $P_a = \sqrt{3} \, VI = \sqrt{3} \times 200 \times 10$
$\quad = 3464.1 \, [VA]$

$\therefore \cos\theta = \dfrac{P}{P_a} = \dfrac{2800}{3464.1} \times 100$
$\quad = 80.83 \, [\%]$

• 2전력계법에 의한 풀이

$$\cos\theta = \frac{P_1 + P_2}{2\sqrt{P_1^2 + P_2^2 - P_1 P_2}}$$

$$= \frac{811 + 1989}{2\sqrt{811^2 + 1989^2 - 811 \times 1989}}$$

$$= \frac{2800}{3464.54} \times 100 = 80.82 \, [\%]$$

13 ωt가 0에서 π까지는 I = 20 [A], π에서 2π까지는 I = 0 [A]인 파형을 푸리에 급수로 전개할 때 직류분 a_0는?

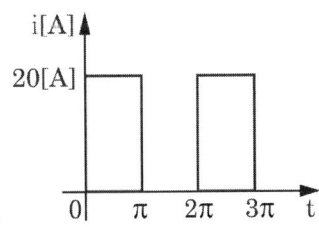

① 5 ② 7.07
③ 10 ④ 14.14

해설 | 푸리에 급수

직류분 : 비정현파의 한 주기 동안 평균값

$$a_0 = \frac{1}{T} \int_0^T f(t) dt = \frac{1}{2\pi} \int_0^{2\pi} f(t) dt$$

$$= \frac{20\pi}{2\pi} = 10$$

14 전류 $i(t) = 5 + 10\sqrt{2}\sin 100t + 5\sqrt{2}\sin 200t$ [A]가 1 [H]의 인덕터에 흐르고 있을 때, 인덕터에 축적되는 에너지는 몇 [J]인가?

① 75
② 150
③ 200
④ 100

해설 | 축적에너지

인덕터에 축적되는 에너지(W)

$W = \dfrac{1}{2}LI^2$

$I = \sqrt{I_0^2 + I_1^2 + I_2^2 + \cdots} = \sqrt{5^2 + 10^2 + 5^2}$

∴ $W = \dfrac{1}{2} \times 1 \times 150 = 75\,[J]$

15 그림과 같은 주기 전압파에 있어서 0초부터 0.02초의 사이에서는 $e = 5 \times 10^4(t - 0.02)^2$ [V]로 표시되고 0.02초에서부터 0.04초까지는 $e = 0$이다. 전압의 평균치(V)는 약 얼마인가?

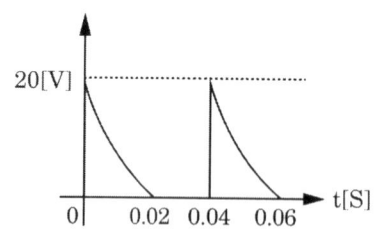

① 2.2
② 3.3
③ 4
④ 5.5

해설 | 평균값 계산

$V_{av} = \dfrac{1}{T}\int_0^T e(t)dt$

$= \dfrac{1}{0.04}\int_0^{0.02} 5 \times 10^4(t-0.02)^2 dt$

$= 0.3333$

16 복소전력이 [VA]일 때, 역률의 표기방법으로 틀린 것은?
(단, $Z = R + jX = |Z|\angle\theta_Z$
$Y = G + jB = |Y|\angle\theta_Y = \dfrac{1}{Z}$,
$S = P + jQ = |S|\angle\theta_S$)

① $\dfrac{R}{|Z|}$
② $\dfrac{G}{|Y|}$
③ $\dfrac{Q}{P}$
④ $\dfrac{P}{|S|}$

해설 | 복소전력의 역률

$S = P + jQ = |S|\angle\theta_S$

S : 복소전력, P : 평균전력, Q : 무효전력

역률 $= \dfrac{P}{|S|}$, 무효율 $= \dfrac{Q}{|S|}$

17 그림에서 e_i를 입력 전압, e_o를 출력 전압이라 할 때 전달함수는 어느 것인가?

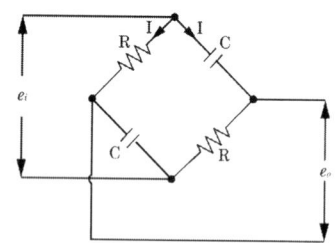

① RCs
② $\dfrac{1}{RCs+1}$
③ $\dfrac{1}{RCs-1}$
④ $\dfrac{RCs-1}{RCs+1}$

해설 | 전달함수

$\dfrac{e_o}{e_i} = \dfrac{R - \dfrac{1}{Cs}}{R + \dfrac{1}{Cs}} \times \dfrac{Cs}{Cs} = \dfrac{RCs-1}{RCs+1}$

18 어떤 회로에 V = 100∠30°[V]의 전압을 가할 때 전류 I = 5∠-15°[A]가 흘렀다. 이 회로에서의 소비전력(W)은 얼마인가?

① 250 ② 433
③ 354 ④ 866

해설 | 소비(유효)전력의 계산
$$P = VI\cos\theta$$
$$= 100 \times 5 \times \cos\{(30-(-15)\}$$
$$= 500 \times \frac{\sqrt{2}}{2} = 353.55\,[W]$$

19 다음 보기와 같이 2개의 배터리를 전구 L과 직렬로 연결했을 때, L이 점등되지 않는 회로를 고르시오.

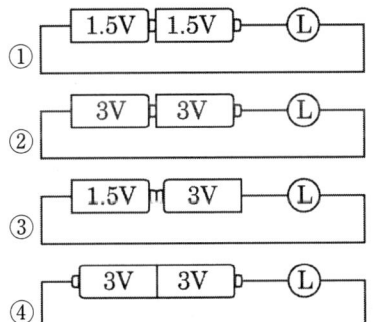

해설 | 직렬연결의 전압
전위차가 발생하지 않으면 전류가 흐르지 않는다.

20 그림과 같은 회로망에서 전류를 산출하는 데 옳게 표시한 식은?

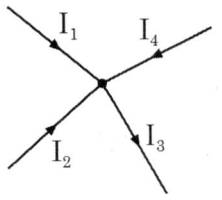

① $I_1 + I_2 - I_4 - I_3 = 0$
② $I_1 + I_4 - I_2 - I_3 = 0$
③ $I_1 + I_2 + I_3 + I_4 = 0$
④ $I_1 + I_2 - I_3 + I_4 = 0$

해설 | 키르히호프의 전류법칙
한 절점에 들어오는 전류와 나가는 전류의 합이 같다.
$I_1 + I_2 + I_4 = I_3$
∴ $I_1 + I_2 - I_3 + I_4 = 0$

정답 18 ③ 19 ④ 20 ④

2023년 2회

01 저항 6개를 그림과 같이 연결하였을 때, a와 b 사이의 합성저항(Ω)은?

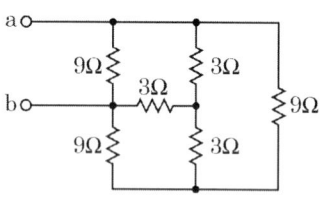

① 9
② 4
③ 3
④ 2

해설 | 합성저항 R_{ab} 계산

• 회로 등가변환

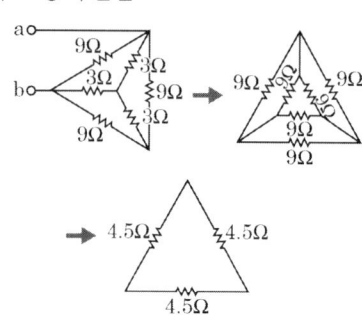

• 합성저항 R_{ab} 계산

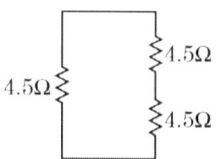

$$\therefore R_{ab} = \frac{4.5 \times 9}{4.5 + 9} = 3\,[\Omega]$$

02 그림과 같은 파형의 실횻값은 약 몇 [A]인가?

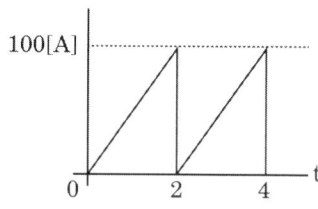

① 47.7
② 57.7
③ 67.7
④ 87.7

해설 | 톱니파

• 파고율 = 최댓값÷실횻값
 따라서 실횻값 = 최댓값÷파고율
• 톱니파의 파고율 = $\sqrt{3}$

$\therefore$ 톱니파의 실횻값 = $\dfrac{100}{\sqrt{3}} \fallingdotseq 57.7\,[A]$

03 다음과 같은 회로가 정저항 회로가 되기 위한 저항 R(Ω)의 값은?

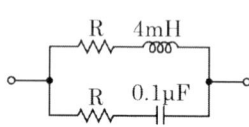

① 200
② 2
③ 2×10^{-2}
④ 2×10^{-4}

해설 | 정저항 회로 조건

$$RC = \frac{L}{R}, \quad R = \sqrt{\frac{L}{C}}$$

$$\therefore R = \sqrt{\frac{4 \times 10^{-3}}{0.1 \times 10^{-6}}} = 200\,[\Omega]$$

04 기본파의 60 [%]인 제3고조파와 80 [%]인 제5고조파를 포함하는 전압파의 왜형률은 얼마인가?

① 0.6　　② 0.8
③ 1　　　④ 1.2

해설 | 왜형률

왜형률 = $\dfrac{\text{각 고조파 실횻값}}{\text{기본파 실횻값}}$

$= \dfrac{\sqrt{(0.6V_1)^2 + (0.8V_1)^2}}{V_1}$

$= \sqrt{0.6^2 + 0.8^2} = 1$

05 그림과 같은 회로에서 저항 20 [Ω]에 흐르는 전류는 몇 [A]인가?

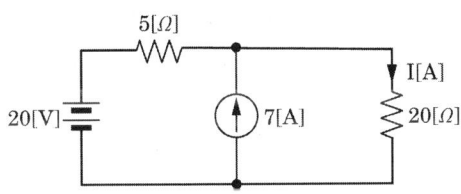

① 3.6　　② 2.2
③ 1.8　　④ 3.2

해설 | 중첩의 원리

- 전류원 개방 - 직렬 회로

$I = \dfrac{V}{R} = \dfrac{20}{5+20} = 0.8\,[A]$

- 전압원 단락 - 병렬 회로

전류분배법칙에 의해 $I_1 = \dfrac{R_2}{R_1+R_2} \times I$

$I_{20} = \dfrac{5}{5+20} \times 7 = 1.4\,[A]$

∴ $I = 0.8 + 1.4 = 2.2\,[A]$

06 전압과 전류가

$V = 100\sqrt{2}\sin wt + 50\sqrt{2}\sin(3wt + \dfrac{\pi}{6})\,[V]$

$I = 40\sqrt{2}\sin(3wt - \dfrac{\pi}{6}) + 50\sqrt{2}\sin(5wt + \dfrac{\pi}{3})\,[A]$

일 때, 소비전력은 몇 [kW]인가?

① 0.5　　② 0.8
③ 1　　　④ 2

해설 | 비정현파의 소비전력

전압은 기본파와 3고조파, 전류는 3고조파와 5고조파 성분이 존재하므로 소비전력은 3고조파에 의해서만 발생한다.

$P = \dfrac{V_m}{\sqrt{2}} \dfrac{I_m}{\sqrt{2}} \cos\theta,\quad \theta = \theta_1 - \theta_2 = \dfrac{\pi}{3}$

∴ $P = 50 \times 40 \times \dfrac{1}{2} = 1000\,[W]$

07 평형 3상 유도전동기의 출력이 10 [HP], 선간 전압 200 [V], 효율 90 [%], 역률 85 [%]일 때, 이 전동기에 유입되는 선전류는 약 몇 [A]인가? (단, 1 [HP]는 746 [W]이다)

① 40　　② 28
③ 20　　④ 14

해설 | 전동기의 효율

$\eta = \dfrac{P}{\sqrt{3}\,VI\cos\theta}$

$I = \dfrac{P}{\sqrt{3}\,V\eta\cos\theta}$

$= \dfrac{7460}{\sqrt{3}\,200 \times 0.9 \times 0.85} ≒ 28.15\,[A]$

정답　04 ③　05 ②　06 ③　07 ②

08 그림 (a)와 그림 (b)가 역회로 관계에 있으려면 L의 값은 몇 [mH]인가?

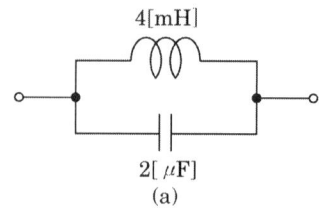

① 1
② 2
③ 4
④ 8

해설 | 역회로의 조건

(a) 회로의 소자를 L_1, C_1이라 하고
(b) 회로의 소자를 L_2, C_2라고 하면
$L_1 C_1 = L_2 C_2$
$L_2 = \dfrac{L_1 C_1}{C_2} = \dfrac{4 \times 10^{-3} \times 2 \times 10^{-6}}{2 \times 10^{-6}}$
$= 4 \times 10^{-3} [H]$

09 저항 100 [Ω], 커패시턴스 10 [μF]가 직렬로 연결된 회로에 100 [V], 50 [Hz]의 교류 전압을 가할 때 역률은 얼마인가?

① 0.2
② 0.3
③ 0.5
④ 0.8

해설 | 직렬 회로의 역률

$\cos\theta = \dfrac{R}{Z} = \dfrac{R}{\sqrt{R^2 + X^2}}$

$X_C = \dfrac{1}{2\pi f C} = \dfrac{1}{2\pi \times 50 \times 10^{-5}} = 318.31$

$\therefore \cos\theta = \dfrac{100}{\sqrt{100^2 + 318^2}} \fallingdotseq 0.30$

10 R-L 직렬 회로에서 시정수의 값이 클수록 과도현상의 소멸되는 시간에 대한 설명으로 옳은 것은?

① 짧아진다.
② 없어진다.
③ 길어진다.
④ 변화가 없다.

해설 | R-L 직렬 회로의 과도 전류

전압을 인가하였을 때 과도 전류
$i(t) = \dfrac{E}{R}\left(1 - e^{-\frac{R}{L}t}\right)$에서 시정수 $= \dfrac{L}{R}$

시정수란 출력신호의 변화가 정상 최종값의 63.2 [%]에 이르는 데 걸리는 시간이므로 시정수와 과도현상은 비례한다.
∴ 시정수가 클수록 정상상태로 되기까지 시간이 오래 걸린다.

11 비정현파의 전압이 $3 + 10\sqrt{2}\sin wt + 5\sqrt{2}\sin 3wt$ [V]일 때, 실효치(V)는?

① 11.5
② 10.5
③ 9.5
④ 8.5

해설 | 비정현파의 실횻값

$V = \sqrt{V_0 + V_1 + V_2 + \cdots}$
$= \sqrt{3^2 + 10^2 + 5^2} \fallingdotseq 11.58 [V]$

12 비정현파에서 여현대칭의 조건은 어느 것인가?

① $f(t) = f(-t)$
② $f(t) = -f(-t)$
③ $f(t) = -f(t)$
④ $f(t) = -f\left(t + \dfrac{T}{2}\right)$

해설 | 파형의 대칭조건

정현대칭	$f(x) = -f(-x)$
여현대칭	$f(x) = f(-x)$
반파대칭	$f(x) = -f\left(x + \dfrac{T}{2}\right)$

13 $F(s) = \dfrac{3s+10}{s^3+2s^2+5s}$ 일 때 $f(t)$의 최종값은?

① 0   ② 1
③ 2   ④ 3

해설 | 최종값 정리

$$\lim_{t \to \infty} f(t) = \lim_{s \to 0} sF(s)$$
$$= \lim_{s \to 0} \dfrac{3s^2+10s}{s^3+2s^2+5s} = 2$$

14 그림의 회로에서 입력 전압 $e_i(t)$에 비하여 출력 전압 $e_o(t)$는 위상이 어떻게 되는가?

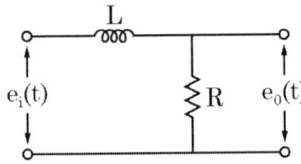

① 앞선다.   ② 뒤진다.
③ 동상이다.   ④ 전압과 관계없다.

해설 | 4단자 회로망의 위상

- 입력 및 출력 전압 구성 성분
  입력 전압 $e_i(t)$: L과 R 포함
  출력 전압 $e_o(t)$: R
- 인덕턴스 L 특성
  전압이 전류보다 90° 앞선다.
  ∴ $e_o(t)$는 $e_i(t)$보다 뒤진다.

15 그림과 같은 회로가 공진이 되기 위한 조건을 만족하는 어드미턴스(℧)는 얼마인가?

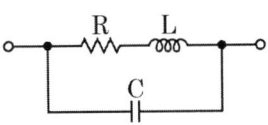

① $\dfrac{CL}{R}$ ② $\dfrac{CR}{L}$
③ $\dfrac{L}{CR}$ ④ $\dfrac{LR}{C}$

해설 | 병렬 회로의 공진조건

병렬 회로의 공진조건은 어드미턴스의 허수부가 0이어야 한다.

$$Y = \dfrac{1}{R+j\omega L} + j\omega C$$
$$= \dfrac{1}{R+j\omega L} \times \dfrac{(R-j\omega L)}{(R-j\omega L)} + j\omega C$$
$$= \dfrac{R-j\omega L}{R^2+\omega^2 L^2} + j\omega C$$
$$= \dfrac{R}{R^2+\omega^2 L^2} - \dfrac{j\omega L}{R^2+\omega^2 L^2} + j\omega C$$
$$= \dfrac{R}{R^2+\omega^2 L^2} - j\left(\dfrac{\omega L}{R^2+\omega^2 L^2} - \omega C\right)$$

- 어드미턴스의 허수부 = 0이어야 하므로

$$\omega C - \dfrac{\omega L}{R^2+\omega^2 L^2} = 0$$
$$\omega C = \dfrac{\omega L}{R^2+\omega^2 L^2} \rightarrow \dfrac{L}{C} = R^2+\omega^2 L^2$$

∴ $Y = \dfrac{R}{R^2+\omega^2 L^2} = \dfrac{R}{\dfrac{L}{C}} = \dfrac{CR}{L}$

정답 13 ③ 14 ② 15 ②

16 정현파 교류 전압의 파고율은 얼마인가?

① 0.91　　② 1.11
③ 1.41　　④ 1.73

해설 | 파형별 값 정리표

파형	실횻값	평균값	파형률	파고율
정현파	$\frac{1}{\sqrt{2}}I_m$	$\frac{2}{\pi}I_m$	1.11	1.414
반파 정현파	$\frac{1}{2}I_m$	$\frac{1}{\pi}I_m$	1.57	2
구형파	I_m	I_m	1	1
반파 구형파	$\frac{1}{\sqrt{2}}I_m$	$\frac{1}{2}I_m$	1.41	1.41
삼각파	$\frac{1}{\sqrt{3}}I_m$	$\frac{1}{2}I_m$	1.15	1.73

17 인덕턴스 L = 100 [mH]에 전압 V(t) = sin(377t + 30°)을 가했을 때, 유도성 리액턴스는 몇 [Ω]인가?

① 18.8　　② 27.7
③ 37.7　　④ 32.6

해설 | 유도성 리액턴스

$X_L = 2\pi f L$
$\quad = 2\pi \times \frac{377}{2\pi} \times 100 \times 10^{-3}$
$\quad = 37.7\,[\Omega]$

• 다른 풀이
$X_L = \omega L = 377 \times 100 \times 10^{-3}$
$\quad = 37.7\,[\Omega]$

18 저항 R = 5000 [Ω], 콘덴서 C = 20 [μF]가 직렬로 접속된 회로에 일정 전압 V = 100 [V]를 가하고 t = 0에서 스위치를 넣을 때 콘덴서 단자 전압(V)을 구하면?(단, t = 0에서 콘덴서 전압은 0 [V]이다)

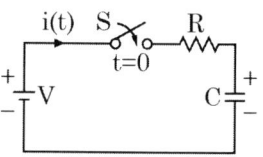

① $100(1-e^{10t})$
② $100e^{10t}$
③ $100(1-e^{-10t})$
④ $100e^{-10t}$

해설 | R-C 직렬 회로

스위치를 닫았을 때 과도 전류
$i(t) = \frac{E}{R}e^{-\frac{1}{RC}t}$

단자 전압 V_c

$V_c = \frac{1}{C}\int_0^t i(t)dt = \frac{1}{C}\int_0^t \frac{E}{R}e^{-\frac{1}{RC}t}dt$
$\quad = E(1-e^{-\frac{1}{RC}t})\,[V]$

$\therefore V_c = 100(1-e^{-\frac{1}{5000 \times 20 \times 10^{-6}}t})$
$\quad = 100(1-e^{-10t})\,[V]$

19 그림과 같은 회로에서 4단자 정수 $T = \begin{bmatrix} A_1 & B_1 \\ C_1 & D_1 \end{bmatrix} \begin{bmatrix} A_2 & B_2 \\ C_2 & D_2 \end{bmatrix}$ 의 형태로 나타낼 수 있다. 다음 중 4단자 정수 T로 옳은 것은?

(단, $T = \begin{bmatrix} A & B \\ C & D \end{bmatrix}$ 이다)

① $T = \begin{bmatrix} 1 & j\omega L \\ 0 & 1 \end{bmatrix} \begin{bmatrix} 1 & 0 \\ \frac{1}{j\omega C} & 1 \end{bmatrix}$

② $T = \begin{bmatrix} 1 & j\omega L \\ 0 & 1 \end{bmatrix} \begin{bmatrix} 1 & 0 \\ j\omega C & 1 \end{bmatrix}$

③ $T = \begin{bmatrix} j\omega L & 1 \\ 1 & 0 \end{bmatrix} \begin{bmatrix} 1 & 0 \\ j\omega C & 1 \end{bmatrix}$

④ $T = \begin{bmatrix} 1 & j\omega L \\ 0 & 1 \end{bmatrix} \begin{bmatrix} 0 & 1 \\ 1 & \frac{1}{j\omega C} \end{bmatrix}$

해설 | 4단자 정수

$A_1, A_2 = 1$ $D_1, D_2 = 1$

B는 임피던스, C는 어드미턴스

20 $r_1 [\Omega]$인 저항에 $r [\Omega]$인 가변저항이 연결된 그림과 같은 회로에서 전류 I를 최소로 하기 위한 저항 $r_2[\Omega]$는? (단, $r [\Omega]$은 가변저항의 최대 크기이다)

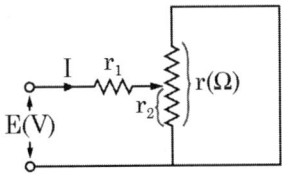

① $\frac{r_1}{2}$ ② $\frac{r}{2}$

③ r_1 ④ r

해설 | 전류의 최소 조건

• 합성저항 R_t 계산

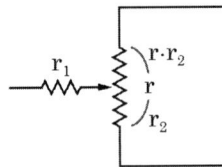

$\therefore R_t = r_1 + \frac{(r-r_2) \times r_2}{(r-r_2) + r_2}$

• 전류 최소 조건 $\frac{dR_t}{dr_2} = 0$

$\frac{d}{dr_2}(r_1 + \frac{(r-r_2) \times r_2}{(r-r_2) + r_2}) = 0$

$0 + \frac{r - 2r_2}{r} = 0$

$2r_2 = r$

$\therefore$ 저항 r_2 계산 $r_2 = \frac{r}{2}$

2023년 3회

전기산업기사 / 회로이론

01 시간함수 $1 - \cos\omega t$를 라플라스 변환하면?

① $\dfrac{s}{s^2 + \omega^2}$
② $\dfrac{\omega^2}{s(s^2 + \omega^2)}$
③ $\dfrac{s}{s(s^2 - \omega^2)}$
④ $\dfrac{\omega^2}{s(s^2 - \omega^2)}$

해설 | 라플라스 변환

$f(t) = 1 - \cos wt$ 의 라플라스 변환

$F(s) = \dfrac{1}{s} - \dfrac{s}{s^2 + w^2} = \dfrac{w^2}{s(s^2 + w^2)}$

02 100 [V], 50 [Hz], t = 0에서의 순싯값이 $-50\sqrt{2}$일 때, 전압을 나타내는 것은?

① $v(t) = 100\sqrt{2}\sin\left(100\pi t + \dfrac{\pi}{6}\right)$
② $v(t) = 100\sqrt{2}\cos\left(100\pi t + \dfrac{\pi}{6}\right)$
③ $v(t) = 100\sqrt{2}\sin\left(100\pi t - \dfrac{\pi}{6}\right)$
④ $v(t) = 100\sqrt{2}\cos\left(100\pi t - \dfrac{\pi}{6}\right)$

해설 | 교류의 순싯값

$v(t) = 100\sqrt{2}\sin\left(100\pi t - \dfrac{\pi}{6}\right)$에서

$t = 0$ 대입하면

$v(0) = 100\sqrt{2}\sin\left(-\dfrac{\pi}{6}\right) = 100\sqrt{2} \times \left(-\dfrac{1}{2}\right)$

$\therefore v(0) = -50\sqrt{2}$

03 다음과 같은 회로에서의 저항 R(Ω)은?

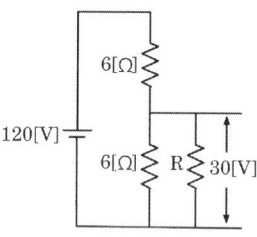

① 3
② 4
③ 6
④ 8

해설 | 합성저항

전압분배법칙에 의해서

$6 : 90 = \dfrac{6R}{6+R} : 30$이므로

$\dfrac{6R}{6+R} = 2$, $6R = 12 + 2R$

$\therefore R = 3\,[\Omega]$

04 R = 100 [Ω], L = 381 [mH], C = 152.4 [pF]인 R-L-C 직렬 회로에서 공진 시 첨예도는?

① 300
② 400
③ 500
④ 600

해설 | R-L-C 직렬 회로 첨예도

$Q = \dfrac{1}{R}\sqrt{\dfrac{L}{C}}$

$= \dfrac{1}{100}\sqrt{\dfrac{381 \times 10^{-3}}{152.4 \times 10^{-12}}} = 500$

정답 01 ② 02 ③ 03 ① 04 ③

5 3상 불평형 전압에서 불평형률은?

① $\dfrac{영상\ 전압}{정상\ 전압} \times 100\ [\%]$

② $\dfrac{역상\ 전압}{정상\ 전압} \times 100\ [\%]$

③ $\dfrac{정상\ 전압}{역상\ 전압} \times 100\ [\%]$

④ $\dfrac{정상\ 전압}{영상\ 전압} \times 100\ [\%]$

해설 | 불평형률

불평형률 $= \dfrac{역상\ 전압}{정상\ 전압} \times 100\ [\%]$

6 R-L 직렬 회로에서 인덕턴스가 2 [H], 전류 $20e^{-2t}$ [A]가 흐를 때 인덕턴스에 가해지는 전압(V)은?

① $10e^{-2t}$
② $20e^{-2t}$
③ $40e^{-2t}$
④ $80e^{-2t}$

해설 | 인덕턴스 전압

$V_L = L\dfrac{di}{dt} = 2 \times 20e^{-2t} = 40e^{-2t}$

7 $e = E_m \sin\omega t$ [V]인 정현파 교류의 평균값은 최댓값의 몇 배인가?

① 0.78
② 0.64
③ 0.71
④ 0.5

해설 | 정현파의 교류값

$V_{av} = \dfrac{2}{\pi} V_m = 0.637\, V_m$

∴ 약 0.64배

8 다음 회로에서 3 [Ω]에 걸리는 전압은?

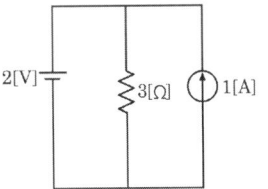

① 1
② 4
③ 3
④ 2

해설 | 중첩의 정리

- 전압원 단락 : 저항쪽으로는 전류가 흐르지 않으므로 전압은 0 [V]
- 전류원 개방 : 저항쪽에 흐르는 전압은 2 [V]

9 다음 함수 $F(s) = \dfrac{2}{(s+1)(s+3)}$의 역라플라스 변환은?

① $e^{-t} - e^{-3t}$
② $e^{-t} - e^{3t}$
③ $e^{t} - e^{3t}$
④ $e^{t} - e^{-3t}$

해설 | 라플라스 역변환

- 부분분수 전개 및 A, B 계산

$f(t) = \mathcal{L}^{-1}\left[\dfrac{2}{(s+1)(s+3)}\right]$

$= \dfrac{A}{s+1} + \dfrac{B}{s+3}$

$A = 1,\ B = -1$

∴ $\mathcal{L}^{-1}\left[\dfrac{1}{s+1} - \dfrac{1}{s+3}\right] = e^{-t} - e^{-3t}$

정답 05 ② 06 ③ 07 ② 08 ④ 09 ①

10 역률이 0.6 유효전력이 120 [kW]일 때, 무효전력(kVar)은?

① 160　　② 140
③ 180　　④ 200

해설 | 무효전력의 계산

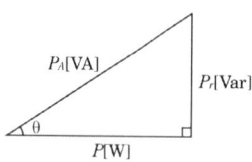

$P = P_a \cos\theta, \quad P_a = \dfrac{120}{0.6} = 200 \,[\text{kVA}]$

$P_r = P_a \sin\theta = 200 \times 0.8 = 160 \,[\text{kVar}]$

11 다음 회로도를 전류원으로 고치면 전류는 약 몇 [A]인가?

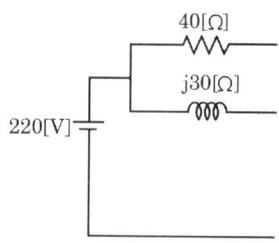

① 9.17　　② 10.52
③ 18.34　　④ 5.26

해설 | 병렬 회로의 전류계산

$I = \dfrac{V}{Z} = \dfrac{220}{\dfrac{40 \times j30}{40 + j30}} = \dfrac{11}{2} - j\dfrac{22}{3}$

$\therefore I = \sqrt{\left(\dfrac{11}{2}\right)^2 + \left(\dfrac{22}{3}\right)^2} \fallingdotseq 9.17$

※ $I = \sqrt{I_R^2 + I_L^2}$ 을 이용해도 계산가능

12 다음과 같은 평형 3상 Y결선에서 선간 전압이 200 [V]일 때, 선전류는 몇 [A]인가?

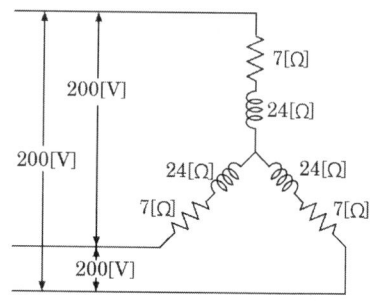

① 8　　② 6.93
③ 4.62　　④ 13.86

해설 | Y결선의 선전류

$V_\ell = \sqrt{3}\, V_p, \quad I_\ell = I_p$

$I_p = \dfrac{V_p}{Z} = \dfrac{\dfrac{200}{\sqrt{3}}}{\sqrt{7^2 + 24^2}} = 4.62\,[\text{A}]$

$\therefore I_\ell = I_p = 4.62\,[\text{A}]$

13 대역통과필터의 대역폭이 $f_L[\text{MHz}]$에서 $f_H[\text{MHz}]$로 변할 때, 저항 R은?

① $\dfrac{2\pi}{C}(f_H - f_L)$　　② $2\pi L(f_H - f_L)$

③ $2\pi(f_H - f_L)$　　④ $\dfrac{2\pi L}{C}(f_H - f_L)$

해설 | 대역통과필터의 대역폭

대역폭의 크기의 변화 따라 저항값은
$R = 2\pi L(f_H - f_L)$

14 비대칭 3상 회로에서 $V_a = 120\,[\text{V}]$, $V_b = -60 - j80\,[\text{V}]$, $V_c = -60 + j80\,[\text{V}]$일 때, 역상 전압은?

① 13.81 ② 103.79
③ 41.44 ④ 34.60

해설 | 역상 전압의 계산

$$V_2 = \frac{1}{3}(V_a + a^2 V_b + a V_c)$$

$$= \frac{1}{3}\left\{\begin{array}{l} 120 \\ + \left(-\frac{1}{2} - j\frac{\sqrt{3}}{2}\right)(-60 - j80) \\ + \left(-\frac{1}{2} + j\frac{\sqrt{3}}{2}\right)(-60 + j80) \end{array}\right\}$$

$$\fallingdotseq 13.81$$

15 우함수를 나타내는 식으로 옳은 것은?

① $f(-x) = -f(x)$
② $f(x) = -f(x)$
③ $-f(x+\pi) = f(x)$
④ $f(x) = f(-x)$

해설 | 비정현파 대칭조건

기함수(정현대칭)	$f(-x) = -f(x)$
우함수(여현대칭)	$f(x) = f(-x)$
대칭파(반파대칭)	$-f(x+\pi) = f(x)$

16 다음 회로에서 a-b 사이에 걸리는 전압은 몇 [V]인가?

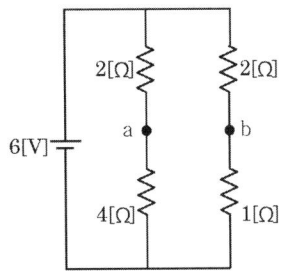

① 1 ② 2
③ 4 ④ 6

해설 | 전압의 분배법칙

a점에서의 4 [Ω]에 걸리는 전압
$$V_a = \frac{4}{2+4} \times 6 = 4\,[\text{V}]$$

b점에서의 1 [Ω]에 걸리는 전압
$$V_b = \frac{1}{2+1} \times 6 = 2\,[\text{V}]$$

∴ 4 - 2 = 2V

17 R-L 직렬 회로에 전압 $v(t) = 14.1\sin\omega t + 70.7\sin 3\omega t\,[\text{V}]$를 인가하였을 때, 제3고조파 성분의 실효치 전류는 약 몇 [A]인가? (단, R = 8 [Ω], ωL = 2 [Ω])

① 5 ② $5\sqrt{2}$
③ 10 ④ $10\sqrt{2}$

정답 14 ① 15 ④ 16 ② 17 ①

해설 | 제3고조파의 실횻값

$$I_3 = \frac{v_3}{Z_3} = \frac{V_3}{\sqrt{R^2+(3\omega L)^2}}$$

$$= \frac{\frac{70.7}{\sqrt{2}}}{\sqrt{8^2+(3\times 2)^2}} \fallingdotseq 5\,[\text{A}]$$

해설 | △결선의 선전류

$$V_\ell = V_p, \quad I_\ell = \sqrt{3}\,I_p$$

$$I_p = \frac{V_p}{Z} = \frac{200}{\sqrt{8^2+6^2}} = 20\,[\text{A}]$$

$$\therefore I_\ell = \sqrt{3}\,I_p = 20\sqrt{3}\,[\text{A}]$$

18 회로에서 스위치를 닫을 때 회로에 흐르는 전류 i(t)는?

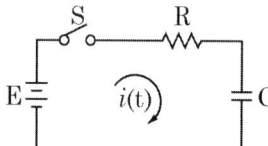

① $\dfrac{E}{R}e^{\frac{C}{R}t}$ ② $\dfrac{E}{R}e^{\frac{R}{C}t}$

③ $\dfrac{E}{R}e^{-\frac{1}{RC}t}$ ④ $\dfrac{E}{R}e^{\frac{1}{RC}t}$

해설 | RC 과도현상 i(t) 계산

$$i(t) = \frac{E}{R}e^{-\frac{1}{RC}t}$$

19 각 상의 임피던스가 8 + j6인 △결선 회로에 전원 전압 200 [V]를 인가할 때, 선전류는 몇 [A]인가?

① 10 ② $10\sqrt{3}$
③ 20 ④ $20\sqrt{3}$

20 R-L 직렬 회로에서 시정수의 값이 작을수록 과도현상이 소멸되는 시간은 어떻게 되는가?

① 일정하다. ② 관계없다.
③ 짧아진다. ④ 길어진다.

해설 | R-L 직렬 회로의 과도 전류

전압을 인가하였을 때 과도 전류

$$i(t) = \frac{E}{R}\left(1-e^{-\frac{R}{L}t}\right)$$ 에서 시정수 $= \dfrac{L}{R}$

시정수란 출력신호의 변화가 정상 최종값의 63.2 [%]에 이르는 데 걸리는 시간이므로 시정수와 과도현상은 비례한다.

∴ 시정수가 작을수록 정상상태로 되기까지 시간이 짧아진다.

정답 18 ③ 19 ④ 20 ③

2022년 1회

01 4단자 정수를 구하는 식으로 틀린 것은?

① $A = \left(\dfrac{V_1}{V_2}\right)_{I_2=0}$ ② $B = \left(\dfrac{V_1}{I_2}\right)_{V_2=0}$

③ $C = \left(\dfrac{I_2}{V_2}\right)_{I_2=0}$ ④ $D = \left(\dfrac{I_1}{I_2}\right)_{V_2=0}$

해설 | 4단자 정수
- A : 전압비
- B : 임피던스
- C : 어드미턴스
- D : 전류비

4단자 정수는 출력에 대한 입력의 비

02 선간 전압 200 [V]인 전압을 3상 유도성 부하에 인가했을 때 소비전력이 3.7 [kW] 발생했다면 역률 80 [%]인 경우 전류(A)는?

① 13.35 ∠ 36.87°
② 18.5 ∠ 36.87°
③ 13.35 ∠ -36.87°
④ 18.5 ∠ -36.87°

해설 | 소비전력의 계산

$P = \sqrt{3} \, VI\cos\theta$

$I = \dfrac{P}{\sqrt{3}\,V\cos\theta} = \dfrac{3.7 \times 10^3}{\sqrt{3} \times 200 \times 0.8}$

$= 13.35\,[\text{A}]$

$\theta = \cos^{-1} 0.8 = 36.87°$

유도성 부하이므로 위상은 $-36.87°$

03 그림과 같은 구형파의 라플라스 변환은?

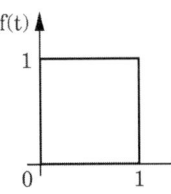

① $\dfrac{1}{s}(1 - e^{-s})$ ② $\dfrac{1}{s}(1 + e^{-s})$

③ $\dfrac{1}{s}(1 - e^{-2s})$ ④ $\dfrac{1}{s}(1 + e^{-2s})$

해설 | 라플라스 변환

$f(t) = u(t) - u(t-1)$

$F(s) = \dfrac{1}{s} - \dfrac{1}{s}e^{-s} = \dfrac{1}{s}(1 - e^{-s})$

04 권수비가 30인 단상변압기 3개를 1차 Δ결선, 2차 Y결선을 하고 1차에 선간 전압 3000 [V]를 가했을 때 무부하 2차 선간 전압(V)은?

① $\dfrac{100}{\sqrt{3}}$ ② $\dfrac{150}{\sqrt{3}}$

③ 100 ④ $100\sqrt{3}$

해설 | 권수비

$a = \dfrac{N_1}{N_2} = \dfrac{V_1}{V_2}$ (권수비는 상전압의 비)

Δ결선 : $V_\ell = V_p$, Y결선 : $V_\ell = \sqrt{3}\,V_p$

$V_{\ell 1} = V_{p1} = 3{,}000\,[\text{V}]$

$a = \dfrac{V_{p1}}{V_{p2}} = \dfrac{3000}{V_{p2}} = 30$, $V_{p2} = 100\,[\text{V}]$

$\therefore V_{\ell 2} = \sqrt{3}\,V_{p2} = 100\sqrt{3}\,[\text{V}]$

정답 01 ③ 02 ③ 03 ① 04 ④

05 $V_a = 3$ [V], $V_b = 2 - j3$ [V], $V_c = 4 + j3$ [V]를 2상 불평형 전압이라고 할 때, 영상 전압은 몇 [V]인가?

① 0
② 3
③ 9
④ 27

해설 | 대칭좌표법

구분	전압
영상분	$V_0 = \frac{1}{3}(V_a + V_b + V_c)$
정상분	$V_1 = \frac{1}{3}(V_a + aV_b + a^2V_c)$
역상분	$V_2 = \frac{1}{3}(V_a + a^2V_b + aV_c)$

$\therefore V_0 = \frac{1}{3}(V_a + V_b + V_c) = 3$ [V]

06 반파대칭의 조건은? (단, 주기는 2π)

① $f(-x) = -f(x)$
② $f(x) = f(-x)$
③ $-f(x+\pi) = f(x)$
④ $f(x) = -f(x)$

해설 | 파형의 대칭조건

정현대칭	$f(x) = -f(-x)$
여현대칭	$f(x) = f(-x)$
반파대칭	$f(x) = -f\left(x + \frac{T}{2}\right)$

07 R-L 직렬 회로에서 시정수의 값이 작을수록 과도현상은?

① 일정하다.
② 관계없다.
③ 길어진다.
④ 짧아진다.

해설 | R-L 직렬 회로 과도현상

전압을 인가하였을 때 과도 전류
$i(t) = \frac{E}{R}\left(1 - e^{-\frac{R}{L}t}\right)$ 에서 시정수 $= \frac{L}{R}$

시정수란 출력신호의 변화가 정상 최종값의 63.2 [%]에 이르는 데 걸리는 시간이므로 시정수와 과도현상은 비례한다.

08 R-L 직렬 회로에 $i(t) = I_m\cos(\omega t + \theta)$인 전류가 흐른다. 이 직렬 회로의 양단의 순시 전압은? (단, ϕ는 전압과 전류의 위상차이다)

① $I_m\sqrt{R^2 + \omega^2 L^2}\cos(\omega t + \theta - \phi)$
② $I_m\sqrt{R^2 + \omega^2 L^2}\cos(\omega t + \theta + \phi)$
③ $\frac{I_m}{\sqrt{R^2 + \omega^2 L^2}}\cos(\omega t + \theta - \phi)$
④ $\frac{I_m}{\sqrt{R^2 + \omega^2 L^2}}\cos(\omega t + \theta + \phi)$

해설 | R-L 직렬 회로의 순싯값

$V = I \times Z$ 이고 R-L 직렬 회로에서 전류가 전압보다 ϕ만큼 뒤진다.

9 서로 결합된 2개의 코일을 직렬로 연결하면 합성 자기 인덕턴스가 20 [mH]이고, 한쪽 코일의 연결을 반대로 하면 8 [mH]가 되었다. 두 코일의 상호 인덕턴스(mH)는?

① 3
② 6
③ 14
④ 28

해설 | 상호 인덕턴스(직렬접속)

$L_{가동} = L_1 + L_2 + 2M = 20$
$L_{차동} = L_1 + L_2 - 2M = 8$
$L_{가동} - L_{차동} = 4M = 12$
$\therefore M = 3 \, [\text{mH}]$

10 회로의 전압 전달함수 $G(s) = \dfrac{V_2(s)}{V_1(s)}$는?

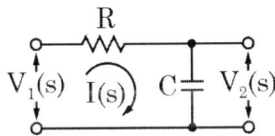

① $\dfrac{-RC}{s + \dfrac{1}{RC}}$
② $\dfrac{\dfrac{1}{RC}}{s + \dfrac{1}{RC}}$
③ $\dfrac{1}{RC}$
④ $\dfrac{1}{s + RC}$

해설 | 전달함수 식

$G(s) = \dfrac{V_2(s)}{V_1(s)} = \dfrac{\dfrac{1}{Cs}}{R + \dfrac{1}{Cs}} = \dfrac{1}{RCs + 1}$

$= \dfrac{\dfrac{1}{RC}}{s + \dfrac{1}{RC}}$

11 그림과 같은 회로에서 스위치 S를 $t=0$에서 닫았을 때 $V_L|_{t=0} = 100 \, [\text{V}]$, $\dfrac{di}{dt}\Big|_{t=0} = 400 \, [\text{A/s}]$이다. $L[\text{H}]$의 값은?

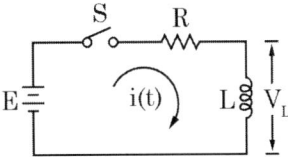

① 0.75
② 0.5
③ 0.25
④ 0.1

해설 | 인덕턴스 계산

$V_L = L \dfrac{di}{dt}, \quad 100 = L \times 400$

$\therefore L = \dfrac{100}{400} = 0.25 \, [\text{H}]$

12 대칭 3상 교류에서 선간 전압이 100 [V], 한 상의 임피던스가 5∠45° [Ω]인 부하를 △결선하였을 때 선전류(A)는?

① 19.2
② 42.3
③ 28.2
④ 34.6

해설 | △결선에서의 선전류

$I_\ell = \sqrt{3} \, I_p, \quad V_p = V_\ell$

$I_p = \dfrac{V_p}{Z_p} = \dfrac{100}{5} = 20 \, [\text{A}]$

$\therefore I_\ell = \sqrt{3} \, I_p = 20\sqrt{3} \fallingdotseq 34.64 \, [\text{A}]$

13 $v(t) = 14.1\sin\omega t + 7.1\sin\left(3\omega t - \dfrac{\pi}{4}\right)$
의 실횻값은 약 몇 [V]인가?

① 5.6　　② 11.2
③ 14.46　④ 20.22

해설 | 교류의 실횻값

$$V = \sqrt{V_1^2 + V_2^2} = \sqrt{\left(\dfrac{14.1}{\sqrt{2}}\right)^2 + \left(\dfrac{7.1}{\sqrt{2}}\right)^2}$$
$$= 11.2\,[\mathrm{V}]$$

14 그림의 회로에서 ab 양단에 걸리는 전압(V)은?

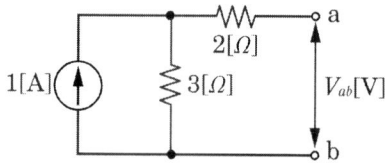

① 2　　② 3
③ -3　④ -2

해설 | 테브난의 정리

점 a와 점 b는 개방되어 있기 때문에 전류는 폐회로에서만 흐르게 되므로 3[Ω]에 걸리는 전압을 구하면 된다.
∴ $V = IR = 1 \times 3 = 3\,[\mathrm{V}]$

15 저항이 40[Ω], 임피던스가 50[Ω]인 R-L 직렬 회로의 부하에 전압 100[V]를 인가한 경우 리액턴스에서 소비되는 무효전력(Var)은?

① 120　　② 160
③ 200　　④ 250

해설 | 무효전력의 계산

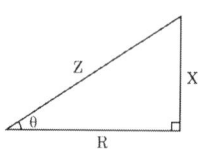

$Z^2 = R^2 + X^2$

$X = \sqrt{Z^2 - R^2} = \sqrt{50^2 - 40^2} = 30\,[\Omega]$

$I = \dfrac{V}{Z} = \dfrac{100}{50} = 2\,[\mathrm{A}]$

∴ 무효전력

$P_r = VI\sin\theta = 100 \times 2 \times \dfrac{3}{5} = 120\,[\mathrm{Var}]$

※ 다른 풀이
$P_r = I^2 X = 2^2 \times 30 = 120\,[\mathrm{Var}]$

16 파고율이 $\sqrt{3}$ 인 파형은?

① 톱니파　　② 구형파
③ 반파정현파　④ 정현파

해설 | 파형별 값 정리표

파형	실횻값	평균값	파형률	파고율
정현파	$\dfrac{1}{\sqrt{2}}I_m$	$\dfrac{2}{\pi}I_m$	1.11	1.414
반파정현파	$\dfrac{1}{2}I_m$	$\dfrac{1}{\pi}I_m$	1.57	2
구형파	I_m	I_m	1	1
반파구형파	$\dfrac{1}{\sqrt{2}}I_m$	$\dfrac{1}{2}I_m$	1.41	1.41
삼각파	$\dfrac{1}{\sqrt{3}}I_m$	$\dfrac{1}{2}I_m$	1.15	1.73

정답　13 ②　14 ②　15 ①　16 ①

17 그림과 같은 회로에서 $i_1(t) = I_m\sin\omega t$ [A]일 때, 개방된 2차 단자에 나타나는 유기기전력 e_2 [V]는?

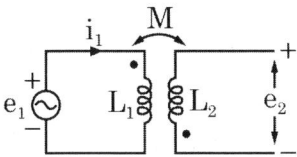

① $\omega MI_m\sin\omega t$
② $\omega MI_m\cos\omega t$
③ $\omega MI_m\sin(\omega t - 90°)$
④ $\omega MI_m\sin(\omega t + 90°)$

해설 | 2차코일의 유기기전력

$$e_2 = L_2\frac{di_2}{dt} - M\frac{di_1}{dt}$$

2차가 개방되었기 때문에 $i_2 = 0$이므로

$$e_2 = -M\frac{d}{dt}I_m\sin\omega t$$
$$= -\omega MI_m\cos\omega t$$
$$= \omega MI_m\sin(\omega t - 90°)$$

18 평형 3상 Y결선 회로의 선간 전압 V_ℓ, 상전압 V_p, 선전류 I_ℓ, 상전류가 I_p일 때 다음의 관련 식 중 틀린 것은?

① $V_\ell = \sqrt{3}\,V_p$
② $I_\ell = I_p$
③ $P = \sqrt{3}\,V_\ell I_\ell\cos\theta$
④ $P = \sqrt{3}\,V_p I_p\cos\theta$

해설 | 평형 3상 Y결선

- $V_\ell = \sqrt{3}\,V_p$
- $I_\ell = I_p$
- $P = 3V_p I_p\cos\theta$

19 R-L 직렬 회로에 직류 전압을 가했을 때, 시정수의 5배의 시간이 흐른 경우 전류는 정상 전류의 몇 [%]가 되겠는가?

① 99.3   ② 97.3
③ 95.3   ④ 93.3

해설 | R-L 직렬 회로의 과도 전류

전압을 인가하였을 때 과도 전류

$$i(t) = \frac{E}{R}\left(1 - e^{-\frac{R}{L}t}\right)$$

시정수 $= \frac{L}{R}$이므로 $t = 5 \times \frac{L}{R}$을 대입하면

$$i(t) = \frac{E}{R}(1 - e^{-5}) = \frac{E}{R} \times 0.993$$

∴ 정상 전류의 0.993배 = 99.3 [%]

20 다음 회로에서 10 [Ω]의 저항에 흐르는 전류는 몇 [A]인가?

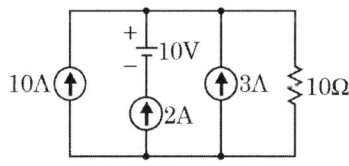

① 8   ② 10
③ 15   ④ 20

해설 | 중첩의 원리

- 전류원 개방 : I = 0(개방 회로)
- 전압원 단락 : I = 10 + 2 + 3 = 15 [A]

2022년 2회

01
불평형 3상 전류 $I_a = 10 + j2$ [A], $I_b = -20 - j24$ [A], $I_c = -5 + j10$ [A]일 때 영상 전류는?

① 15 + j12　　② 55 + j4
③ -15 - j12　　④ -5 - j4

해설 | 대칭좌표법

$$I_0 = \frac{1}{3}(I_a + I_b + I_c) = -5 - j4$$

02
R - L 직렬 회로에 $v(t)$전압을 인가하였을 때, 제3고조파 성분의 실효치 전류는 약 몇 [A]인가? (단, R = 5 [Ω], ωL = 4 [Ω]이다)

$$v(t) = 150\sqrt{2}\cos\omega t + 100\sqrt{2}\sin 3\omega t + 25\sqrt{2}\sin 5\omega t \text{ [V]}$$

① 7.69　　② 10.88
③ 15.62　　④ 22.08

해설 | 고조파의 실횻값

$$I_3 = \frac{V_3}{Z_3} = \frac{V_3}{\sqrt{R^2 + (3\omega L)^2}} = \frac{100}{13}$$
$$= 7.69 \text{ [A]}$$

03
그림과 같이 연결한 10 [A]의 최대 눈금을 가진 전류계 A_1, A_2에 13 [A]의 전류를 흘릴 경우 전류계 A_2의 지시값은 몇 [A]인가? (단, 최대눈금에 대한 A_1의 전압강하는 70 [mV], A_2의 전압강하는 60 [mV]라 한다)

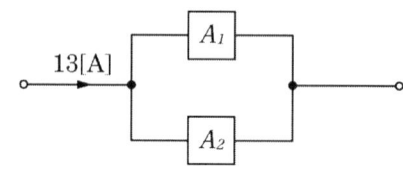

① 4　　② 6
③ 7　　④ 8

해설 | 전류분배법칙

$$R_1 = \frac{e_1}{I_{1\max}} = \frac{70 \times 10^{-3}}{10} = 7 \times 10^{-3} \text{ [Ω]}$$

$$R_2 = \frac{e_2}{I_{2\max}} = \frac{60 \times 10^{-3}}{10} = 6 \times 10^{-3} \text{ [Ω]}$$

$$I_2 = \frac{7 \times 10^{-3}}{7 \times 10^{-3} + 6 \times 10^{-3}} \times 13 = 7 \text{ [A]}$$

04
그림과 같은 T형 회로에서 Z 파라미터 중 Z_{22}의 값은?

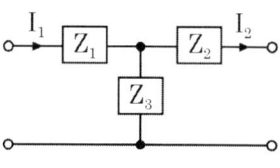

① $Z_1 + Z_3$　　② $Z_2 + Z_3$
③ Z_3　　④ Z_2

정답　01 ④　02 ①　03 ③　04 ②

해설 | Z 파라미터 값

$Z_{11} = Z_1 + Z_3$
$Z_{12} = Z_{21} = Z_3$
$Z_{22} = Z_2 + Z_3$

05 3상 불평형 전압에서 역상 전압이 50 [V], 정상 전압이 200 [V], 영상 전압이 10 [V] 라고 할 때 전압의 불평형률(%)은?

① 1
② 5
③ 25
④ 50

해설 | 불평형률

$$불평형률 = \frac{역상전압}{정상전압} \times 100$$
$$= \frac{50}{200} \times 100 = 25 [\%]$$

06 단위 계단 함수 u(t)의 라플라스 변환은?

① 1
② e^{-ts}
③ $\frac{1}{e^{-ts}}$
④ $\frac{1}{s}$

해설 | 라플라스 변환

$\mathcal{L}[u(t)] = \frac{1}{s}$

07 그림과 같은 2단자 회로망의 구동점 임피던스는?

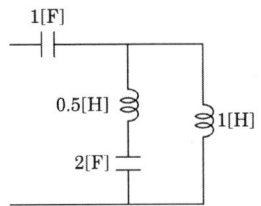

① $\frac{2s^4 + 4s^2 + 1}{3s^3 + s}$
② $\frac{s^4 + 4s^2 + 1}{3s^3 + s}$
③ $\frac{2s^4 + 2s^2 + 1}{3s^3 + s}$
④ $\frac{s^4 + 2s^2 + 1}{3s^3 + s}$

해설 | 2단자 회로망의 임피던스

$1[F] = \frac{1}{s}$ $2[F] = \frac{1}{2s}$
$0.5[H] = 0.5s$ $1[H] = s$

• $Z(s) = \dfrac{\left(0.5s + \dfrac{1}{2s}\right) \times s}{0.5s + \dfrac{1}{2s} + s} + \dfrac{1}{s}$

$= \dfrac{s^3 + s}{3s^2 + 1} + \dfrac{1}{s} = \dfrac{s^4 + 4s^2 + 1}{3s^3 + s}$

08 R-C 직렬 회로의 과도현상에 대한 설명 중 옳게 설명한 것은?

① RC 값이 클수록 과도 전류는 빨리 사라진다.
② RC 값이 클수록 과도 전류는 천천히 사라진다.
③ RC 값에 관계없다.
④ $\frac{1}{RC}$ 값이 클수록 과도 전류는 천천히 사라진다.

해설 | R-C 직렬 회로의 과도 전류

R-C 회로 과도 전류 $i(t) = \dfrac{E}{R}e^{-\frac{1}{RC}t}$

에서 시정수 = RC
시정수란 출력신호의 변화가 정상 최종값의 63.2 [%]에 이르는 데 걸리는 시간이므로 시정수와 과도현상은 비례한다.
∴ 시정수가 클수록 정상상태로 되기까지 시간이 오래 걸린다.

09 3상 회로의 대칭분 전압이 V₀ = -8 + j3 [V], V₁ = 6 - j8 [V], V₂ = 8 + j12 [V]일 때, a상의 전압은 몇 [V]인가? (단, V₀은 영상분, V₁은 정상분, V₂는 역상분 전압이다)

① 5 - j6 ② 5 + j6
③ 6 - j7 ④ 6 + j7

해설 | 대칭좌표법

구분	전압
a 상	$V_a = V_0 + V_1 + V_2$
b 상	$V_b = V_0 + a^2 V_1 + a V_2$
c 상	$V_c = V_0 + a V_1 + a^2 V_2$

∴ $V_a = V_0 + V_1 + V_2 = 6 + j7$ [V]

10 그림과 같은 회로에서 전압비 전달함수 $G(s) = \dfrac{V_2(s)}{V_1(s)}$는?

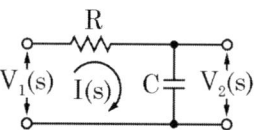

① $\dfrac{1}{RCs+1}$ ② $\dfrac{1}{RC}$
③ $RCs + 1$ ④ RC

해설 | 전압비의 전달함수

$$G(s) = \dfrac{V_2(s)}{V_1(s)}$$

$$= \dfrac{\dfrac{1}{Cs}}{R + \dfrac{1}{Cs}} = \dfrac{\dfrac{1}{Cs}}{\dfrac{RCs+1}{Cs}} = \dfrac{1}{RCs+1}$$

11 $Z = 5\sqrt{3} + j5$ [Ω]인 3개의 임피던스를 Y 결선하여 선간 전압 250 [V]의 평형 3상 전원에 연결하였을 때, 소비되는 유효전력은 약 몇 [W]인가?

① 3125 ② 5413
③ 6252 ④ 7120

해설 | 평형 3상 교류의 유효전력

$P = 3I_p^2 R$

$I_p = \dfrac{V_p}{Z} = \dfrac{\dfrac{V_\ell}{\sqrt{3}}}{\sqrt{R^2 + X^2}} = \dfrac{250}{10\sqrt{3}}$

∴ $P = 3 \times \left(\dfrac{250}{10\sqrt{3}}\right)^2 \times 5\sqrt{3}$

≒ 5412.66 [W]

12 용량이 50 [kVA]인 단상 변압기 3대를 △결선하여 3상으로 운전하는 중 1대의 변압기에 고장이 발생하였다. 나머지 2대의 변압기를 이용하여 3상 V결선으로 운전하는 경우 최대 출력은 몇 [kVA]인가?

① $10\sqrt{3}$ ② $50\sqrt{3}$
③ $100\sqrt{3}$ ④ $200\sqrt{3}$

해설 | V결선의 최대 출력

$$P_V = \sqrt{3}\,P_1 = 50\sqrt{3}\ [\text{kVA}]$$

13 $i(t) = 3\sqrt{2}\sin(377t - 30°)$ [A]의 평균값은 약 몇 [A]인가?

① 1.35 ② 2.7
③ 4.35 ④ 5.4

해설 | 정현파의 평균값

- 파형률 = $\dfrac{실횻값}{평균값}$ 평균값 = $\dfrac{실횻값}{파형률}$
- 정현파의 파형률 = $\dfrac{\pi}{2\sqrt{2}} \fallingdotseq 1.11$

∴ 평균값 = $\dfrac{3}{1.11} \fallingdotseq 2.7$

14 대칭 6상 Y결선의 전원에서 선간 전압과 상전압의 위상차는?

① 60° ② 90°
③ 120° ④ 30°

해설 | 대칭 n상 교류의 위상차

$$\theta = \dfrac{\pi}{2}\left(1 - \dfrac{2}{n}\right) = \dfrac{\pi}{2}\left(1 - \dfrac{2}{6}\right)$$
$$= 90 \times \left(1 - \dfrac{2}{6}\right) = 60$$

15 어느 회로에 V = 120 + j90 [V]의 전압을 인가하면 I = 3 + j4 [A]의 전류가 흐른다. 이 회로의 역률은?

① 0.92 ② 0.94
③ 0.96 ④ 0.98

해설 | 복소전력

피상전력
$$P_a = V \times \overline{I}$$
$$= (120 + j90) \times (3 - j4)$$
$$= 720 - j210$$

∴ $\cos\theta = \dfrac{P}{P_a} = \dfrac{720}{\sqrt{720^2 + 210^2}} \fallingdotseq 0.96$

16 10 [Ω]의 저항 5개를 접속하여 얻을 수 있는 합성저항 중 가장 작은 값은 몇 [Ω]인가?

① 10 ② 5
③ 2 ④ 0.5

해설 | 합성저항의 계산

합성저항은 직렬로 연결할 때 가장 크고 병렬로 연결할 때 가장 작다.
- 직렬연결 10 × 5 = 50 [Ω]
- 병렬연결 10 ÷ 5 = 2 [Ω]

정답 12 ② 13 ② 14 ① 15 ③ 16 ③

17 비정현파의 성분을 가장 옳게 나타낸 것은?

① 직류분 + 고조파
② 교류분 + 고조파
③ 직류분 + 기본파 + 고조파
④ 교류분 + 기본파 + 고조파

해설 | 푸리에 급수

- 주파수와 진폭이 다른 비정현파들을 정현항과 여현항의 합으로 표현
- 계산식

$$f(t) = a_0 + \sum_{n=1}^{\infty} a_n \cos n\omega t + \sum_{n=1}^{\infty} b_n \sin n\omega t$$

- 비정현파의 성분인 직류분, 기본파, 고조파로 표현

18 대칭 3상 Y결선에서 선간 전압이 $200\sqrt{3}$ 이고 각 상의 임피던스 $Z = 30 + j40[\Omega]$ 의 평형 부하일 때, 선전류는 몇 [A]인가?

① 2　　　　② $2\sqrt{3}$
③ 4　　　　④ $4\sqrt{3}$

해설 | Y결선의 전압과 전류

$$V_p = \frac{V_\ell}{\sqrt{3}} = 200$$

$$I_p = \frac{V_p}{Z} = \frac{200}{50} = 4 \, [\text{A}]$$

$$\therefore I_\ell = I_p = 4 \, [\text{A}]$$

19 그림과 같은 회로의 합성 인덕턴스는?

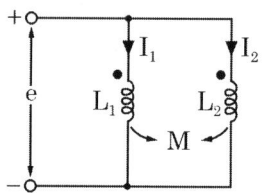

① $\dfrac{L_1 - M^2}{L_1 + L_2 - 2M}$

② $\dfrac{L_2 - M^2}{L_1 + L_2 - 2M}$

③ $\dfrac{L_1 L_2 + M^2}{L_1 + L_2 - 2M}$

④ $\dfrac{L_1 L_2 - M^2}{L_1 + L_2 - 2M}$

해설 | 병렬 회로 합성 인덕턴스

가동결합	$L = \dfrac{L_1 L_2 - M^2}{L_1 + L_2 - 2M}$
차동결합	$L = \dfrac{L_1 L_2 - M^2}{L_1 + L_2 + 2M}$

정답　17 ③　18 ③　19 ④

20. R−L 병렬 회로의 합성 임피던스(Ω)는?
(단, ω [rad/s]이 회로의 각 주파수이다)

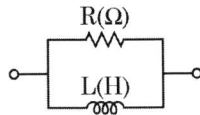

① $R(1+j\dfrac{1}{\omega L})$

② $R(1-j\dfrac{1}{\omega L})$

③ $\dfrac{R}{1-j\dfrac{R}{\omega L}}$

④ $\dfrac{R}{1+j\dfrac{R}{\omega L}}$

해설 | 병렬연결 합성 임피던스

$$Z = \frac{R \times j\omega L}{R + j\omega L} = \frac{Rj\omega L}{R + j\omega L} \times \frac{\dfrac{1}{j\omega L}}{\dfrac{1}{j\omega L}}$$

$$= \frac{R}{1 - j\dfrac{R}{\omega L}}$$

정답 20 ③

2022년 3회

01 어떤 정현파 교류 전압의 실횻값이 314 [V]일 때 평균값은 약 몇 [V]인가?

① 142　　② 283
③ 365　　④ 382

해설 | 정현파 교류 평균값 V_{av} 계산

• 정현파 교류 전압 실횻값 V 계산

$$V = \frac{V_m}{\sqrt{2}} = 314, \quad V_m = 314\sqrt{2}$$

∴ 정현파 교류 전압 평균값 V_{av} 계산

$$V_{av} = \frac{2V_m}{\pi} = \frac{2 \times 314\sqrt{2}}{\pi} \fallingdotseq 283\,[V]$$

02 비정현파 전압 $v = 100\sqrt{2}\sin\omega t + 50\sqrt{2}\sin2\omega t + 30\sqrt{2}\sin3\omega t$의 왜형률은 약 얼마인가?

① 0.36　　② 0.58
③ 0.87　　④ 1.41

해설 | 왜형률

$$\text{왜형률} = \frac{\text{전 고조파 실횻값}}{\text{기본파 실횻값}}$$

$$= \frac{\sqrt{V_2^2 + V_3^2}}{V_1} = \frac{\sqrt{50^2 + 30^2}}{100}$$

$$= 0.58$$

03 그림의 R-L-C 직렬 회로에서 입력 전압이 v(t), 출력 전류가 i(t)인 경우 전달함수는?

① $\dfrac{s}{s^2 + s + 1}$　　② $\dfrac{s}{s^2 + 10s + 10}$

③ $\dfrac{10s}{s^2 + 10s + 10}$　　④ $\dfrac{s}{s^2 + 10s + 1}$

해설 | 전달함수

$$\text{전달함수} = \frac{\text{출력}}{\text{입력}} = \frac{i(t)}{v(t)} = Y = \frac{1}{Z}$$

$$Z = R + Ls + \frac{1}{Cs} = 10 + s + \frac{1}{0.1s}$$

$$\therefore \frac{1}{Z} = \frac{1}{10 + s + \dfrac{10}{s}} = \frac{s}{10s + s^2 + 10}$$

04 그림과 같은 4단자 회로의 4단자 정수 중 A의 값은?

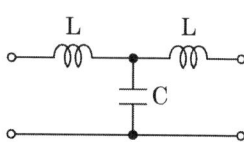

① $j\omega C$
② $j\omega L(2 - \omega^2 LC)$
③ $j\omega L$
④ $1 - \omega^2 LC$

정답　01 ②　02 ②　03 ②　04 ④

해설 | 4단자 정수

$$\begin{pmatrix} A & B \\ C & D \end{pmatrix} = \begin{pmatrix} 1 & j\omega L \\ 0 & 1 \end{pmatrix}\begin{pmatrix} 1 & 0 \\ j\omega C & 1 \end{pmatrix}\begin{pmatrix} 1 & j\omega L \\ 0 & 1 \end{pmatrix}$$

$$= \begin{pmatrix} 1-\omega^2 LC & j\omega L \\ j\omega C & 1 \end{pmatrix}\begin{pmatrix} 1 & j\omega L \\ 0 & 1 \end{pmatrix}$$

$$= \begin{pmatrix} 1-\omega^2 LC & B \\ j\omega C & 1-\omega^2 LC \end{pmatrix}$$

해설 | 임피던스의 극형식

- $V_p = \dfrac{V_\ell}{\sqrt{3}} \angle -30° = 100 \angle -30°$
- $Z = \dfrac{V_p}{I_p} = \dfrac{100}{20} \angle [(-30)-(-120)]°$
  $= 5 \angle 90°$

05 대칭좌표법에서 불평형률을 나타내는 것은?

① $\dfrac{영상분}{정상분} \times 100 [\%]$

② $\dfrac{역상분}{정상분} \times 100 [\%]$

③ $\dfrac{정상분}{역상분} \times 100 [\%]$

④ $\dfrac{정상분}{영상분} \times 100 [\%]$

해설 | 불평형률

$$불평형률 = \dfrac{역상분}{정상분} \times 100 [\%]$$

07 $z = 6+j8$ [Ω]인 평형 Y부하에 선간 전압 $200\sqrt{3}$ [V]인 대칭 3상 전압을 가했을 때, 선전류(A)는?

① 5
② 10
③ 15
④ 20

해설 | 평형 3상 Y결선

Y결선에서 $V_p = \dfrac{V_\ell}{\sqrt{3}}, \quad I_p = I_\ell$

$I_\ell = I_p = \dfrac{V_p}{Z_p} = \dfrac{200}{\sqrt{6^2+8^2}} = 20$ [A]

06 평형 3상 3선식 회로의 부하는 Y결선이고 $V_{ab} = 100\sqrt{3} \angle 0°$ [V], $I_a = 20 \angle -120°$ [A]이었다. Y결선된 부하 한 상의 임피던스(Ω)는?

① $5 \angle 60°$
② $5\sqrt{3} \angle 60°$
③ $5 \angle 90°$
④ $5\sqrt{3} \angle 90°$

08 파고율이 2인 파형은?

① 구형파
② 톱니파
③ 반파정현파
④ 반파구형파

정답 05 ② 06 ③ 07 ④ 08 ③

해설 | 파형별 값 정리표

파형	실횻값	평균값	파형률	파고율
정현파	$\frac{1}{\sqrt{2}}I_m$	$\frac{2}{\pi}I_m$	1.11	1.414
반파 정현파	$\frac{1}{2}I_m$	$\frac{1}{\pi}I_m$	1.57	2
구형파	I_m	I_m	1	1
반파 구형파	$\frac{1}{\sqrt{2}}I_m$	$\frac{1}{2}I_m$	1.41	1.41
삼각파	$\frac{1}{\sqrt{3}}I_m$	$\frac{1}{2}I_m$	1.15	1.73

9 $I_0 = -2 + j4$ [A], $I_1 = 6 + j10$ [A], $I_2 = 8 - j5$ [A]일 때, a상에 흐르는 전류의 크기는 몇 [A]인가? (단, I_0은 영상 전류, I_1은 정상 전류, I_2는 역상 전류이다)

① 9
② 12
③ 15
④ 18

해설 | 대칭좌표법

구분	전류
a 상	$I_a = I_0 + I_1 + I_2$
b 상	$I_b = I_0 + a^2 I_1 + a I_2$
c 상	$I_c = I_0 + a I_1 + a^2 I_2$

• $I_a = I_0 + I_1 + I_2 = 12 + j9$

∴ $|I_a| = \sqrt{12^2 + 9^2} = 15$ [A]

10 다음과 같은 파형을 단위 계단 함수로 표시하면 어떻게 되는가?

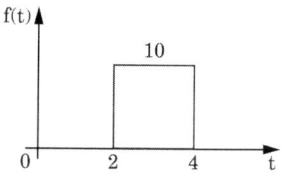

① 10u(t - 2) - 10u(t - 4)
② 10u(t - 2) + 10u(t - 4)
③ 10u(t + 2) - 10u(t + 4)
④ 10u(t + 2) + 10u(t + 4)

해설 | 단위 계단 함수

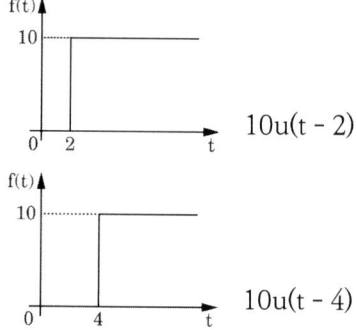

11 Y로 결선한 10 [Ω]의 저항 3개를 △결선으로 환산할 때 저항의 크기는?

① 20
② 30
③ 40
④ 60

해설 | 3상 평형의 Y결선과 △결선

3상 평형일 때,
• $R_\Delta = 3R_Y$ • $I_\Delta = 3I_Y$
• $Z_\Delta = 3Z_Y$ • $P_\Delta = 3P_Y$

12 순시치 전류 i(t) = 50 + 30sinωt [A]의 실 훗값 [A]은?

① 32.6　　② 47.2
③ 54.3　　④ 62.7

해설 | 전류의 실훗값

$$I = \sqrt{50^2 + \left(\frac{30}{\sqrt{2}}\right)^2} \fallingdotseq 54.3 [A]$$

13 그림과 같은 회로에서 시정수(s)는? (단, L = 10 [mH], R = 10 [Ω]이다)

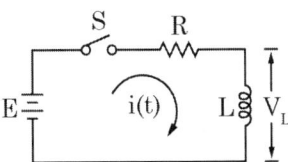

① 10^3　　② 10^{-3}
③ 10^2　　④ 10^{-2}

해설 | R - L 직렬 회로의 시정수

$$\tau = \frac{L}{R} = \frac{10 \times 10^{-3}}{10} = 10^{-3}$$

14 $F(s) = \dfrac{1}{s+3}$ 의 라플라스 역변환은?

① $e^{-\frac{t}{3}}$　　② $3e^{-\frac{t}{3}}$
③ e^{-3t}　　④ $\dfrac{1}{3}e^{-3t}$

해설 | 라플라스 변환

$$e^{-3t} \xrightarrow{\mathcal{L}} \frac{1}{s+3}$$

15 동일한 용량 2대의 단상 변압기를 V결선하여 3상으로 운전하고 있다. 단상 변압기 2대의 용량에 대한 3상 V결선 시 변압기 용량의 비인 변압기 이용률은 약 몇 [%]인가?

① 57.7　　② 70.7
③ 80.1　　④ 86.6

해설 | V결선 이용률

$$이용률 = \frac{\sqrt{3}\,VI}{2\,VI} \times 100 = 86.6 [\%]$$

16 역률이 0.8인 부하의 무효전력이 120 [kVar]일 때, 유효전력(kW)은?

① 120　　② 80
③ 160　　④ 100

해설 | 전력의 계산

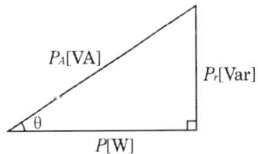

- $\sin\theta = \sqrt{1 - \cos^2\theta} = \sqrt{1 - 0.8^2} = 0.6$
- $\dfrac{P_r}{P_a} = \sin\theta = 0.6$

$$P_a = \frac{P_r}{\sin\theta} \times \frac{120}{0.6} = 200 [kVA]$$

∴ 유효전력
$P = P_a \times \cos\theta = 200 \times 0.8 = 160 [kW]$

정답　12 ③　13 ②　14 ③　15 ④　16 ③

17 단상 전력계 2개로 평형 3상 부하의 전력이 각각 200 [W]와 400 [W]가 측정되었다면 이때의 부하역률은 약 얼마인가?

① 0.866　　② 0.707
③ 1　　　　④ 0.5

해설 | 2전력계법

$$\cos\theta = \frac{P_1 + P_2}{2\sqrt{P_1^2 + P_2^2 - P_1 P_2}}$$

$$= \frac{200 + 400}{2\sqrt{200^2 + 400^2 - 200 \times 400}}$$

$$= \frac{3}{2\sqrt{3}} = \frac{\sqrt{3}}{2} = 0.866$$

18 1000 [Hz]인 정현파 교류에서 5 [mH]인 유도 리액턴스와 같은 용량 리액턴스를 갖는 C [μF]의 값은?

① 4.07　　② 5.07
③ 6.07　　④ 7.07

해설 | 공진조건

- $X_L = X_C$, 　$\omega L = \dfrac{1}{\omega C}$
- $C = \dfrac{1}{\omega^2 L} = \dfrac{1}{(2\pi f)^2 L}$

$$= \frac{1}{(2\pi \times 1000)^2 \times 5 \times 10^{-3}}$$

$$= 5.07 \times 10^{-6} [\text{F}]$$

∴ 5.07 [μF]

19 평형 3상 Y결선 회로의 선간 전압 V_l, 상전압 V_p, 선전류 I_l, 상전류 I_p일 때, 다음의 관련 식 중 틀린 것은? (단, P는 3상 부하전력을 의미한다)

① $V_\ell = \sqrt{3}\, V_p$
② $I_\ell = I_p$
③ $P = \sqrt{3}\, V_\ell I_\ell \cos\theta$
④ $P = \sqrt{3}\, V_p I_p \cos\theta$

해설 | 평형 3상 Y결선

- $V_\ell = \sqrt{3}\, V_p$
- $I_\ell = I_p$
- $P = 3 V_p I_p \cos\theta$

20 다음과 같은 전류의 초깃값을 구하면 얼마인가?

$$I(s) = \frac{12(s+8)}{4s(s+6)}$$

① 1　　② 2
③ 3　　④ 4

해설 | 초깃값 정리

$$\lim_{t \to 0} f(t) = \lim_{s \to \infty} sF(s)$$

$$\lim_{t \to 0} i(t) = \lim_{s \to \infty} sI(s)$$

$$= \lim_{s \to \infty} s \times \frac{12(s+8)}{4s(s+6)}$$

$$= \lim_{s \to \infty} \times \frac{12(s+8)}{4(s+6)} = 3$$

정답　17 ①　18 ②　19 ④　20 ③

2021년 1회

01 다음 용어 설명 중 틀린 것은?

① 역률 = $\dfrac{\text{유효전력}}{\text{피상전력}}$

② 파형률 = $\dfrac{\text{평균값}}{\text{실횻값}}$

③ 파고율 = $\dfrac{\text{최댓값}}{\text{실횻값}}$

④ 왜형률 = $\dfrac{\text{전 고조파의 실횻값}}{\text{기본파의 실횻값}}$

해설 | 파형률

파형률 = $\dfrac{\text{실횻값}}{\text{평균값}}$

02 다음 회로에서 절점 a와 절점 b의 전압이 같은 조건은?

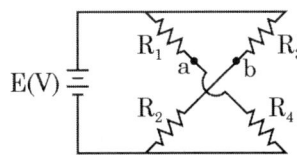

① $R_1 R_3 = R_2 R_4$
② $R_1 R_2 = R_3 R_4$
③ $R_1 + R_3 = R_2 + R_4$
④ $R_1 + R_2 = R_3 + R_4$

해설 | 휘스톤 브릿지 회로

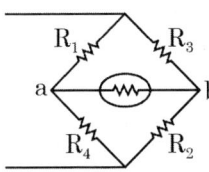

∴ $R_1 R_2 = R_3 R_4$ 일 때, $V_a = V_b$

03 횡축에 대칭인 삼각파 교류 전압의 평균값 (V)은?

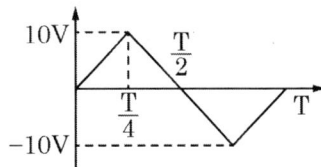

① 3 ② 5
③ 8 ④ 10

해설 | 삼각파 교류 전압의 평균값

$\dfrac{V_m}{2} = \dfrac{10}{2} = 5\,[V]$

04 그림에서 전류 I_5 [A]의 크기는? (단, $I_1 = 5$ [A], $I_2 = 3$ [A], $I_3 = 2$ [A], $I_4 = 2$ [A])

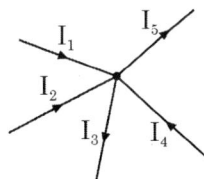

① 3 ② 5
③ 8 ④ 12

해설 | 키르히호프 전류법칙

- 한 절점에서 들어오는 전류와 나가는 전류의 합이 같다.
- $I_1 + I_2 + I_4 = I_3 + I_5$

∴ $I_5 = I_1 + I_2 + I_4 - I_3 = 5 + 3 + 2 - 2 = 8\,[A]$

05 그림은 평형 3상 회로에서 운전하고 있는 유도전동기의 결선도이다. 각 계기의 지시가 W_1 = 2.36 [kW], W_2 = 5.95 [kW], V = 200 [V], I = 30 [A]일 때, 이 유도 전동기의 역률은 약 몇 [%]인가?

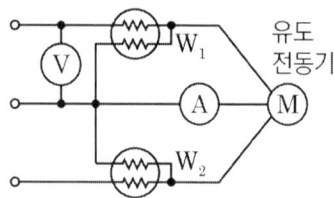

① 80 ② 76
③ 70 ④ 66

해설 | 2전력계법

유효전력 $P = W_1 + W_2 = 2360 + 5950$
$= 8310\,[W]$

피상전력 $P_a = \sqrt{3}\,VI = \sqrt{3} \times 200 \times 30$
$= 10392.3\,[VA]$

$\therefore \cos\theta = \dfrac{P}{P_a} = \dfrac{8310}{10392.3} \times 100 = 79.96\,[\%]$

• 2전력계법에 의한 풀이

$\cos\theta = \dfrac{P_1 + P_2}{2\sqrt{P_1^2 + P_2^2 - P_1 P_2}}$

$= \dfrac{2360 + 5950}{2\sqrt{2360^2 + 5950^2 - 2360 \times 5950}}$

$= \dfrac{8310}{10378.8} \times 100 = 80.07\,[\%]$

06 R-L-C 직렬 회로에서 R = 100 [Ω], L = 5 [mH], C = 2 [μF]일 때 이 회로는?

① 과제동이다. ② 무제동이다.
③ 임계제동이다. ④ 부족제동이다.

해설 | 응답 특성

$R^2 - 4\dfrac{L}{C} = 100^2 - 4 \times \dfrac{5 \times 10^{-3}}{2 \times 10^{-6}} = 0$

$\therefore R^2 = 4\dfrac{L}{C}$, 임계제동

특성	조건
과제동(비진동)	$R^2 > \dfrac{4L}{C}$
부족제동(진동)	$R^2 < \dfrac{4L}{C}$
임계제동 (임계진동)	$R^2 = \dfrac{4L}{C}$

07 두 대의 전력계를 사용하여 3상 평형 부하의 역률을 측정하려고 한다. 전력계의 지시가 각각 P_1 [W], P_2 [W]할 때 이 회로의 역률은?

① $\dfrac{\sqrt{P_1 + P_2}}{P_1 + P_2}$

② $\dfrac{P_1 + P_2}{P_1^2 + P_2^2 - 2P_1 P_2}$

③ $\dfrac{2(P_1 + P_2)}{\sqrt{P_1^2 + P_2^2 - P_1 P_2}}$

④ $\dfrac{P_1 + P_2}{2\sqrt{P_1^2 + P_2^2 - P_1 P_2}}$

해설 | 2전력계법 정리

피상전력	$P_a = 2\sqrt{P_1^2 + P_2^2 - P_1 P_2}\,[VA]$
유효전력	$P = P_1 + P_2\,[W]$
무효전력	$P_r = \sqrt{3}(P_1 - P_2)\,[Var]$
역률	$\cos\theta = \dfrac{P_1 + P_2}{2\sqrt{P_1^2 + P_2^2 - P_1 P_2}}$

정답 05 ① 06 ③ 07 ④

08
테브난의 정리를 이용하여 (a) 회로를 (b)와 같은 등가 회로로 바꾸려 한다. V [V]와 R [Ω]의 값은?

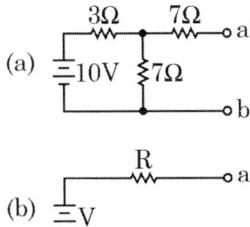

① 7 [V], 9.1 [Ω] ② 10 [V], 9.1 [Ω]
③ 7 [V], 6.5 [Ω] ④ 10 [V], 6.5 [Ω]

해설 | 테브난 등가 회로

- a, b 사이에 걸리는 전압은 세로 부분의 7 [Ω]에 걸리는 전압과 같으므로
$$V_{ab} = \frac{7}{3+7} \times 10 = 7\,[V]$$
- 전체 회로에 흐르는 저항
$$R_{ab} = 7 + \frac{3 \times 7}{3+7} = 9.1\,[\Omega]$$

09
회로의 4단자 정수로 틀린 것은?

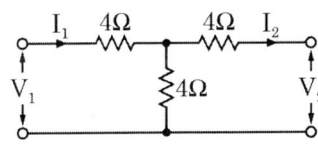

① $A = 2$ ② $B = 12$
③ $C = \dfrac{1}{4}$ ④ $D = 6$

해설 | 4단자 회로 정수(T형)

$$\begin{pmatrix} A & B \\ C & D \end{pmatrix} = \begin{pmatrix} 1 & 4 \\ 0 & 1 \end{pmatrix}\begin{pmatrix} 1 & 0 \\ \frac{1}{4} & 1 \end{pmatrix}\begin{pmatrix} 1 & 4 \\ 0 & 1 \end{pmatrix} = \begin{pmatrix} 2 & 4 \\ \frac{1}{4} & 1 \end{pmatrix}\begin{pmatrix} 1 & 4 \\ 0 & 1 \end{pmatrix}$$

$$= \begin{pmatrix} 2 & 12 \\ \frac{1}{4} & 2 \end{pmatrix}$$

$\therefore D = 2$

10
어떤 제어계의 출력 $C(s)$가 아래와 같을 때 출력의 시간함수 $c(t)$의 정상값은?

$$C(s) = \frac{5}{s(s^2+s+2)}$$

① 5 ② 2
③ $\dfrac{2}{5}$ ④ $\dfrac{5}{2}$

해설 | 최종값 정리

$$\lim_{t \to \infty} f(t) = \lim_{s \to 0} sF(s)$$
$$= \lim_{s \to 0} \frac{5}{s^2+s+2} = \frac{5}{2}$$

TIP 최종값 = 정상값

11
주기함수 $f(t)$의 푸리에 급수 전개식으로 옳은 것은?

① $f(t) = \sum\limits_{n=1}^{\infty} a_n \sin n\omega t + \sum\limits_{n=1}^{\infty} b_n \sin n\omega t$

② $f(t) = b_0 + \sum\limits_{n=2}^{\infty} a_n \sin n\omega t + \sum\limits_{n=2}^{\infty} b_n \cos n\omega t$

③ $f(t) = a_0 + \sum\limits_{n=1}^{\infty} a_n \cos n\omega t + \sum\limits_{n=1}^{\infty} b_n \sin n\omega t$

④ $f(t) = \sum\limits_{n=1}^{\infty} a_n \cos n\omega t + \sum\limits_{n=1}^{\infty} b_n \cos n\omega t$

정답 08 ① 09 ④ 10 ④ 11 ③

해설 | 푸리에 급수(비정현파 분해 기법)

- $f(t) = a_0 + \sum_{n=1}^{\infty} a_n \cos n\omega t + \sum_{n=1}^{\infty} b_n \sin n\omega t$

- 직류분(a_0), 기본파(a_1, b_1), 무수히 많은 고조파($a_2 \cdots a_n$, $b_2 \cdots b_n$) 성분의 합으로 표현한 것

12 대칭좌표법에 관한 설명이 아닌 것은?

① 대칭좌표법은 일반적인 비대칭 3상 교류 회로의 계산에도 이용된다.
② 대칭 3상 전압의 영상분과 역상분은 0 이고, 정상분만 남는다.
③ 비대칭 3상 교류 회로는 영상분, 역상분 및 정상분의 3성분으로 해석한다.
④ 비대칭 3상 회로의 접지식 회로에는 영상분이 존재하지 않는다.

해설 | 대칭좌표법

영상분은 접지선 또는 중성선에 존재하므로 접지식 회로에는 영상분이 있지만 비접지식 회로에서는 영상분이 없다.

13 $f(t) = e^{-2t}\sin 4t$ 함수를 라플라스 변환하면?

① $\dfrac{4}{(s+2)^2 + 4^2}$ ② $\dfrac{4}{(s+2)^2 - 4^2}$

③ $\dfrac{2}{(s+2)^2 + 4^2}$ ④ $\dfrac{4}{(s+2)^2 + 2^2}$

해설 | 라플라스 변환

$\sin 4t$의 라플라스 변환 : $\dfrac{4}{s^2 + 4^2}$

앞에 e^{-2t}가 곱해져 있기 때문에

$F(s) = \dfrac{4}{(s+2)^2 + 4^2}$

14 시정수의 의미를 설명한 것 중 틀린 것은?

① 시정수가 작으면 과도현상이 짧다.
② 시정수가 크면 정상상태에 늦게 도달한다.
③ 시정수는 τ로 표기하며 단위는 초(sec)이다.
④ 시정수는 과도 기간 중 변화해야할 양의 0.632 [%]가 변화하는 데 소요된 시간이다.

해설 | 시정수 τ

- 정상 전류의 63.2 [%]에 도달 시의 시간
- 시정수가 작으면 과도현상이 짧음
- 시정수가 크면 정상상태에 늦게 도달

15 평형 3상 △결선 부하의 각 상의 임피던스가 Z = 8 + j6 [Ω]인 회로에 대칭 3상 전원 전압 100 [V]를 가할 때 무효율과 무효전력(Var)은?

① 무효율 : 0.6, 무효전력 : 1800
② 무효율 : 0.6, 무효전력 : 2400
③ 무효율 : 0.8, 무효전력 : 1800
④ 무효율 : 0.8, 무효전력 : 2400

해설 | 무효율 및 무효전력 계산

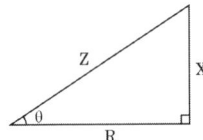

- 무효율 $\sin\theta = \dfrac{X}{\sqrt{R^2+X^2}}$

  $\sin\theta = \dfrac{6}{\sqrt{6^2+8^2}} = 0.6$

- 무효전력 $P_r = 3V_p I_p \sin\theta$

  상전류 $I_p = \dfrac{V_p}{Z} = \dfrac{100}{\sqrt{8^2+6^2}}$

  $= 10\,[A]$

  $\therefore P_r = 3V_p I_p \sin\theta$

  $= 3\times 100\times 10\times 0.6 = 1800\,[Var]$

16 전원과 부하가 △결선된 3상 평형 회로가 있다. 전원 전압이 200 [V], 부하 1상의 임피던스가 6 + j8 [Ω]일 때 선전류는 몇 [A]인가?

① 20 ② $20\sqrt{3}$
③ $\dfrac{20}{\sqrt{3}}$ ④ $\dfrac{\sqrt{3}}{20}$

해설 | △결선 선전류 계산

- △결선 상전류

  $I_p = \dfrac{V}{Z} = \dfrac{200}{\sqrt{6^2+8^2}} = 20\,[A]$

$\therefore$ △결선 선전류 계산

$I_\ell = \sqrt{3}\,I_P = \sqrt{3}\times 20 = 20\sqrt{3}\,[A]$

TIP △결선 선간 및 상전류 관계 $\sqrt{3}\,I_p = I_\ell$

17 역률이 60 [%]이고, 1상의 임피던스가 60 [Ω]인 유도부하를 △로 결선하고 여기에 병렬로 저항 20 [Ω]을 Y결선으로 하여 3상 선간 전압 200 [V]를 가할 때의 소비전력(W)은?

① 3200 ② 3000
③ 2000 ④ 1000

해설 | 소비전력 P 계산

- 등가 회로

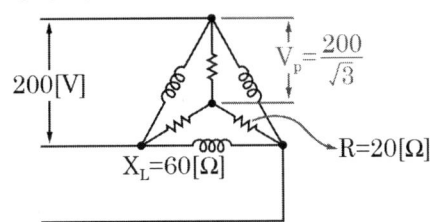

- 저항 소비전력 P_R 계산

  $P_R = \dfrac{V_\ell^2}{R} = \dfrac{200^2}{20} = 2000\,[W]$

- 임피던스 소비전력 P_Z 계산

  $P_Z = \sqrt{3}\,V_\ell I_\ell \cos\theta = 3V_p I_p \cos\theta$

  $= 3\times 200\times \dfrac{200}{60}\times 0.6$

  $= 1200\,[W]$

$\therefore$ 소비전력 P 계산

$P = P_R + P_Z = 2000 + 1200$

$= 3200\,[W]$

정답 16 ② 17 ①

18 각 상의 전류가 $i_a = 30\sin\omega t$ [A], $i_b = 30\sin(\omega t - 90°)$ [A], $i_c = 30\sin(\omega t + 90°)$ [A]일 때 영상분 전류(A)의 순시치는?

① $10\sin\omega t$

② $10\sin\dfrac{\omega t}{3}$

③ $30\sin\omega t$

④ $\dfrac{30}{\sqrt{3}}\sin(\omega t + 45°)$

해설 | 영상분 전류 I_0 계산

$i_0 = \dfrac{1}{3}(i_a + i_b + i_c)$

$= \dfrac{1}{3}\{30\sin\omega t + 30\sin(\omega t - 90°) + 30\sin(\omega t + 90°)\}$

$= \dfrac{1}{3} \times 30\sin\omega t = 10\sin\omega t$

TIP i_b와 i_c는 서로 상쇄되므로 $i_b - i_c = 0$

$I_c = 30\sin(\omega t + 90°)$
$I_a = 30\sin\omega t$
$I_b = 30\sin(\omega t - 90°)$

19 $e = 200\sqrt{2}\sin\omega t + 150\sqrt{2}\sin 3\omega t + 100\sqrt{2}\sin 5\omega t$ [V]인 전압을 R-L 직렬 회로에 가할 때에 제3고조파 전류의 실횻값은 몇 [A]인가?
(단, $R = 8\,[\Omega]$, $\omega L = 2\,[\Omega]$이다)

① 5 ② 8
③ 10 ④ 15

해설 | 제3고조파 실횻값

$I_3 = \dfrac{V_3}{Z_3} = \dfrac{V_3}{\sqrt{R^2 + (3 \times \omega L)^2}}$

$= \dfrac{150}{\sqrt{8^2 + (3 \times 2)^2}} = 15\,[A]$

20 20 [kVA] 변압기 2대로 공급할 수 있는 최대 3상 전력은 약 몇 [kVA]인가?

① 17 ② 25
③ 35 ④ 40

해설 | V결선 출력 P_V 계산

$P_V = \sqrt{3}\,P = 20\sqrt{3} = 34.64\,[kVA]$

정답 18 ① 19 ④ 20 ③

2021년 2회

전기산업기사 — 회로이론

01
회로에서 $e(t) = E_m \cos\omega t$ [V]의 전압을 인가했을 때 인덕턴스 L [H]에 축적되는 에너지(J)는?

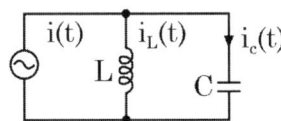

① $\dfrac{1}{2} \dfrac{E_m^2}{w^2 L^2}(1-\cos 2wt)$

② $\dfrac{1}{2} \dfrac{E_m^2}{w^2 L^2}(1+\cos wt)$

③ $\dfrac{1}{4} \dfrac{E_m^2}{w^2 L}(1-\cos 2wt)$

④ $\dfrac{1}{4} \dfrac{E_m^2}{w^2 L}(1+\cos wt)$

해설 | 인덕던스에 축적되는 에너지

$$W_L = \frac{1}{2} Li^2 \, [J]$$

$$i = \frac{1}{L}\int e(t)dt = \frac{1}{L}\int E_m \cos wt\, dt$$

$$= \frac{1}{wL} E_m \sin wt$$

$$\therefore W_L = \frac{1}{2} L \left(\frac{1}{wL} E_m \sin wt\right)^2$$

$$= \frac{1}{4} \frac{E_m^2}{w^2 L}(1-\cos 2wt)$$

TIP $\cos 2wt = 1 - 2\sin^2 wt$

02
R-L 직렬 회로에서 시정수의 값이 작을수록 과도현상이 소멸되는 시간은?

① 일정하다. ② 관계없다.
③ 짧아진다. ④ 길어진다.

해설 | R-L 직렬 회로의 과도 전류

전압을 인가하였을 때 과도 전류
$i(t) = \dfrac{E}{R}\left(1 - e^{-\frac{R}{L}t}\right)$ 에서 시정수 = $\dfrac{L}{R}$

시정수란 출력신호의 변화가 정상 최종값의 63.2 [%]에 이르는 데 걸리는 시간이므로 시정수와 과도현상은 비례한다.
∴ 시정수가 작을수록 정상상태로 되기까지 시간이 짧아진다.

03
대칭 3상 교류에서 선간 전압이 100 [V], 한 상의 임피던스가 5 ∠45° [Ω]인 부하를 △결선하였을 때 선전류는 약 몇 [A]인가?

① 42.3 ② 34.6
③ 28.2 ④ 19.2

해설 | △결선 시 선전류

△결선 $I_\ell = \sqrt{3}\, I_p$, $V_\ell = V_p$

$I_p = \dfrac{V_p}{Z} = \dfrac{100}{5} = 20\,[A]$

$\therefore I_\ell = \sqrt{3} \times 20 = 34.6\,[A]$

정답 01 ③ 02 ③ 03 ②

04 키르히호프의 전류법칙(KCL) 적용에 대한 설명 중 틀린 것은?

① 이 법칙은 집중정수 회로에 적용된다.
② 이 법칙은 회로의 시변, 시불변에 관계 받지 않고 적용된다.
③ 이 법칙은 회로의 선형, 비선형에 관계 받지 않고 적용된다.
④ 이 법칙은 선형소자로만 이루어진 회로에 적용된다.

해설 | 키르히호프의 전류법칙
전류가 흐르는 분기점에서의 들어오는 전류의 합과 나가는 전류의 합은 같다. 이 법칙은 모든 회로에서 적용된다.

05 4단자 회로망에서 가역 정리가 성립되는 조건이 아닌 것은? (단, Z_{12}, Z_{21}은 각각 입력과 출력 개방 전달 임피던스이고, Y_{12}, Y_{21}는 각각 입력과 출력 단락 전달 어드미턴스이고, h_{12}, h_{21}는 각각 입력 개방 전압 이득과 출력 단락 전류 이득이고, A, B, C, D는 각각 출력 개방 전압 이득, 출력 단락 임피던스, 출력 개방 전달 어드미턴스, 출력 단락 전류 이득이다)

① $Y_{12} = Y_{21}$
② $h_{12} = -h_{21}$
③ $AB - CD = 1$
④ $Z_{12} = Z_{21}$

해설 | 가역 정리가 성립되는 조건
$AD - BC = 1$

06 대칭 6상 성형결선의 상전압이 240 [V]일 때 선간 전압의 크기는 몇 [V]인가?

① $240\sqrt{3}$
② 240
③ $\dfrac{240}{\sqrt{3}}$
④ 120

해설 | n상 성형결선의 선간 전압
$$V_l = 2V_p \sin\frac{\pi}{n} = 2 \times 240 \times \sin\frac{\pi}{6} = 240$$

07 1 [Ω]의 저항에 걸리는 전압 V_R [V]은?

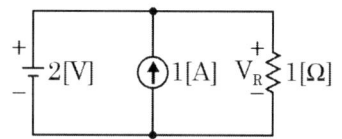

① 1.5
② 1
③ 2
④ 3

해설 | 중첩의 정리

전압원 단락 시	전류원 개방 시
단락된 회로로 1 [A] 전류가 흐르고 1 [Ω]으로는 전류가 흐르지 않음	2 [V] 전압이 1 [Ω]에 걸림

∴ 0 + 2 = 2 [V]

08 회로에서 컨덕턴스 G_2에 흐르는 전류 I [A]의 크기는? (단, G_1 = 30 [℧], G_2 = 15 [℧])

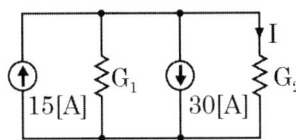

① 3 ② 15
③ 10 ④ 5

해설 | 컨덕턴스에 대한 전류의 분배법칙
- 총 전류 : $15[A] - 30[A] = -15[A]$
- 컨덕턴스를 이용한 풀이
$$I_2 = \frac{G_2}{G_1 + G_2} \times I$$
$$= \frac{15}{30 + 15} \times (-15) = -5$$
- 저항을 이용한 풀이
$$I_2 = \frac{R_1}{R_1 + R_2} \times I$$
$$= \frac{\frac{1}{30}}{\frac{1}{30} + \frac{1}{15}} \times (-15) = -5$$
∴ G_2에 흐르는 전류 I_2의 크기는 $5[A]$

09 비정현파 교류를 나타내는 식은?

① 기본파 + 고조파 + 직류분
② 기본파 + 직류분 - 고조파
③ 직류분 + 고조파 - 기본파
④ 교류분 + 기본파 + 고조파

해설 | 비정현파 교류 표현식
직류분 + 기본파 + 고조파

10 전압이 v(t) = V (sinωt − sin3ωt) [V]이고, 전류가 i(t) = I sinωt [A]인 단상 교류 회로의 평균전력은 몇 [W]인가?

① VI
② $\frac{2}{\sqrt{3}} VI$
③ $\frac{1}{2} VI \sin wt$
④ $\frac{1}{2} VI$

해설 | 교류 회로의 평균전력
$v = V_{\max}(\sin wt - \sin 3wt)$
$i = I_{\max} \sin wt$
전력은 실횻값으로 계산하므로
$P = VI\cos\theta = \frac{V}{\sqrt{2}} \times \frac{I}{\sqrt{2}} \times \cos 0°$
$= \frac{1}{2} VI$

11 각 상의 전류가 i_a = 30sinωt [A], i_b = 30sin(ωt − 90°) [A], i_c = 30sin(ωt + 90°) [A]일 때 영상분 전류(A)의 순시치는?

① $\frac{30}{\sqrt{3}} sin(wt + 45°)$
② $10\sin\frac{wt}{3}$
③ $10\sin wt$
④ $30\sin wt$

정답 08 ④ 09 ① 10 ④ 11 ③

해설 | 영상분 전류 I_0 계산

$$i_0 = \frac{1}{3}(i_a + i_b + i_c)$$
$$= \frac{1}{3}\{30\sin\omega t + 30\sin(\omega t - 90°) + 30\sin(\omega t + 90°)\}$$
$$= \frac{1}{3} \times 30\sin\omega t = 10\sin\omega t$$

TIP i_b와 i_c는 서로 상쇄되므로
$$i_b - i_c = 0$$

$I_c = 30\sin(\omega t + 90°)$
$I_a = 30\sin\omega t$
$I_b = 30\sin(\omega t - 90°)$

12 극좌표형식으로 표현된 전류의 페이저 I_1, I_2가 아래와 같고 $I = I_1 + I_2$일 때, $I[A]$는?

$$I_1 = 10 \angle \tan^{-1}\frac{4}{3} [A]$$
$$I_2 = 10 \angle \tan^{-1}\frac{3}{4} [A]$$

① 14 + j14 ② 14 + j4
③ -2 + j2   ④ 14 + j3

해설 | 극좌표형식의 전류계산

$I = I_1 + I_2$
$= 10 \angle \tan^{-1}\frac{4}{3} + 10 \angle \tan^{-1}\frac{3}{4}$
$= 14 + j14$

13 대칭좌표법에 관한 설명으로 틀린 것은?

① 불평형 3상 Y결선의 비접지식 회로에서는 영상분이 존재한다.
② 불평형 3상 Y결선의 접지식 회로에서는 영상분이 존재한다.
③ 평형 3상 전압은 정상분만 존재한다.
④ 평형 3상 전압에서 영상분은 0이다.

해설 | 3상 교류의 영상분

영상분은 접지선 또는 중성선에 존재하므로 비접지식 회로에서는 영상분이 존재하지 않는다.

14 $f(t) = \sin t \cos t$를 라플라스 변환하면?

① $\dfrac{1}{(s+4)^2}$ ② $\dfrac{1}{s^2+2}$
③ $\dfrac{1}{(s+2)^2}$ ④ $\dfrac{1}{s^2+4}$

해설 | 라플라스 변환

$$\mathcal{L}\left[\frac{1}{2}\sin 2t\right] = \frac{1}{2} \times \frac{2}{s^2+2^2} = \frac{1}{s^2+4}$$

TIP $2\sin t \cos t = \sin 2t$

15 회로에 흐르는 전류가 $i(t) = 7 + 14.1\sin\omega t$ [A]인 경우 실효값은 약 몇 [A]인가?

① 12.2   ② 13.2
③ 14.2   ④ 11.2

해설 | 전류의 실효값

$$I = \sqrt{7^2 + \left(\frac{14.1}{\sqrt{2}}\right)^2} = 12.2 [A]$$

정답 12 ① 13 ① 14 ④ 15 ①

16 R-L-C 직렬 회로에서 임계제동 조건이 되는 저항의 값은?

① $2\sqrt{\dfrac{L}{C}}$ ② $2\sqrt{\dfrac{C}{L}}$

③ $\sqrt{\dfrac{L}{C}}$ ④ $\sqrt{LC}$

해설 | 응답 특성

특성	조건
과제동(비진동)	$R^2 > \dfrac{4L}{C}$
부족제동(진동)	$R^2 < \dfrac{4L}{C}$
임계제동(임계진동)	$R^2 = \dfrac{4L}{C}$

17 정현파 교류 전류의 실효치를 계산하는 식은? (단, i는 순시치, I는 실효치, T는 주기이다)

① $I = \dfrac{1}{T^2}\displaystyle\int_0^T i^2 dt$

② $I = \sqrt{\dfrac{2}{T}\displaystyle\int_0^T i^2 dt}$

③ $I^2 = \dfrac{1}{T}\displaystyle\int_0^T i^2 dt$

④ $I^2 = \dfrac{2}{T}\displaystyle\int_0^T i\, dt$

해설 | 정현파 교류의 실횻값

$I = \sqrt{\dfrac{1}{T}\displaystyle\int_0^T i^2 dt}$

$I^2 = \dfrac{1}{T}\displaystyle\int_0^T i^2 dt$

18 그림과 같은 회로의 영상 임피던스 Z_{01}, Z_{02}는 각각 몇 [Ω]인가?

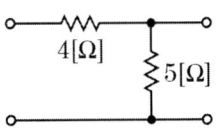

① $4, \dfrac{20}{9}$ ② $4, 5$

③ $6, \dfrac{10}{3}$ ④ $9, 5$

해설 | 영상 임피던스 Z_{01}, Z_{02} 계산

- L형 회로 4단자 정수 계산

$$\begin{pmatrix} A & B \\ C & D \end{pmatrix} = \begin{pmatrix} 1 & 4 \\ 0 & 1 \end{pmatrix}\begin{pmatrix} 1 & 0 \\ \dfrac{1}{5} & 1 \end{pmatrix} = \begin{pmatrix} 1+\dfrac{4}{5} & 4 \\ \dfrac{1}{5} & 1 \end{pmatrix}$$

- 영상 임피던스 Z_{01}, Z_{02} 계산

$Z_{01} = \sqrt{\dfrac{AB}{CD}} = \sqrt{\dfrac{\dfrac{9}{5}\times 4}{\dfrac{9}{5}\times 1 \cdot \dfrac{1}{5}\cdot 1}}$ 부분...

$Z_{01} = \sqrt{\dfrac{AB}{CD}} = \sqrt{\dfrac{\frac{9}{5}\times 4}{\frac{1}{5}\times 1}} = 6\,[\Omega]$

$Z_{02} = \sqrt{\dfrac{BD}{AC}} = \sqrt{\dfrac{1\times 4}{\frac{9}{5}\times \frac{1}{5}}} = \dfrac{10}{3}\,[\Omega]$

∴ $Z_{01} = 6\,[\Omega]$, $Z_{02} = \dfrac{10}{3}\,[\Omega]$

19 그림과 같은 회로의 전달함수 $T(s)$는?

(단, $T(s) = \dfrac{V_2(s)}{V_1(s)}$, $\tau = \dfrac{L}{R}$)

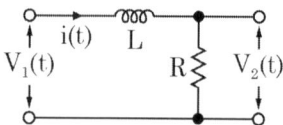

① $\tau s + 1$ ② $\dfrac{1}{\tau s + 1}$

③ $\tau s^2 + 1$ ④ $\dfrac{1}{\tau s^2 + 1}$

해설 | 전달함수 계산

$$T(s) = \dfrac{V_2(s)}{V_1(s)} = \dfrac{R}{Ls + R}$$
$$= \dfrac{1}{\dfrac{L}{R}s + 1} = \dfrac{1}{\tau s + 1}$$

20 평형 3상 Y결선의 부하에서 상전압과 선전류의 실횻값이 각각 60 [V], 10 [A]이고, 부하의 역률이 0.8일 때 무효전력(Var)은?

① 624   ② 1440
③ 821   ④ 1080

해설 | 무효전력

$\sin\theta = \sqrt{1 - \cos^2\theta} = 0.6$이고

$P_r = \sqrt{3}\, V_\ell I_\ell \sin\theta = 3 V_p I_p \sin\theta$
$\quad = 3 \times 60 \times 10 \times 0.6 = 1080\,[\text{Var}]$

∵ Y결선에서 $V_\ell = \sqrt{3}\, V_p$
$\quad I_\ell = I_p$

정답 19 ② 20 ④

2021년 3회

01 대칭 다상 교류에 의한 회전자계 중 설명이 잘못된 것은?

① 대칭 3상 교류에 의한 회전자계는 원형 회전자계이다.
② 대칭 2상 교류에 의한 회전자계는 타원형 회전자계이다.
③ 3상 교류에서 어느 두 코일의 전류의 상순을 바꾸면 회전자계의 방향도 바꾸어진다.
④ 회전자계의 회전속도는 일정한 각속도이다.

해설 | 회전자계

대칭 다상 교류의 회전자계는 원형 회전자계이다.

02 $F(s) = \dfrac{2s+15}{s^3+s^2+3s}$ 일 때, $f(t)$의 최종값은?

① 8   ② 6
③ 5   ④ 4

해설 | 최종값 정리

$$\lim_{t \to \infty} f(t) = \lim_{s \to 0} sF(s)$$
$$= \lim_{s \to 0} s \dfrac{2s+15}{s^3+s^2+3s} = \dfrac{15}{3} = 5$$

TIP 최종값 = 정상값

03 주어진 회로에 $Z_1 = 3 + j10\,[\Omega]$, $Z_2 = 3 - j2\,[\Omega]$이 직렬로 연결되어 있다. 회로 양단에 $V = 100\angle 0°$의 전압을 가할 때 Z_1과 Z_2에 인가되는 전압의 크기(V)는?

① $V_1 = 98 + j36$, $V_2 = 2 + j36$
② $V_1 = 98 + j36$, $V_2 = 2 - j36$
③ $V_1 = 98 - j36$, $V_2 = 2 - j36$
④ $V_1 = 98 - j36$, $V_2 = 2 + j36$

해설 | 전압분배법칙

$$V_1 = \dfrac{Z_1}{Z_1 + Z_2} \times V = \dfrac{3+j10}{6+j8} \times 100$$
$$= 98 + j36$$
$$V_1 = \dfrac{Z_2}{Z_1 + Z_2} \times V = \dfrac{3-j2}{6+j8} \times 100$$
$$= 2 - j36$$

04 $f(t) = t^2 e^{at}$의 라플라스 변환은?

① $\dfrac{1}{(s-a)^2}$ ② $\dfrac{2}{(s-a)^2}$
③ $\dfrac{1}{(s-a)^3}$ ④ $\dfrac{2}{(s-a)^3}$

해설 | 라플라스 변환

$$\mathcal{L}[t^2] = \dfrac{2!}{s^{2+1}} = \dfrac{2 \times 1}{s^{2+1}} = \dfrac{2}{s^3}$$

e^{at}가 곱해져 있기 때문에

$s \Rightarrow (s-a)$를 대입 $F(s) = \dfrac{2}{(s-a)^3}$

정답 01 ② 02 ③ 03 ② 04 ④

05 다음 회로에서 10 [Ω] 저항에 흐르는 전류는 몇 [A]인가?

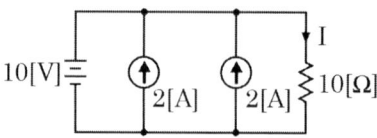

① 1
② 2
③ 3
④ 5

해설 | 중첩의 정리

전압원 단락 시	전류원 개방 시
10 [Ω]으로 전류가 흐르지 않음	10 [V] 전압이 10 [Ω]에 걸림

$$\therefore I = \frac{10}{10} = 1[A]$$

06 비정현파를 여러 개의 정현파의 합으로 표시하는 방법은?

① 키르히호프의 법칙
② 노튼의 정리
③ 푸리에 분석
④ 테일러의 분석

해설 | 푸리에 분석
- 주파수와 진폭이 다른 비정현파들을 정현항과 여현항의 합으로 표현
- 계산식
$$f(t) = a_0 + \sum_{n=1}^{\infty} a_n \cos n\omega t + \sum_{n=1}^{\infty} b_n \sin n\omega t$$
- 비정현파의 성분인 직류분, 기본파, 고조파로 표현

07 불평형 3상 전류가 I_a = 16 + j2 [A], I_b = -20 + j9 [A], I_c = -2 + j10 [A]일 때, 영상분 전류(A)는?

① -6 + j3
② -9 + j6
③ -18 + j9
④ -2 + j7

해설 | 영상분 전류

$$I_0 = \frac{1}{3}(I_a + I_b + I_c)$$
$$= -2 + j7$$

08 $v(t) = 20\sqrt{2} \sin(377t - \frac{\pi}{3})$의 주파수는?

① 80
② 70
③ 60
④ 50

해설 | 주파수 계산

$$w = 2\pi f = 377, \quad f = \frac{377}{2\pi} = 60$$

09 각 상의 임피던스가 Z = 6 + j8 [Ω]인 평형 Y부하에 선간 전압 220 [V]인 대칭 3상 전압이 가해졌을 때 선전류는 약 몇 [A]인가?

① 11.7
② 12.7
③ 13.7
④ 14.7

해설 | Y결선의 선전류 계산
- $I_l = I_p, \quad V_l = \sqrt{3} V_p$
- $I_p = \frac{V_p}{Z} = \frac{\frac{220}{\sqrt{3}}}{\sqrt{6^2 + 8^2}} = 12.7 [A]$

정답 05 ① 06 ③ 07 ④ 08 ③ 09 ②

10 3상 회로에 있어서 대칭분 전압이 V_0 = $-8 + j3$ [V], $V_1 = 6 - j8$ [V], $V_2 = 8 + j12$ [V]일 때, a상의 전압(V)은?

① 5 - j6
② -5 + j6
③ 6 - j7
④ 6 + j7

해설 | 대칭좌표법

구분	전압
a상	$V_a = V_0 + V_1 + V_2$
b상	$V_b = V_0 + a^2 V_1 + a V_2$
c상	$V_c = V_0 + a V_1 + a^2 V_2$

$V_a = V_0 + V_1 + V_2$
$= -8 + j3 + 6 - j8 + 8 + j12$
$= 6 + j7$

11 그림에서 저항 20 [Ω]에 흐르는 전류는 몇 [A]인가?

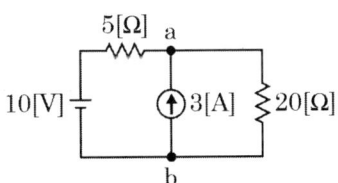

① 0.4
② 1
③ 3
④ 3.4

해설 | 중첩의 정리

전압원 단락 시	전류원 개방 시
$I_1 = \frac{5}{5+20} \times 3 = \frac{15}{25}$	$I_2 = \frac{10}{5+20} = \frac{10}{25}$

$\therefore I_1 + I_2 = \frac{15}{25} + \frac{10}{25} = 1 [A]$

12 그림과 같은 T형 회로에서 Z 파라미터 중 Z_{21}의 값은?

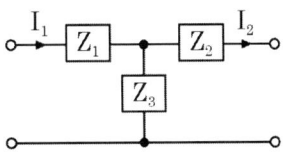

① $Z_1 + Z_3$
② $Z_2 + Z_3$
③ Z_3
④ Z_2

해설 | Z 파라미터 값

$Z_{11} = Z_1 + Z_3$
$Z_{12} = Z_{21} = Z_3$
$Z_{22} = Z_2 + Z_3 = 3 [\Omega]$

13 구형파의 파형률(㉠)과 파고율(㉡)은?

① ㉠ 1   ㉡ 0
② ㉠ 1.11   ㉡ 1.414
③ ㉠ 1   ㉡ 1
④ ㉠ 1.57   ㉡ 2

해설 | 파형별 값 정리표

파형	실횻값	평균값	파형률	파고율
정현파	$\frac{1}{\sqrt{2}} I_m$	$\frac{2}{\pi} I_m$	1.11	1.414
반파 정현파	$\frac{1}{2} I_m$	$\frac{1}{\pi} I_m$	1.57	2
구형파	I_m	I_m	1	1
반파 구형파	$\frac{1}{\sqrt{2}} I_m$	$\frac{1}{2} I_m$	1.41	1.41
삼각파	$\frac{1}{\sqrt{3}} I_m$	$\frac{1}{2} I_m$	1.15	1.73

정답 10 ④ 11 ② 12 ③ 13 ③

14 다음 그림에서 각 선로의 전류가 각각 I_L = 3 + j6 [A], I_C = 5 − j2 [A]일 때, 전원에서의 역률은?

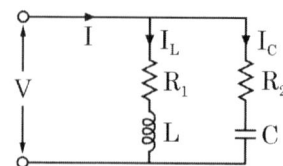

① $\dfrac{1}{\sqrt{17}}$ ② $\dfrac{4}{\sqrt{17}}$

③ $\dfrac{1}{\sqrt{5}}$ ④ $\dfrac{2}{\sqrt{5}}$

해설 | 전류를 이용한 역률계산

$I = I_L + I_C$ (병렬이므로)
$= 3 + j6 + 5 - j2 = 8 + j4$

역률 $\cos\theta = \dfrac{I_R}{I} = \dfrac{8}{\sqrt{8^2+4^2}} = \dfrac{2}{\sqrt{5}}$

15 그림과 같은 2단자망의 구동점 임피던스(Ω)는?

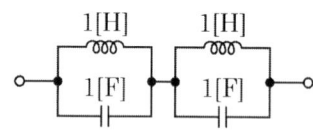

① $\dfrac{s}{s^2+1}$ ② $\dfrac{1}{s^2+1}$

③ $\dfrac{2s}{s^2+1}$ ④ $\dfrac{3s}{s^2+1}$

해설 | 2단자망 구동점 임피던스

$Z(s) = \dfrac{s \times \dfrac{1}{s}}{s + \dfrac{1}{s}} \times 2 = \dfrac{2s}{s^2+1}$

16 전압 200 [V], 전류 30 [A]로서 4.3 [kW]의 전력을 소비하는 회로의 리액턴스는 약 몇 [Ω]인가?

① 3.35   ② 4.65
③ 5.35   ④ 6.65

해설 | 리액턴스 X 계산

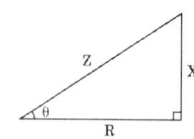

$X = Z\sin\theta$

$P = VI\cos\theta$

$\cos\theta = \dfrac{P}{VI} = \dfrac{4300}{200 \times 30} = 0.717$

• $\sin\theta = \sqrt{1-\cos^2\theta}$
$= \sqrt{1-0.717^2} \fallingdotseq 0.7$

• $Z = \dfrac{V}{I} = \dfrac{200}{30} = 6.67\,[\Omega]$

∴ $X = Z\sin\theta = 6.67 \times 0.7 \fallingdotseq 4.67\,[\Omega]$

17 그림과 같은 회로에서 t = 0의 시각에 스위치 S를 닫을 때 전류 I(s)는? (단, $V_c(0)$ = 1 [V]이다)

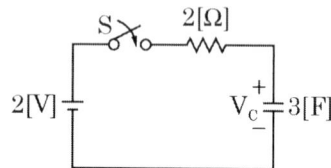

① $\dfrac{3s}{6s+1}$ ② $\dfrac{3}{6s+1}$

③ $\dfrac{6}{6s+1}$ ④ $\dfrac{-s}{6s+1}$

해설 | 과도 전류의 계산(R-C 직렬 회로 on)

$$i(t) = \frac{E}{R}e^{-\frac{1}{RC}t} = \frac{2-1}{2}e^{-\frac{1}{2\times 3}t}$$
$$= \frac{1}{2}e^{-\frac{1}{6}t} \xrightarrow{\mathcal{L}} \frac{1}{2}\left(\frac{1}{s+\frac{1}{6}}\right)$$
$$\therefore I(s) = \frac{3}{6s+1}$$

18 반파대칭 및 정현대칭의 왜형파의 푸리에 급수의 전개에서 옳게 표현한 것은?

(단, $f(t) = \sum_{n=1}^{\infty} a_n \cos nwt + \sum_{n=1}^{\infty} b_n \sin nwt$)

① a_n의 우수항만 존재한다.
② b_n의 기수항만 존재한다.
③ a_n의 기수항만 존재한다.
④ b_n의 우수항만 존재한다.

해설 | 푸리에 급수
- 정현대칭 : sin항만 존재함
- 여현대칭 : a_0와 cos항만 존재함
- 반파대칭 : sin항, cos항 존재함

19 R-L-C 직렬 회로에서 R = 100 [Ω], L = 5 × 10⁻³ [H], C = 2 × 10⁻⁶ [F]일 때 이 회로는?

① 진동적이다. ② 비진동적이다.
③ 임계적이다. ④ 비감쇠진동이다.

해설 | 응답 특성

$$R^2 - 4\frac{L}{C} = 100^2 - 4 \times \frac{5\times 10^{-3}}{2\times 10^{-6}} = 0$$
$$\therefore R^2 = 4\frac{L}{C}, \text{임계제동}$$

특성	조건
과제동(비진동)	$R^2 > \frac{4L}{C}$
부족제동(진동)	$R^2 < \frac{4L}{C}$
임계제동(임계진동)	$R^2 = \frac{4L}{C}$

20 그림과 같은 회로의 합성 인덕턴스는?

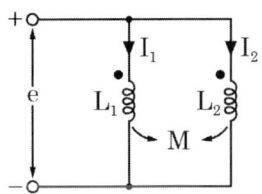

① $\frac{L_1 - M^2}{L_1 + L_2 - 2M}$ ② $\frac{L_2 - M^2}{L_1 + L_2 - 2M}$

③ $\frac{L_1 L_2 + M^2}{L_1 + L_2 - 2M}$ ④ $\frac{L_1 L_2 - M^2}{L_1 + L_2 - 2M}$

해설 | 합성 인덕턴스

가동결합	$L = \frac{L_1 L_2 - M^2}{L_1 + L_2 - 2M}$
차동결합	$L = \frac{L_1 L_2 - M^2}{L_1 + L_2 + 2M}$

정답 18 ② 19 ③ 20 ④

전기산업기사 회로이론 — 2020년 1, 2회

01 $Z = 5\sqrt{3} + j5\,[\Omega]$ 3개의 임피던스를 Y 결선하여 선간 전압 $250\,[\mathrm{V}]$의 평형 3상 전원에 연결하였다. 이때 소비되는 유효전력은 약 몇 $[\mathrm{W}]$인가?

① 3125　　② 5413
③ 6252　　④ 7120

해설 | 3상 교류의 유효전력

$$P = 3I_p^2 R = 3 \times \left(\frac{V_p}{Z}\right)^2 \times R$$

$$= 3 \times \left(\frac{\frac{250}{\sqrt{3}}}{\sqrt{(5\sqrt{3})^2 + 5^2}}\right)^2 \times 5\sqrt{3}$$

$$= 5413\,[W]$$

02 그림과 같은 회로에서 스위치 S를 $t=0$에서 닫았을 때 $V_L|_{t=0} = 100\,[\mathrm{V}]$, $\dfrac{di}{dt}\bigg|_{t=0} = 400\,[\mathrm{A/s}]$이다. $L\,[\mathrm{H}]$의 값은?

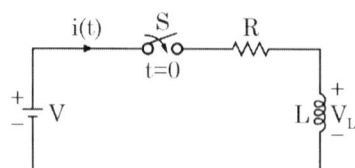

① 0.75　　② 0.5
③ 0.25　　④ 0.1

해설 | L 값 계산

$$V_L = L\frac{di}{dt}, \quad 100 = L \times 400$$

$$\therefore L = \frac{100}{400} = 0.25\,[H]$$

03 $r_1\,[\Omega]$인 저항에 $r\,[\Omega]$인 가변저항이 연결된 그림과 같은 회로에서 전류 I를 최소로 하기 위한 저항 $r_2\,[\Omega]$는? (단, $r\,[\Omega]$은 가변저항의 최대 크기이다)

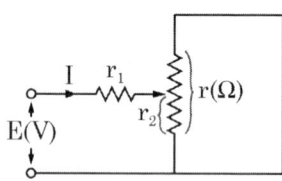

① $\dfrac{r_1}{2}$　　② $\dfrac{r}{2}$
③ r_1　　④ r

해설 | 전류의 최소조건

• 합성저항 R_t 계산

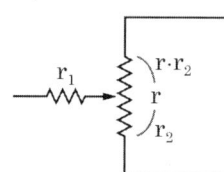

$$\therefore R_t = r_1 + \frac{(r-r_2) \times r_2}{(r-r_2) + r_2}$$

• 전류 최소 조건 $\dfrac{dR_t}{dr_2} = 0$

$$\frac{d}{dr_2}\left(r_1 + \frac{(r-r_2) \times r_2}{(r-r_2) + r_2}\right) = 0$$

$$0 + \frac{r - 2r_2}{r} = 0, \quad 2r_2 = r$$

$$\therefore 저항\ r_2\ 계산\ \ r_2 = \frac{r}{2}$$

정답　01 ②　02 ③　03 ②

04 다음과 같은 회로에서 V_a, V_b, V_c [V]를 평형 3상 전압이라 할 때 전압 $V_0(V)$은?

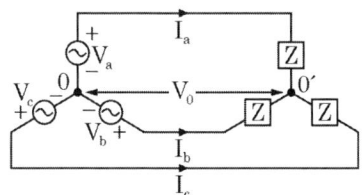

① 0
② $\dfrac{V_1}{3}$
③ $\dfrac{2}{3}V_1$
④ V_1

해설 | 평형 3상 회로의 전위차

평형 3상 전압인 경우 전위차는 존재하지 않아야 하므로 영상분 전압은 0이다.

05 9 [Ω]과 3 [Ω]인 저항 6개를 그림과 같이 연결하였을 때, a와 b 사이의 합성저항은?

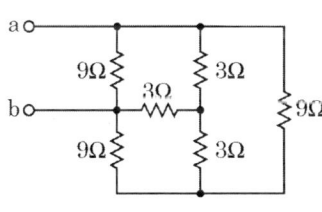

① 9
② 4
③ 3
④ 2

해설 | 합성저항 R_{ab} 계산

• 회로 등가변환

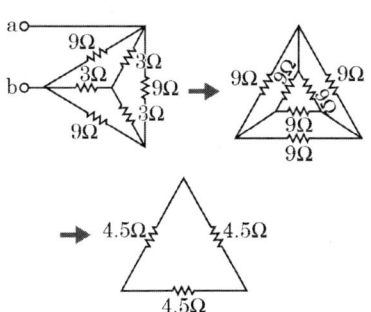

• 합성저항 R_{ab} 계산

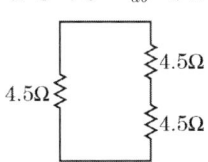

$$\therefore R_{ab} = \dfrac{4.5 \times 9}{4.5 + 9} = 3 [\Omega]$$

06 그림과 같은 회로의 전달함수는? (단, 초기조건은 0이다)

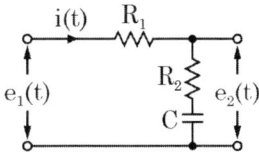

① $\dfrac{R_2 + Cs}{R_1 + R_2 + Cs}$
② $\dfrac{R_1 + R_2 + Cs}{R_1 + Cs}$
③ $\dfrac{R_2Cs + 1}{R_2Cs + R_1Cs + 1}$
④ $\dfrac{R_1Cs + R_2Cs + 1}{R_2Cs + 1}$

해설 | 전달함수 G(s) 계산

$$G(s) = \dfrac{e_1(s)}{e_2(s)} = \dfrac{R_2 + \dfrac{1}{Cs}}{R_1 + R_2 + \dfrac{1}{Cs}} \times \dfrac{Cs}{Cs}$$

$$= \dfrac{R_2Cs + 1}{R_1Cs + R_2Cs + 1}$$

정답 04 ① 05 ③ 06 ③

07 그림과 같은 회로에서 5 [Ω]에 흐르는 전류 I는 몇 [A]인가?

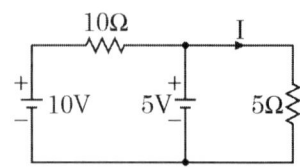

① $\frac{1}{2}$ ② $\frac{2}{3}$

③ 1 ④ $\frac{5}{3}$

해설 | 중첩의 원리

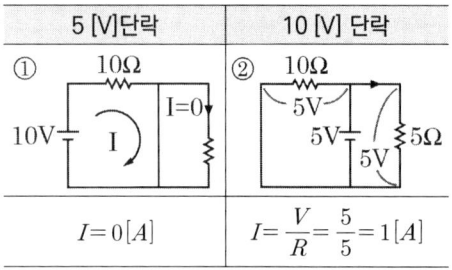

∴ 전류 $I = 0 + 1 = 1 [A]$

08 전류의 대칭분이 I₀ = -2 + j4 [A], I₁ = 6 - j5 [A], I₂ = 8 + j10 [A]일 때 3상 전류 중 a상 전류 I_a의 크기 $|I_a|$는 몇 [A]인가? (단, I₀는 영상분이고, I₁은 정상분이고, I₂는 역상분이다)

① 9 ② 12
③ 15 ④ 19

해설 | 대칭좌표법

- $I_a = I_0 + I_1 + I_2$
  $= -2 + j4 + 6 - j5 + 8 + j10$
  $= 12 + j9$

∴ $|I_a| = \sqrt{12^2 + j9^2} = 15 [A]$

09 $V = 50\sqrt{3} - j50 [V]$, $I = 15\sqrt{3} + j15$ [A]일 때 유효전력 $P[W]$와 무효전력 $Q[Var]$는 각각 얼마인가?

① $P = 3000, Q = -1500$
② $P = 1500, Q = -1500\sqrt{3}$
③ $P = 750, Q = -750\sqrt{3}$
④ $P = 2250, Q = -1500\sqrt{3}$

해설 | 유효전력 P 및 무효전력 P_r 계산

$P_a = V\overline{I} = (50\sqrt{3} - j50)(15\sqrt{3} - j15)$
$= 1500 - j1500\sqrt{3}$

TIP 전압 V 및 전류 I 값이 복소수일 때, 복소전력 공식으로 계산

10 푸리에 급수로 표현된 f(t)가 반파대칭 및 정현대칭일 때 f(t)에 대한 특징으로 옳은 것은?

$$f(t) = a_0 + \sum_{n=1}^{\infty} a_n \cos n\omega t + \sum_{n=1}^{\infty} b_n \sin n\omega t$$

① a_n의 우수항만 존재한다.
② a_n의 기수항만 존재한다.
③ b_n의 우수항만 존재한다.
④ b_n의 기수항만 존재한다.

해설 | 반파 및 정현대칭

- 반파대칭 : 홀수(기수)항만 존재
- 정현대칭 : sin항

∴ b_n의 기수항만 존재

11 그림과 같은 회로에서 L_2에 흐르는 전류 I_2 [A]가 단자 전압 V [V]보다 위상이 90° 뒤지기 위한 조건은? (단, ω는 회로의 각 주파수 [rad/s]다)

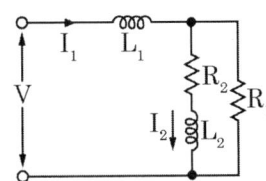

① $\dfrac{R_2}{R_1} = \dfrac{L_2}{L_1}$ ② $R_1 R_2 = L_1 L_2$

③ $R_1 R_2 = \omega L_1 L_2$ ④ $R_1 R_2 = \omega^2 L_1 L_2$

해설 | L만의 회로

전류 I가 전압 V보다 위상 90° 뒤짐

- I_2 계산

$$I_1 = \frac{V}{Z} = \frac{V}{j\omega L_1 + \dfrac{(R_2 + j\omega L_2) \times R_1}{(R_2 + j\omega L_2) + R_1}}$$

$$I_2 = \frac{R_1}{(R_2 + j\omega L_2) + R_1}$$

$$\times \frac{V}{j\omega L + \dfrac{(R_2 + j\omega L_2) \times R_1}{(R_2 + j\omega L_2) + R_1}}$$

∴ 계산 시, L만의 회로이므로 실수부 = 0이 되어야 하므로 $R_1 R_2 = \omega^2 L_1 L_2$이 된다.

12 R - C 직렬 회로의 과도현상에 대한 설명으로 옳은 것은?

① (R × C)의 값이 클수록 과도 전류는 빨리 사라진다.
② (R × C)의 값이 클수록 과도 전류는 천천히 사라진다.
③ 과도 전류는 (R × C)의 값에 관계가 없다.
④ 1 / (R × C)의 값이 클수록 과도 전류는 천천히 사라진다.

해설 | 시정수 τ

- RC 과도현상 시 $\tau = RC$
- RL 과도현상 시 $\tau = \dfrac{L}{R}$

∴ 시정수가 클수록 과도현상은 천천히 사라짐

13 용량이 50 [kVA]인 단상 변압기 3대를 △결선하여 3상으로 운전하는 중 1대의 변압기에 고장이 발생하였다. 나머지 2대의 변압기를 이용하여 3상 V결선으로 운전하는 경우 최대 출력은 몇 [kVA]인가?

① $30\sqrt{3}$ ② $50\sqrt{3}$
③ $100\sqrt{3}$ ④ $200\sqrt{3}$

해설 | V결선 출력 P_V 계산

$$P_V = \sqrt{3}\, P_1 = 50\sqrt{3}\ [kVA]$$

정답 11 ④ 12 ② 13 ②

14 각 상의 전류가 $i_a = 30\sin\omega t$ [A], $i_b = 30\sin(\omega t - 90°)$ [A], $i_c = 30\sin(\omega t + 90°)$ [A]일 때 영상분 전류(A)의 순시치는?

① $10\sin\omega t$

② $10\sin\dfrac{\omega t}{3}$

③ $30\sin\omega t$

④ $\dfrac{30}{\sqrt{3}}\sin(\omega t + 45°)$

해설 | 영상분 전류 I_0 계산

$$i_0 = \dfrac{1}{3}(i_a + i_b + i_c)$$
$$= \dfrac{1}{3}[\,30\sin\omega t + 30\sin(\omega t - 90°)$$
$$\quad + 30\sin(\omega t + 90°)\,]$$
$$= \dfrac{1}{3} \times 30\sin\omega t = 10\sin\omega t$$

TIP i_b와 i_c는 서로 상쇄되므로 $i_b - i_c = 0$

15 $f(t) = \sin t + 2\cos t$ 를 라플라스 변환한 것은?

① $\dfrac{2s}{s^2+1}$ ② $\dfrac{2s+1}{(s+1)^2}$

③ $\dfrac{2s+1}{s^2+1}$ ④ $\dfrac{2s}{(s+1)^2}$

해설 | 라플라스 변환

$$\mathcal{L}[\sin t + 2\cos t] = \dfrac{1}{s^2+1^2} + \dfrac{2s}{s^2+1^2}$$
$$= \dfrac{2s+1}{s^2+1}$$

16 어떤 회로에 흐르는 전류가 $i(t) = 7 + 14.1\sin\omega t$ [A]인 경우 실횻값은 약 몇 [A]인가?

① 11.2 ② 12.2
③ 13.2 ④ 14.2

해설 | 실횻값 | 계산

$$I = \sqrt{7^2 + \left(\dfrac{14.1}{\sqrt{2}}\right)^2} = 12.2\,[A]$$

17 어떤 전지에 연결된 외부 회로의 저항은 5 [Ω]이고 전류는 8 [A]가 흐른다. 외부 회로에 5 [Ω]대신 15 [Ω]의 저항을 접속하면 전류는 4 [A]로 떨어진다. 이 전지의 내부기전력은 몇 [V]인가?

① 15 ② 20
③ 50 ④ 80

해설 | 전지의 내부기전력 V 계산

외부저항 5 [Ω] 회로기전력 V	외부저항 15 [Ω] 회로기전력 V
$I = 8\,[A]$, $R = 5\,\Omega$	$I = 4\,[A]$, $R = 15\,\Omega$
$V = 8 \times (r+5)$	$V = 4 \times (r+15)$

- 내부저항 r 계산

$$8 \times (r+5) = 4 \times (r+15)$$
$$8r + 40 = 4r + 60,\quad 4r = 20 \quad \therefore r = 5$$

∴ 전지 내부기전력 V 계산
$$V = 8 \times (5+5) = 80\,[V]$$

정답 14 ① 15 ③ 16 ② 17 ④

18 파형율과 파고율이 모두 1인 파형은?

① 고조파　　② 삼각파
③ 구형파　　④ 사인파

해설 | 파형별 값 정리표

파형	실횻값	평균값	파형률	파고율
정현파	$\frac{1}{\sqrt{2}}I_m$	$\frac{2}{\pi}I_m$	1.11	1.414
반파 정현파	$\frac{1}{2}I_m$	$\frac{1}{\pi}I_m$	1.57	2
구형파	I_m	I_m	1	1
반파 구형파	$\frac{1}{\sqrt{2}}I_m$	$\frac{1}{2}I_m$	1.41	1.41
삼각파	$\frac{1}{\sqrt{3}}I_m$	$\frac{1}{2}I_m$	1.15	1.73

19 회로의 4단자 정수로 틀린 것은?

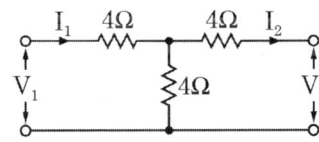

① $A = 2$　　② $B = 12$
③ $C = \frac{1}{4}$　　④ $D = 6$

해설 | T형 4단자 회로 정수 계산

$$\begin{pmatrix} A & B \\ C & D \end{pmatrix} = \begin{pmatrix} 1 & 4 \\ 0 & 1 \end{pmatrix} \begin{pmatrix} 1 & 0 \\ \frac{1}{4} & 1 \end{pmatrix} \begin{pmatrix} 1 & 4 \\ 0 & 1 \end{pmatrix}$$

$$= \begin{pmatrix} 2 & 4 \\ \frac{1}{4} & 1 \end{pmatrix} \begin{pmatrix} 1 & 4 \\ 0 & 1 \end{pmatrix} = \begin{pmatrix} 2 & 12 \\ \frac{1}{4} & 2 \end{pmatrix}$$

∴ $D = 2$

20 그림과 같은 4단자 회로망에서 출력 측을 개방하니 V_1 = 12 [V], I_1 = 2 [A], V_2 = 4 [V]이고, 출력 측을 단락하니 V_1 = 16 [V], I_1 = 4 [A], I_2 = 2 [A]이었다. 4단자 정수 A, B, C, D는 얼마인가?

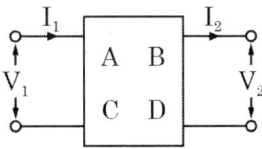

① A = 2, B = 3, C = 8, D = 0.5
② A = 0.5, B = 2, C = 3, D = 8
③ A = 8, B = 0.5, C = 2, D = 3
④ A = 3, B = 8, C = 0.5, D = 2

해설 | 4단자 정수 A, B, C, D 계산

- $A = \frac{V_1}{V_2}|_{I_2 = 0} = \frac{12}{4} = 3$
- $B = \frac{V_1}{I_2}|_{V_2 = 0} = \frac{16}{2} = 8$
- $C = \frac{I_1}{V_2}|_{I_2 = 0} = \frac{2}{4} = 0.5$
- $D = \frac{I_1}{I_2}|_{V_2 = 0} = \frac{4}{2} = 2$

∴ $A = 3$, $B = 8$, $C = 0.5$, $D = 2$

2020년 3회

01 $e_i(t) = Ri(t) + L\dfrac{di(t)}{dt} + \dfrac{1}{C}\int i(t)dt$

에서 모든 초깃값을 0으로 하고 라플라스 변환했을 때 $I(s)$는? (단, $I(s)$, $E_i(s)$는 $i(t)$, $e_i(t)$를 라플라스 변환한 것이다)

① $\dfrac{Cs}{LCs^2 + RCs + 1}E_i(s)$

② $\dfrac{1}{R + Ls + \dfrac{1}{C}s}E_i(s)$

③ $\dfrac{1}{s^2 + \dfrac{L}{R}s + \dfrac{1}{LC}}E_i(s)$

④ $\left(R + Ls + \dfrac{1}{Cs}\right)E_i(s)$

해설 | 라플라스 변환

• 라플라스 변환
$\mathcal{L}[e_i(t) = Ri(t) + L\dfrac{di(t)}{dt} + \dfrac{1}{C}\int i(t)dt]$
$E_i(s) = RI(s) + LsI(s) + \dfrac{1}{Cs}I(s)$

• $I(s)$기준으로 정리
$E_i(s) = RI(s) + LsI(s) + \dfrac{1}{Cs}I(s)$
$= (R + Ls + \dfrac{1}{Cs})I(s)$

$\dfrac{E_i(s)}{R + Ls + \dfrac{1}{Cs}} = I(s)$

$\dfrac{E_i(s)}{R + Ls + \dfrac{1}{Cs}} \times \dfrac{Cs}{Cs} = I(s)$

$\therefore \dfrac{Cs}{LCs^2 + RCs + 1}E_i(s)$

02 기본파의 30 [%]인 제3고조파와 기본파의 20 [%]인 제5고조파를 포함하는 전압의 왜형률은 약 얼마인가?

① 0.21 ② 0.31
③ 0.36 ④ 0.42

해설 | 왜형률 계산

왜형률 $= \dfrac{\text{각 고조파 실횻값}}{\text{기본파 실횻값}}$

$= \dfrac{\sqrt{(0.3V_1)^2 + (0.2V_1)^2}}{V_1}$

$= \sqrt{0.3^2 + 0.2^2} = 0.36$

03 3상 회로의 대칭분 전압이 $V_0 = -8 + j3$ [V], $V_1 = 6 - j8$ [V], $V_2 = 8 + j12$ [V]일 때 a상의 전압(V)은? (단, V_0는 영상분, V_1은 정상분, V_2는 역상분 전압이다)

① 5 - j6 ② 5 + j6
③ 6 - j7 ④ 6 + j7

해설 | 대칭좌표법

$V_a = V_0 + V_1 + V_2$
$= -8 + j3 + 6 - j8 + 8 + j12$
$= 6 + j7$

정답 01 ① 02 ③ 03 ④

04 어느 회로에 V = 120 + j90 [V]의 전압을 인가하면 I = 3 + j4 [A]의 전류가 흐른다. 이 회로의 역률은?

① 0.92 ② 0.94
③ 0.96 ④ 0.98

해설 | 복소전력의 역률

- 피상전력 P_a 및 유효전력 P 계산

$$P_a = V\overline{I} = (120+j90)(3-j4)$$
$$= 720 - j210$$

- $P_a = \sqrt{720^2 + 210^2}$, $P = 720[W]$

TIP 전압 V 및 전류 I 값이 복소수일 때, 복소전력 공식으로 계산

$$\therefore \cos\theta = \frac{P}{P_a} = \frac{720}{\sqrt{720^2+210^2}} = 0.96$$

05 2단자 회로망에 단상 100 [V]의 전압을 가하면 30 [A]의 전류가 흐르고 1.8 [kW]의 전력이 소비된다. 이 회로망과 병렬로 커패시터를 접속하여 합성 역률을 100 [%]로 하기 위한 용량성 리액턴스(Ω)는?

① 2.1 ② 4.2
③ 6.3 ④ 8.4

해설 | 용량성 리액턴스 X_c 계산

- 피상전력 P_a 계산

$$P_a = 30 \times 100 = 3000[VA]$$

- 무효전력 P_r 계산

$$P_r = \sqrt{3000^2 - 1800^2} = 2400[Var]$$

- 등가 회로 및 X_C 계산

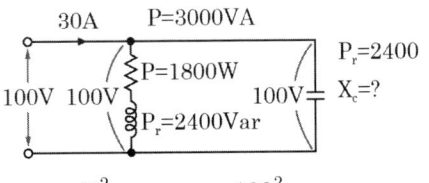

$$P_r = \frac{V^2}{X_c}, \quad 2400 = \frac{100^2}{X_c}$$

$$\therefore X_c = \frac{100^2}{2400} ≒ 4.2[\Omega]$$

06 22 [kVA]의 부하가 0.8의 역률로 운전될 때 이 부하의 무효전력(kVar)은?

① 11.5 ② 12.3
③ 13.2 ④ 14.5

해설 | 무효전력 P_r 계산

$$P_r = P \times \sin\theta = 22 \times 0.6 = 13.2[kVar]$$

TIP $\sqrt{1^2 - \cos^2\theta} = \sin\theta$

07 어드미턴스 Y [℧]로 표현된 4단자 회로망에서 4단자 정수 행렬 T는?

(단, $\begin{bmatrix} V_1 \\ I_1 \end{bmatrix} = T \begin{bmatrix} V_2 \\ I_2 \end{bmatrix}$, $T = \begin{bmatrix} A & B \\ C & D \end{bmatrix}$)

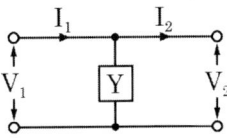

① $\begin{bmatrix} 1 & 0 \\ Y & 1 \end{bmatrix}$ ② $\begin{bmatrix} 1 & Y \\ 0 & 1 \end{bmatrix}$

③ $\begin{bmatrix} 1 & 0 \\ \frac{1}{Y} & 1 \end{bmatrix}$ ④ $\begin{bmatrix} Y & 1 \\ 1 & 0 \end{bmatrix}$

해설 | 4단자 정수 계산

$$\begin{pmatrix} A & B \\ C & D \end{pmatrix} = \begin{pmatrix} 1 & 0 \\ Y & 1 \end{pmatrix}$$

8 회로에서 10[Ω]의 저항에 흐르는 전류(A)는?

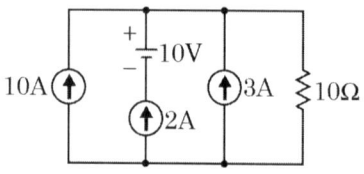

① 8 ② 10
③ 15 ④ 20

해설 | 중첩의 정리

전압원 단락	전류원 개방
10A↑ ↑3A ≷10Ω 　　2A	10V ≷10Ω
$i = 10+2+3 = 15[A]$	$i = 0$ (모든 회로가 개방되어 전류가 흐르지 않는다)

$$\therefore i = 15 + 0 = 15[A]$$

9 10[Ω]의 저항 5개를 접속하여 얻을 수 있는 합성저항 중 가장 적은 값은 몇 [Ω]인가?

① 10 ② 5
③ 2 ④ 0.5

해설 | 합성저항

병렬연결 시 $R_t = \dfrac{10}{5} = 2[\Omega]$

TIP 병렬 연결 시 가장 적은 합성저항 값을 얻는다.

10 동일한 용량 2대의 단상 변압기를 V결선하여 3상으로 운전하고 있다. 단상 변압기 2대의 용량에 대한 3상 V결선 시 변압기 용량의 비인 변압기 이용률은 약 몇 [%]인가?

① 57.7 ② 70.7
③ 80.1 ④ 86.6

해설 | V결선 이용률

이용률 $= \dfrac{\sqrt{3}\,VI}{2\,VI} \times 100 = 86.6\,[\%]$

11 4단자 회로망에서의 영상 임피던스(Ω)는?

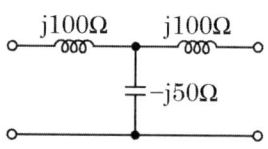

① $j\dfrac{1}{50}$ ② -1
③ 1 ④ 0

해설 | 영상 임피던스 Z_{01} 계산

- T형 4단자 회로 계산

$$\begin{bmatrix} A & B \\ C & D \end{bmatrix} = \begin{bmatrix} 1 & j100 \\ 0 & 1 \end{bmatrix} \begin{bmatrix} 1 & 0 \\ \dfrac{1}{-j50} & 1 \end{bmatrix} \begin{bmatrix} 1 & j100 \\ 0 & 1 \end{bmatrix}$$

$$= \begin{bmatrix} -1 & 0 \\ \dfrac{1}{-j50} & -1 \end{bmatrix}$$

- 대칭 회로망이므로

$$Z_{01} = Z_{02} = \sqrt{\dfrac{B}{C}} = \sqrt{\dfrac{0}{\dfrac{1}{-j50}}} = 0\,[\Omega]$$

TIP 대칭 회로망(A = D)일 경우

$$Z_{01} = Z_{02} = \sqrt{\dfrac{B}{C}}$$

12
$i(t) = 3\sqrt{2}\sin(377t - 30°)$ [A]의 평균값은 약 몇 [A]인가?

① 1.35   ② 2.7
③ 4.35   ④ 5.4

해설 | 정현파 평균값 i 계산

$$i = \frac{2I_m}{\pi} = \frac{2 \times 3\sqrt{2}}{\pi} = 2.7[A]$$

13
20[Ω]과 30[Ω]의 병렬 회로에서 20[Ω]에 흐르는 전류가 6[A]이라면 전체 전류 I(A)는?

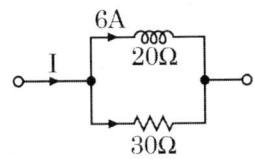

① 3   ② 4
③ 9   ④ 10

해설 | 전체 전류 I 계산

- 20[Ω]에 걸리는 전압 V_{20} 계산
  $V_{20} = IR = 20 \times 6 = 120[V]$

- 30[Ω]에 걸리는 전압 V_{30} 계산
  $V_{30} = 120[V]$

  TIP 병렬 회로이므로 전압 동일

- 30[Ω]에 걸리는 전류 I_{30} 계산
  $I = \dfrac{V}{R} = \dfrac{120}{30} = 4[A]$

∴ 전체 전류 I 계산
  $I = I_{20} + I_{30} = 6 + 4 = 10[A]$

14
$F(s) = \dfrac{A}{a+s}$의 라플라스 역변환은?

① ae^{At} ② Ae^{at}
③ ae^{-At} ④ Ae^{-at}

해설 | 라플라스 역변환

$$\mathcal{L}\left[\frac{A}{a+s}\right] = \mathcal{L}\left[\frac{A}{s+a}\right]$$

∴ Ae^{-at}

15
R-C 직렬 회로의 과도현상에 대한 설명으로 옳은 것은?

① 과도상태 전류의 크기는 (R×C)의 값과는 무관하다.
② (R×C)의 값이 클수록 과도상태 전류의 크기는 빨리 사라진다.
③ (R×C)의 값이 클수록 과도상태 전류의 크기는 천천히 사라진다.
④ (1/R×C)의 값이 클수록 과도상태 전류의 크기는 천천히 사라진다.

해설 | 시정수 τ

RC 과도현상일 때, $\tau = RC$
∴ τ가 클수록 과도현상은 천천히 사라짐

정답 12 ② 13 ④ 14 ④ 15 ③

16 불평형 Y결선의 부하 회로에 평형 3상 전압을 가할 경우 중성점의 전위 $V_{n'n}$ [V]는? (단, Z_1, Z_2, Z_3는 각 상의 임피던스 [Ω]이고, Y_1, Y_2, Y_3는 각 상의 임피던스에 대한 어드미턴스 [℧]이다)

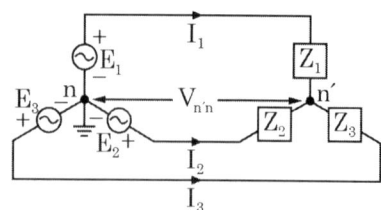

① $\dfrac{E_1 + E_2 + E_3}{Z_1 + Z_2 + Z_3}$

② $\dfrac{Z_1 E_1 + Z_2 E_2 + Z_3 E_3}{Z_1 + Z_2 + Z_3}$

③ $\dfrac{E_1 + E_2 + E_3}{Y_1 + Y_2 + Y_3}$

④ $\dfrac{Y_1 E_1 + Y_2 E_2 + Y_3 E_3}{Y_1 + Y_2 + Y_3}$

해설 | $V_{n'n}$ 계산(밀만의 정리)

• 등가 회로

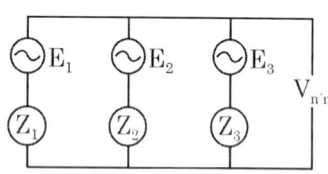

∴ $V_{n'n} = I \times Z = \dfrac{I}{Y}$

$= \dfrac{Y_1 E_1 + Y_2 E_2 + Y_3 E_3}{Y_1 + Y_2 + Y_3}$ [V]

17 R – L 병렬 회로에서 t = 0일 때 스위치 S를 닫는 경우 R [Ω]에 흐르는 전류 $i_R(t)$ [A]는?

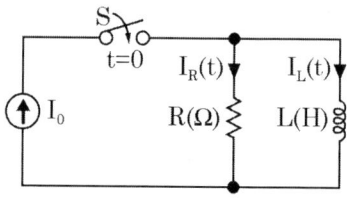

① $I_0(1 - e^{-\frac{R}{L}t})$ ② $I_0(1 + e^{-\frac{R}{L}t})$

③ I_0 ④ $I_0 e^{-\frac{R}{L}t}$

해설 | R [Ω]에 흐르는 전류 $i_R(t)$ 계산

• I_0 라플라스 변환

$I_0 = i_R(t) + i_L(t) = \dfrac{e(t)}{R} + \dfrac{1}{L}\int e(t)dt$

$\mathcal{L}\left[\dfrac{e(t)}{R} + \dfrac{1}{L}\int e(t)dt\right]$

$\Rightarrow \dfrac{I_0}{s} = \dfrac{1}{R}E(s) + \dfrac{1}{Ls}E(s)$

• $E(s)$ 정리

$\dfrac{I_0}{s} = \dfrac{1}{R}E(s) + \dfrac{1}{Ls}E(s)$

$= \left(\dfrac{1}{R} + \dfrac{1}{Ls}\right)E(s)$

$E(s) = \dfrac{I_0}{\left(\dfrac{1}{R} + \dfrac{1}{Ls}\right)s} = \dfrac{I_0}{\dfrac{s}{R} + \dfrac{1}{L}}$

$= \dfrac{I_0}{s + \dfrac{R}{L}}$

• $e(t)$ 계산

$\mathcal{L}^{-1}\left[E(s) = \dfrac{I_0}{s + \dfrac{R}{L}}\right]$

$\Rightarrow e(t) = RI_0 e^{-\frac{R}{L}t}$

∴ 저항에 흐르는 전류 $I_R(t)$ 계산

$i_R(t) = \dfrac{e(t)}{R} = \dfrac{RI_0 e^{-\frac{R}{L}t}}{R} = I_0 e^{-\frac{R}{L}t}$

정답 16 ④ 17 ④

18 1상의 임피던스가 14 + j48 [Ω]인 평형 △ 부하에 선간 전압이 200 [V]인 평형 3상 전압이 인가될 때 이 부하의 피상전력(VA)은?

① 1200 ② 1384
③ 2400 ④ 4157

해설 | △결선 피상전력 P_a 계산

$$P_a = 3 \times \frac{V^2}{Z} = 3 \times \frac{200^2}{\sqrt{14^2 + 48^2}}$$
$$= 2400\,[VA]$$

19 $f(t) = 100 + 50\sqrt{2}\sin\omega t + 20\sqrt{2}\sin(3\omega t + \frac{\pi}{6})$ [A]로 표현되는 비정현파 전류의 실횻값은 약 몇 [A]인가?

① 20 ② 50
③ 114 ④ 150

해설 | 비정현파 전류 실횻값 I 계산

$$I = \sqrt{100^2 + 50^2 + 20^2} = 114\,[A]$$

20 저항만으로 구성된 그림의 회로에 평형 3상 전압을 가했을 때 각 선에 흐르는 선전류가 모두 같게 되기 위한 R [Ω]의 값은?

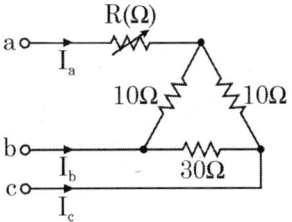

① 2 ② 4
③ 6 ④ 8

해설 | 가변저항 R 계산

- △ ⇒ Y 변환 등가 회로

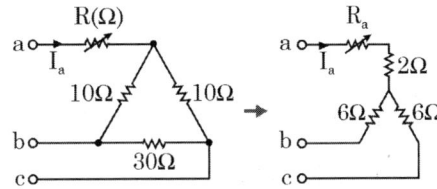

$$R_a = \frac{10 \times 10}{10 + 10 + 30} = 2\,[\Omega]$$

$$R_b = \frac{30 \times 10}{10 + 10 + 30} = 6\,[\Omega]$$

$$R_c = \frac{30 \times 10}{10 + 10 + 30} = 6\,[\Omega]$$

- 선전류 I_ℓ이 같게 될 조건

$$R_a = R_b = R_c$$
$$R_a = 2 + R = 6\,[\Omega]$$

∴ 가변저항 $R = 4\,[\Omega]$

2020년 4회

전기산업기사 / 회로이론

01
대칭 6상 전원이 있다. 환상결선으로 각 전원이 150 [A]의 전류를 흘린다고 하면 선전류는 몇 [A]인가?

① 50
② 75
③ $150\sqrt{3}$
④ 150

해설 | 대칭 n상 선전류 I_ℓ 계산

$$I_\ell = 2I_p \sin\frac{\pi}{n} = 2 \times 150 \times \sin\frac{\pi}{6} = 150 \,[A]$$

02
주기적인 구형파 신호의 구성은?

① 직류 성분만으로 구성된다.
② 기본파 성분만으로 구성된다.
③ 고조파 성분만으로 구성된다.
④ 직류 성분, 기본파 성분, 무수히 많은 고조파 성분으로 구성된다.

해설 | 주기적인 구형파 신호 = 비정현파

• 푸리에 급수(비정현파 분해 기법)

$$f(t) = a_0 + \sum_{n=1}^{\infty} a_n \cos n\omega t + \sum_{n=1}^{\infty} b_n \sin n\omega t$$

• 직류, 기본파, 무수히 많은 고조파 성분의 구성을 합으로 표현한 것

암 직기고
직류분 a_0
기본파 a_1 (여현항) b_1 (정현항)
고조파 $a_2 \cdots a_n$, $b_2 \cdots b_n$

03
1상의 임피던스가 $14+j48\,[\Omega]$인 평형 △ 부하에 선간 전압이 200 [V]인 평형 3상 전압이 인가될 때 이 부하의 피상전력(VA)은?

① 1200
② 1384
③ 2400
④ 4157

해설 | △ 결선 피상전력 P_a 계산

$$P_a = 3V_p I_p = 3 \times \frac{V_p^2}{Z}$$
$$= 3 \times \frac{200^2}{\sqrt{14^2 + 48^2}}$$
$$= 2400\,[VA]$$

04
그림과 같이 높이가 1인 펄스의 라플라스 변환은?

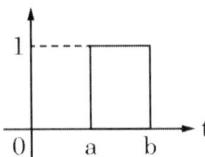

① $\dfrac{1}{s}(e^{-as} + e^{-bs})$

② $\dfrac{1}{a-b} \dfrac{(e^{-as} + e^{-bs})}{1}$

③ $\dfrac{1}{s}(e^{-as} - e^{-bs})$

④ $\dfrac{1}{a-b} \dfrac{(e^{-as} - e^{-bs})}{1}$

정답 01 ④ 02 ④ 03 ③ 04 ③

해설 | 시간함수 f(t) 라플라스 변환

- 시간함수 $f(t)$ 정리
$$f(t) = u(t-a) - u(t-b)$$
∴ 라플라스 변환
$$\mathcal{L}[u(t-a) - u(t-b)] = \frac{e^{-as}}{s} - \frac{e^{-bs}}{s}$$
$$= \frac{1}{s}(e^{-as} - e^{-bs})$$

05
$F(s) = \dfrac{5s+3}{s(s+1)}$ 일 때 $f(t)$의 정상값은 얼마인가?

① 5 ② 3
③ 1 ④ 0

해설 | 최종값(=정상값) 정리
$$\lim_{t \to \infty} f(t) = \lim_{s \to 0} sF(s)$$
$$= \lim_{s \to 0} s \cdot \frac{5s+3}{s(s+1)} = 3$$

06
대칭좌표법에서 사용되는 용어 중 각 상에 공통인 성분을 표시하는 것은?

① 영상분 ② 정상분
③ 역상분 ④ 공통분

해설 | 대칭좌표법

영상분	3상 공통 성분
정상분	기본파 상회전 방향과 같은 방향
역상분	기본파 상회전 방향과 반대 방향

07
비대칭 다상 교류가 만드는 회전자계는?

① 교번 자기장
② 타원형 회전 자기장
③ 원형 회전 자기장
④ 포물선 회전 자기장

해설 | n상 교류에 의한 회전자계

n상 대칭 전류	n상 비대칭 전류
원형 회전자계	타원형 회전자계

08
다음 회로에서 부하 R에 최대 전력이 공급될 때의 전력값이 5 [W]라고 하면 두 저항 $R_L + R_i$의 값은 몇 [Ω]인가? (단, R_i는 전원의 내부저항이다)

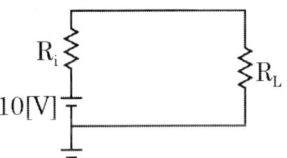

① 5   ② 10
③ 15 ④ 20

해설 | 최대 전력 전송조건

- $P_{\max} = \dfrac{V^2}{4R_L} [W]$
- $R_L = \dfrac{10^2}{4 \times 5} = 5 [\Omega]$
∴ $R_L + R_i = 5 + 5 = 10 [\Omega]$

TIP 최대 전력 전송조건 $R_i = R_L = R$
최대 전력 $P_{\max} = \dfrac{V^2}{4R}$

09 다음 용어 설명 중 틀린 것은?

① 역률 = $\dfrac{\text{유효전력}}{\text{피상전력}}$

② 파형률 = $\dfrac{\text{평균값}}{\text{실횻값}}$

③ 파고율 = $\dfrac{\text{최댓값}}{\text{실횻값}}$

④ 왜형률 = $\dfrac{\text{전 고조파의 실횻값}}{\text{기본파의 실횻값}}$

해설 | 파형률

파형률 = $\dfrac{\text{실횻값}}{\text{평균값}}$

10 9 [Ω], 3 [Ω] 저항 6개를 그림과 같이 연결하였을 때, a와 b 사이의 합성저항(Ω)은?

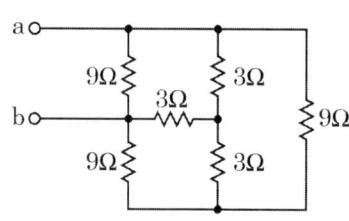

① 9 ② 4
③ 3 ④ 2

해설 | 합성저항의 등가변환

- 회로 등가변환

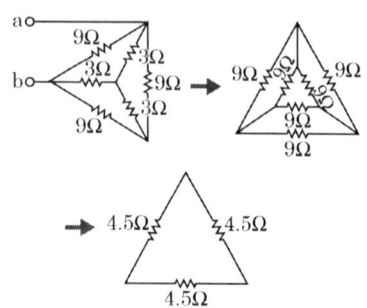

- 합성저항 R_{ab} 계산

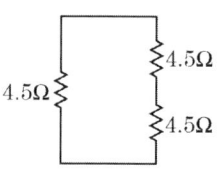

$\therefore R_{ab} = \dfrac{4.5 \times 9}{4.5 + 9} = 3\,[\Omega]$

11 그림 (a)의 회로를 그림 (b)와 같은 등가회로로 구성하고자 한다. 이때 V와 R의 값은?

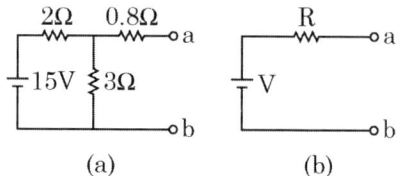

① 6 [V], 2 [Ω]   ② 6 [V], 6 [Ω]
③ 9 [V], 2 [Ω]   ④ 9 [V], 6 [Ω]

해설 | 테브난 정리

$V_{th} = \dfrac{3}{2+3} \times 15 = 9\,[V]$

$R_{th} = 0.8 + \dfrac{2 \times 3}{2+3} = 2\,[\Omega]$

12 $f(t) = At^2$의 라플라스 변환은?

① $\dfrac{A}{s^2}$ ② $\dfrac{2A}{s^2}$

③ $\dfrac{A}{s^3}$ ④ $\dfrac{2A}{s^3}$

해설 | 라플라스 변환

$\mathcal{L}[At^2] = \dfrac{A \times 2!}{s^{2+1}} = \dfrac{A \times 2 \times 1}{s^{2+1}} = \dfrac{2A}{s^3}$

정답 9 ② 10 ③ 11 ③ 12 ④

13 R - L - C 직렬 회로에서 시정수의 값이 작을수록 과도현상이 소멸되는 시간은 어떻게 되는가?

① 짧아진다.　② 관계없다.
③ 길어진다.　④ 일정하다.

해설 | 시정수 τ
- 정상 전류의 63.2 [%]에 도달 시의 시간
- 시정수가 작으면 과도현상이 짧음
- 시정수가 크면 정상상태에 늦게 도달

14 $V_a = 3$ [V], $V_b = 2 - j3$ [V], $V_c = 4 + j3$ [V]를 3상 불평형 전압이라고 할 때, 영상 전압(V)은?

① 0　② 3
③ 9　④ 27

해설 | 영상 전압 V_0 계산

$$V_0 = \frac{1}{3}(V_a + V_b + V_c)$$
$$= \frac{1}{3}(3 + 2 - j3 + 4 + j3) = 3 [V]$$

15 정현파 사이클의 수학적인 평균값은?

① 0
② 0.637 × 최댓값
③ 0.707 × 최댓값
④ 1.414 × 실횻값

해설 | 정현파 사이클
(+), (-) 그래프 형태가 가로축을 기준으로 대칭형이므로 평균값은 0이다.

16 어떤 코일의 임피던스를 측정하고자 직류 전압 100 [V]를 가했더니 500 [W]가 소비되고, 교류 전압 150 [V]를 가했더니 720 [W]가 소비되었다. 코일의 저항(Ω)과 리액턴스(Ω)는 각각 얼마인가?

① R = 20, X_L = 15
② R = 15, X_L = 20
③ R = 25, X_L = 20
④ R = 30, X_L = 25

해설 | 전력의 계산
- 직류 전압을 가할 때

$$P = I^2 R = \left(\frac{V}{R}\right)^2 R = \frac{V^2}{R}$$

$$500 = \frac{100^2}{R}, \quad \therefore R = 20 [\Omega]$$

- 교류 전압을 가할 때

$$P = I^2 R = \left(\frac{V}{Z}\right)^2 R$$
$$= \left(\frac{150}{\sqrt{20^2 + X_L^2}}\right)^2 \times 20 = 720 [\Omega]$$

$$\therefore X_L = 15 [\Omega]$$

정답　13 ①　14 ②　15 ①　16 ①

17 그림과 같은 회로에서 입력을 $V_1(s)$, 출력을 $V_2(s)$라 할 때, 전압비 전달함수는?

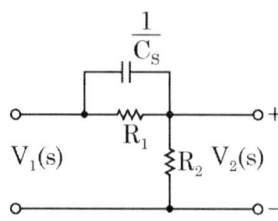

① $\dfrac{R_1}{R_1 Cs + 1}$

② $\dfrac{R_2 + R_1 R_2 Cs}{R_1 + R_2 + R_1 R_2 Cs}$

③ $\dfrac{R_1 R_2 s + RCs}{R_1 Cs + R_1 R_2 s^2 + C}$

④ $\dfrac{s+1}{s + R_1 + R_2 + R_1 R_2 C}$

해설 | 전달함수 G(s) 정리

$$G(s) = \dfrac{V_2(s)}{V_1(s)} = \dfrac{R_2}{\dfrac{\dfrac{R_1}{Cs}}{R_1 + \dfrac{1}{Cs}} + R_2}$$

$$= \dfrac{R_2}{\dfrac{R_1}{1 + R_1 Cs} + R_2} \times \dfrac{1 + R_1 Cs}{1 + R_1 Cs}$$

$$= \dfrac{R_2 + R_1 R_2 Cs}{R_1 + R_2 + R_1 R_2 Cs}$$

18 대칭 3상 전압이 있다. 1상의 Y결선 전압의 순싯값이 다음과 같을 때 선간 전압에 대한 상전압의 비율은?

$$\begin{aligned} e &= 1000\sqrt{2}\sin\omega t \\ &+ 500\sqrt{2}\sin(3\omega t + 20°) \\ &+ 100\sqrt{2}\sin(5\omega t + 30°) \end{aligned}$$

① 약 55 [%]   ② 약 65 [%]
③ 약 70 [%]   ④ 약 75 [%]

해설 | 선간 전압 V_ℓ에 대한 상전압 V_p의 비 계산

- Y결선 상전압 V_p 계산

$$V_p = \sqrt{E_1^2 + E_3^2 + E_5^2}$$
$$= \sqrt{1000^2 + 500^2 + 100^2}$$
$$= 1122.5\,[V]$$

- Y결선 선간 전압 V_ℓ 계산

$$V_\ell = \sqrt{3} \times \sqrt{E_1^2 + E_5^2}$$
$$= \sqrt{3} \times \sqrt{1000^2 + 100^2}$$
$$= 1740.68\,[V]$$

TIP Y결선 특성 : 제3고조파 기전력은 동상으로 상에만 존재하고 선간에는 나타나지 않음

$$\therefore \dfrac{V_p}{V_\ell} = \dfrac{1122.5}{1740.68} \times 100\,[\%]$$
$$= 약\ 65\,[\%]$$

19 저항 3개를 Y로 접속하고 이것을 선간 전압 200 [V]의 평형 3상 교류 전원에 연결할 때 선전류가 20 [A] 흘렀다. 이 3개의 저항을 △로 접속하고 동일전원에 연결하였을 때의 선전류는 몇 [A]인가?

① 30　　　② 40
③ 50　　　④ 60

해설 | 선전류 I_ℓ 계산

- 등가 회로

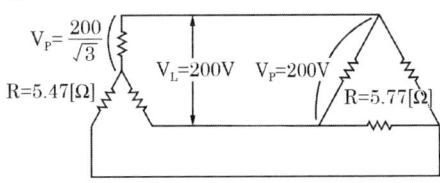

- Y 결선 저항 $R = \dfrac{V_p}{I_p} = \dfrac{\frac{200}{\sqrt{3}}}{20}$
  $= 5.77\,[\Omega]$

- △ 결선 상전류 $I_p = \dfrac{V_p}{R} = \dfrac{200}{5.77}$
  $= 34.6\,[A]$

$\therefore I_\ell = \sqrt{3}\, I_p = 34.6 \times \sqrt{3} = 60\,[A]$

20 △결선된 저항 부하를 Y결선으로 바꾸면 소비 전력은? (단, 저항과 선간 전압은 일정하다)

① 3배로 된다.　　② 9배로 된다.
③ 1/9배로 된다.　④ 1/3배로 된다.

해설 | △ ⇒ Y결선할 때, P의 크기

- △결선 전력 $P_\triangle$ 계산

$$P_\triangle = 3I^2 R = 3 \times \left(\dfrac{V}{R}\right)^2 \times R$$
$$= 3 \times \dfrac{V^2}{R}$$

- Y 결선 전력 P_Y 계산

$$P_Y = 3 \times \dfrac{V_p}{R} = 3 \times \dfrac{\left(\frac{V}{\sqrt{3}}\right)^2}{R} = \dfrac{V}{R}$$

TIP Y결선 특성

$$V_p = \dfrac{1}{\sqrt{3}}\, V_\ell$$

- △ → Y 변환 시 소비전력 관계식

$$\dfrac{P_Y}{P_\triangle} = \dfrac{\frac{V^2}{R}}{\frac{3V^2}{R}} = \dfrac{1}{3}$$

$\therefore P_Y = \dfrac{1}{3} P_\triangle$

정답 19 ④　20 ④

2019년 1회

전기산업기사 / 회로이론

1. 비정현파의 성분을 가장 옳게 나타낸 것은?

① 직류분 + 고조파
② 교류분 + 고조파
③ 교류분 + 기본파 + 고조파
④ 직류분 + 기본파 + 고조파

해설 | 푸리에 급수

- 주파수와 진폭이 다른 비정현파들을 정현항과 여현항의 합으로 표현
- 계산식
$$f(t) = a_0 + \sum_{n=1}^{\infty} a_n \cos n\omega t + \sum_{n=1}^{\infty} b_n \sin n\omega t$$
- 비정현파의 성분인 직류분, 기본파, 고조파로 표현

2. 다음과 같은 전류의 초깃값 $I(0^+)$를 구하면?

$$I(s) = \frac{12(s+8)}{4s(s+6)}$$

① 1　　② 2
③ 3　　④ 4

해설 | 초깃값 정리

$$\lim_{t \to 0} f(t) = \lim_{s \to \infty} sF(s)$$
$$= \lim_{s \to \infty} s \times \frac{12(s+8)}{4s(s+6)}$$
$$= \lim_{s \to \infty} \times \frac{12(s+8)}{4(s+6)} = 3$$

3. 대칭 n상 환상결선에서 선전류와 상전류 사이의 위상차는 어떻게 되는가?

① $2\left(1 - \frac{2}{n}\right)$　　② $\frac{n}{2}\left(1 - \frac{\pi}{2}\right)$
③ $\frac{\pi}{2}\left(1 - \frac{n}{2}\right)$　　④ $\frac{\pi}{2}\left(1 - \frac{2}{n}\right)$

해설 | 대칭 n상 선 및 상전류 위상 관계

$$\frac{\pi}{2}\left(1 - \frac{2}{n}\right)$$

4. V_a, V_b, V_c를 3상 불평형 전압이라 하면 정상(正相)전압(V)은?

(단, $a = -\frac{1}{2} + j\frac{\sqrt{3}}{2}$ 이다)

① $3(V_a + V_b + V_c)$
② $\frac{1}{3}(V_a + V_b + V_c)$
③ $\frac{1}{3}(V_a + a^2 V_b + a V_c)$
④ $\frac{1}{3}(V_a + a V_b + a^2 V_c)$

해설 | 대칭좌표법

영상 전압 V_0	$\frac{1}{3}(V_a + V_b + V_c)$
정상 전압 V_1	$\frac{1}{3}(V_a + a V_b + a^2 V_c)$
역상 전압 V_2	$\frac{1}{3}(V_a + a^2 V_b + a V_c)$

정답 01 ④　02 ③　03 ④　04 ④

05 그림에서 4단자 회로 정수 A, B, C, D 중 출력 단자 3, 4가 개방되었을 때의 $\dfrac{V_1}{V_2}$ 인 A 의 값은?

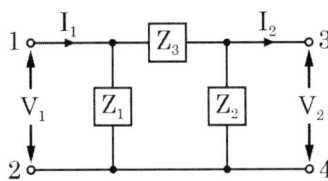

① $1+\dfrac{Z_2}{Z_1}$ ② $1+\dfrac{Z_3}{Z_2}$

③ $1+\dfrac{Z_2}{Z_3}$ ④ $\dfrac{Z_1+Z_2+Z_3}{Z_1 Z_3}$

해설 | π형 회로 4단자 정수 A값 계산

$$\begin{bmatrix} A & B \\ C & D \end{bmatrix} = \begin{bmatrix} 1 & 0 \\ \dfrac{1}{Z_1} & 1 \end{bmatrix} \begin{bmatrix} 1 & Z_3 \\ 0 & 1 \end{bmatrix} \begin{bmatrix} 1 & 0 \\ \dfrac{1}{Z_2} & 1 \end{bmatrix}$$

$$= \begin{bmatrix} 1 & Z_3 \\ \dfrac{1}{Z_1} & 1+\dfrac{Z_3}{Z_1} \end{bmatrix} \begin{bmatrix} 1 & 0 \\ \dfrac{1}{Z_2} & 1 \end{bmatrix}$$

$$= \begin{bmatrix} 1+\dfrac{Z_3}{Z_2} & Z_3 \\ \dfrac{1}{Z_1}+\dfrac{1}{Z_2}+\dfrac{Z_3}{Z_1 Z_2} & 1+\dfrac{Z_3}{Z_1} \end{bmatrix}$$

$\therefore A = 1+\dfrac{Z_3}{Z_2}$

06 R = 1 [kΩ], C = 1 [μF]가 직렬접속된 회로에 스텝(구형파) 전압 10 [V]를 인가하는 순간에 커패시터 C에 걸리는 최대 전압은 몇 [V]인가?

① 0   ② 3.72
③ 6.32   ④ 10

해설 | 커패시터 C 특성

• $E_C = E\left(1-e^{-\frac{1}{RC}t}\right)$

전압을 인가하는 순간 $t=0$ 이므로
$E_C = E(1-e^{-0}) = 0$

TIP C는 전압이 급격히 변화할 수 없음

07 저항 $R=6\,[\Omega]$과 유도 리액턴스 $X_L=8\,[\Omega]$이 직렬로 접속된 회로에서 $v=200\sqrt{2}\sin\omega t\,[V]$인 전압을 인가하였다. 이 회로의 소비되는 전력은 몇 [kW]인가?

① 1.2   ② 2.2
③ 2.4   ④ 3.2

해설 | 소비전력 P 계산

• 전류 I 계산

$$I = \dfrac{V}{Z} = \dfrac{V}{\sqrt{R^2+X^2}}$$

$$= \dfrac{\dfrac{200\sqrt{2}}{\sqrt{2}}}{\sqrt{6^2+8^2}} = 20\,[A]$$

• 소비전력 P 계산

$P = I^2 R = 20^2 \times 6 = 2400\,[W]$

$\therefore 2.4\,[kW]$

정답 05 ② 06 ① 07 ③

08 어느 소자에 전압 e = 125sin377t [V]를 가했을 때 전류 i = 50cos377t [A]가 흘렀다. 이 회로의 소자는 어떤 종류인가?

① 순저항
② 용량 리액턴스
③ 유도 리액턴스
④ 저항과 유도 리액턴스

해설 | 회로 소자의 종류

- $\cos$항 → $\sin$항 변환

  $i = 50\cos 377t = 50\sin\left(377t + \dfrac{\pi}{2}\right) [A]$

  ∴ 용량성 리액턴스 X_C
  전압보다 위상이 90° 빠른 전류가 흐름

09 기전력 3 [V], 내부저항 0.5 [Ω]의 전지 9개가 있다. 이것을 3개씩 직렬로 하여 3조 병렬 접속한 것에 부하저항 1.5 [Ω]을 접속하면 부하 전류(A)는?

① 2.5   ② 3.5
③ 4.5   ④ 5.5

해설 | 저항 1.5 [Ω] 접속 시 부하 전류 I 계산

- 전지 3개 합성저항 R

  $R = 0.5 \times 3 = 1.5 [\Omega]$

- 3조 병렬저항 R_3

  $R_3 = \dfrac{0.5 \times 3}{3} = 0.5 [\Omega]$

- 부하저항 포함 합성저항 R_T

  $R_T = 0.5 + 1.5 = 2 [\Omega]$

  ∴ 부하 전류 I 계산

  $I = \dfrac{V}{R_T} = \dfrac{9}{2} = 4.5 [A]$

10 $\dfrac{E_0(s)}{E_i(s)} = \dfrac{1}{s^2 + 3s + 1}$의 전달함수를 미분방정식으로 표시하면?

(단, $\mathcal{L}^{-1}[E_0(s)] = e_0(t)$,
$\mathcal{L}^{-1}[E_i(s)] = e_i(t)$ 이다)

① $\dfrac{d^2}{dt^2}e_i(t) + 3\dfrac{d}{dt}e_i(t) + e_i(t) = e_0(t)$

② $\dfrac{d^2}{dt^2}e_0(t) + 3\dfrac{d}{dt}e_0(t) + e_0(t) = e_i(t)$

③ $\dfrac{d^2}{dt^2}e_i(t) + 3\dfrac{d}{dt}e_i(t) + \int e_i(t) = e_0(t)$

④ $\dfrac{d^2}{dt^2}e_0(t) + 3\dfrac{d}{dt}e_0(t) + \int e_0(t) = e_i(t)$

해설 | 전달함수를 미분방정식으로 표현

- 전달함수 정리

  $\dfrac{E_0(s)}{E_i(s)} = \dfrac{1}{s^2 + 3s + 1}$

  $E_0(s)(s^2 + 3s + 1) = E_i(s)$

  $s^2 \cdot E_0(s) + 3s \cdot sE_0(s) + E_0(s) = E_i(s)$

- 미분방정식 표현

  $\mathcal{L}^{-1}[s^2 \cdot E_0(s) + 3s \cdot sE_0(s) + E_0(s) = E_i(s)]$

  ∴ $\dfrac{d^2}{dt^2}e_0(t) + 3\dfrac{d}{dt}e_0(t) + e_0(t) = e_i(t)$

  $\mathcal{L}^{-1}[s] = \dfrac{d}{dt}$

  $\mathcal{L}^{-1}[E_0(s)] = e_0(t)$

  $\mathcal{L}^{-1}[E_i(s)] = e_i(t)$

11 정격 전압에서 1 [kW]의 전력을 소비하는 저항에 정격의 80 [%]의 전압을 가할 때의 전력(W)은?

① 340　　② 540
③ 640　　④ 740

해설 | 정격 80 [%]의 전압을 가할 때 전력 P 계산

- 1000[W] 전력 P 계산식

$$P = \frac{V^2}{R} = 1000[W], \ P \propto V^2$$

∴ 전압 0.8배 시 전력 $P_{0.8}$ 계산

$$P_{0.8} = \frac{(0.8V)^2}{R} = 0.64 \times \frac{V^2}{R}$$
$$= 0.64 \times 1000 = 640[W]$$

12 $e = 200\sqrt{2}\sin\omega t + 150\sqrt{2}\sin 3\omega t + 100\sqrt{2}\sin 5\omega t$ [V]인 전압을 R-L 직렬 회로에 가할 때에 제3고조파 전류의 실횻값은 몇 [A]인가?
(단, $R = 8[\Omega]$, $\omega L = 2[\Omega]$이다)

① 5　　② 8
③ 10　　④ 15

해설 | 제3고조파 실횻값 전류 I_3 계산

$$I_3 = \frac{V_3}{Z_3} = \frac{V_3}{\sqrt{R^2 + (3 \times \omega L)^2}}$$
$$= \frac{150}{\sqrt{8^2 + (3 \times 2)^2}} = 15[A]$$

13 대칭 3상 Y결선에서 선간 전압이 $200\sqrt{3}$이고 각 상의 임피던스가 $30 + j40$ [Ω]의 평형부하일 때 선전류(A)는?

① 2　　② $2\sqrt{3}$
③ 4　　④ $4\sqrt{3}$

해설 | Y결선 선전류 I_ℓ 계산

$$I_\ell = \frac{V_\ell}{Z} = \frac{200}{\sqrt{30^2 + 40^2}} = 4[A]$$

TIP Y결선 시
$$V_l = \sqrt{3}\ V_p, \ I_l = I_p$$

14 3상 회로에 △결선된 평형 순저항 부하를 사용하는 경우 선간 전압 220 [V], 상전류가 7.33 [A]라면 1상의 부하저항은 약 몇 [Ω]인가?

① 80　　② 60
③ 45　　④ 30

해설 | △ 결선 부하저항 Z 계산

$$Z = \frac{V_p}{I_p} = \frac{220}{7.33} = 30[\Omega]$$

TIP △결선 시
$$I_l = \sqrt{3}\ I_p, \ V_l = V_p$$

정답　11 ③　12 ④　13 ③　14 ④

15 두 대의 전력계를 사용하여 3상 평형 부하의 역률을 측정하려고 한다. 전력계의 지시가 각각 P_1 [W], P_2 [W]라고 할 때 이 회로의 역률은?

① $\dfrac{\sqrt{P_1+P_2}}{P_1+P_2}$

② $\dfrac{P_1+P_2}{P_1^2+P_2^2-2P_1P_2}$

③ $\dfrac{2(P_1+P_2)}{\sqrt{P_1^2+P_2^2-P_1P_2}}$

④ $\dfrac{P_1+P_2}{2\sqrt{P_1^2+P_2^2-P_1P_2}}$

해설 | 2전력계법 정리

피상전력	$P_a = 2\sqrt{P_1^2+P_2^2-P_1P_2}$ [VA]
유효전력	$P = P_1+P_2$ [W]
무효전력	$P_r = \sqrt{3}(P_1-P_2)$ [Var]
역률	$\cos\theta = \dfrac{P_1+P_2}{2\sqrt{P_1^2+P_2^2-P_1P_2}}$

16 t = 0에서 스위치 S를 닫았을 때 정상 전류값(A)은?

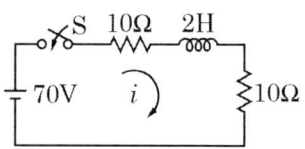

① 1 ② 2.5
③ 3.5 ④ 7

해설 | R-L 직렬 과도현상 i 값 계산

$i = \dfrac{E}{R}\left(1-e^{-\frac{R}{L}t}\right) = \dfrac{70}{20}\left(1-e^{-\frac{20}{2}\times\infty}\right)$
$= 3.5 [A]$

17 L형 4단자 회로망에서 4단자 정수가 $B=\dfrac{5}{3}$, $C=1$이고, 영상 임피던스 $Z_{01}=\dfrac{20}{3}$ [Ω]일 때 영상 임피던스 Z_{02} [Ω]의 값은?

① 4 ② 1/4
③ 100/9 ④ 9/100

해설 | 영상 임피던스 Z_{02} 계산

$Z_{01} \times Z_{02} = \sqrt{\dfrac{AB}{CD}} \times \sqrt{\dfrac{BD}{AC}} = \dfrac{B}{C}$

$\therefore Z_{02} = \dfrac{B}{C \times Z_{01}} = \dfrac{\frac{5}{3}}{1 \times \frac{20}{3}} = \dfrac{1}{4}$ [Ω]

18 다음과 같은 회로에서 a, b 양단의 전압은 몇 [V]인가?

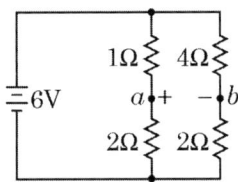

① 1
② 2
③ 2.5
④ 3.5

해설 | V_{ab} 계산

- $V_a = \dfrac{2}{1+2} \times 6 = 4\,[V]$
- $V_b = \dfrac{2}{4+2} \times 6 = 2\,[V]$
- $\therefore V_{ab} = V_a - V_b = 4 - 2 = 2\,[V]$

19 저항 $R_1\,[\Omega]$, $R_2\,[\Omega]$ 및 인덕턴스 $L\,[H]$이 직렬로 연결되어 있는 회로의 시정수(s)는?

① $\dfrac{R_1 + R_2}{L}$
② $\dfrac{L}{R_1 + R_2}$
③ $-\dfrac{R_1 + R_2}{L}$
④ $-\dfrac{L}{R_1 + R_2}$

해설 | 시정수 τ

$\tau = \dfrac{L}{R} = \dfrac{L}{R_1 + R_2}$

20 $F(s) = \dfrac{s}{s^2 + \pi^2} \cdot e^{-2s}$ 함수를 시간추이 정리에 의해서 역변환하면?

① $\sin\pi(t+a) \cdot u(t+a)$
② $\sin\pi(t-2) \cdot u(t-2)$
③ $\cos\pi(t+a) \cdot u(t+a)$
④ $\cos\pi(t-2) \cdot u(t-2)$

해설 | 라플라스 역변환

$\mathcal{L}^{-1}\left[\dfrac{s}{s^2+\pi^2} \cdot e^{-2s}\right] = \cos\pi(t-2)$

$\therefore \cos\pi(t-2) \cdot u(t-2)$

TIP 크기가 1인 단위함수 '$\cdot u(t-2)$'를 써놓은 것

2019년 2회

전기산업기사 회로이론

01 f(t) = e⁻ᵗ + 3t² + 3cos2t + 5의 라플라스 변환식은?

① $\dfrac{1}{s+1}+\dfrac{6}{s^2}+\dfrac{3s}{s^2+5}+\dfrac{5}{s}$

② $\dfrac{1}{s+1}+\dfrac{6}{s^3}+\dfrac{3s}{s^2+4}+\dfrac{5}{s}$

③ $\dfrac{1}{s+1}+\dfrac{5}{s^2}+\dfrac{3s}{s^2+5}+\dfrac{4}{s}$

④ $\dfrac{1}{s+1}+\dfrac{5}{s^3}+\dfrac{2s}{s^2+4}+\dfrac{4}{s}$

해설 | 라플라스 변환

$\mathcal{L}\left[e^{-t}+3t^2+3\cos 2t+5\right]$

$\therefore \dfrac{1}{s+1}+\dfrac{6}{s^3}+\dfrac{3s}{s^2+4}+\dfrac{5}{s}$

02 그림의 회로에서 전류 I는 약 몇 [A]인가? (단, 저항의 단위는 [Ω]이다)

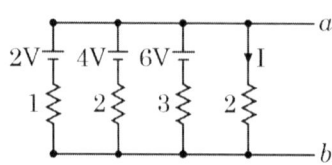

① 1.125
② 1.29
③ 6
④ 7

해설 | 밀만의 정리

- 밀만의 정리 V_{ab} 계산

$V_{ab} = \dfrac{\dfrac{2}{1}+\dfrac{4}{2}+\dfrac{6}{3}}{\dfrac{1}{1}+\dfrac{1}{2}+\dfrac{1}{3}+\dfrac{1}{2}} = 2.57\,[V]$

∴ 전류 I 계산

$I = \dfrac{2.57}{2} = 1.29\,[A]$

03 구형파의 파형률(㉠)과 파고율(㉡)은?

① ㉠ 1   ㉡ 0
② ㉠ 1.11   ㉡ 1.414
③ ㉠ 1   ㉡ 1
④ ㉠ 1.57   ㉡ 2

해설 | 파형별 값 정리표

파형	실횻값	평균값	파형률	파고율
정현파	$\dfrac{1}{\sqrt{2}}I_m$	$\dfrac{2}{\pi}I_m$	1.11	1.414
반파 정현파	$\dfrac{1}{2}I_m$	$\dfrac{1}{\pi}I_m$	1.57	2
구형파	I_m	I_m	1	1
반파 구형파	$\dfrac{1}{\sqrt{2}}I_m$	$\dfrac{1}{2}I_m$	1.41	1.41
삼각파	$\dfrac{1}{\sqrt{3}}I_m$	$\dfrac{1}{2}I_m$	1.15	1.73

정답 01 ② 02 ② 03 ③

04 a-b 단자의 전압이 50∠0° [V], a-b 단자에서 본 능동 회로망 (N)의 임피던스가 Z = 6 + j8 [Ω]일 때, a-b 단자에 임피던스 Z′ = 2 - j2 [Ω]를 접속하면 이 임피던스에 흐르는 전류(A)는?

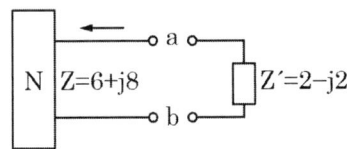

① 3 - j4
② 3 + j4
③ 4 - j3
④ 4 + j3

해설 | 전류 | 계산

$$I = \frac{V}{Z+Z'} = \frac{50}{6+j8+2-j2}$$
$$= \frac{50}{8+j6} = \frac{50(8-j6)}{(8+j6)(8-j6)}$$
$$= 4 - j3 \, [A]$$

---

05 3상 평형 회로에서 선간 전압이 200 [V]이고 각 상의 임피던스가 24 + j7 [Ω]인 Y결선 3상 부하의 유효전력은 약 몇 [W]인가?

① 192
② 512
③ 1536
④ 4608

해설 | 3상 부하 유효전력 P 계산

- Y 결선 상전류 I_p 계산

$$I_p = \frac{V_p}{Z_p} = \frac{\frac{V_l}{\sqrt{3}}}{Z_p}$$

$$= \frac{\frac{200}{\sqrt{3}}}{\sqrt{24^2+7^2}} = \frac{200}{25\sqrt{3}} \, [A]$$

- Y 결선 3상 부하 유효전력 P 계산

$$P = 3I_p^2 R = 3 \times \left(\frac{200}{25\sqrt{3}}\right)^2 \times 24$$
$$= 1536 \, [W]$$

TIP Y 결선 시
$V_l = \sqrt{3} \, V_p, \; I_l = I_p$

---

06 $Z(s) = \dfrac{2s+3}{s}$ 로 표시되는 2단자 회로망은?

① ──[2[Ω]]──┤├──[1/3[F]]──
② ──[2[H]]──[3[Ω]]──
③ ──[2[Ω]]──[3[H]]──
④ ──┤├──[3[F]]──[2[Ω]]──

해설 | 2단자 회로망 정리

$$Z(s) = \frac{2s+3}{s} = 2 + \frac{1}{\frac{1}{3}s}$$

∴ 2 [Ω]과 $\frac{1}{3}$ [F] 직렬연결 회로망

07 $F(s) = \dfrac{2}{(s+1)(s+3)}$ 의 역라플라스 변환은?

① $e^{-t} - e^{-3t}$ ② $e^{-t} - e^{3t}$
③ $e^{t} - e^{3t}$ ④ $e^{t} - e^{-3t}$

해설 | 라플라스 역변환
- 부분분수 전개 및 A, B 계산

$$f(t) = \mathcal{L}^{-1}\left[\dfrac{2}{(s+1)(s+3)}\right]$$
$$= \dfrac{A}{s+1} + \dfrac{B}{s+3}$$
$$A = 1, B = -1$$
$$\therefore \mathcal{L}^{-1}\left[\dfrac{1}{s+1} - \dfrac{1}{s+3}\right] = e^{-t} - e^{-3t}$$

08 그림과 같은 회로의 영상 임피던스 Z_{01}, Z_{02} [Ω]는 각각 얼마인가?

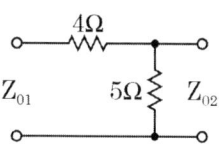

① 9, 5 ② 6, 10/3
③ 4, 5 ④ 4, 20/9

해설 | 영상 임피던스 Z_{01}, Z_{02} 계산
- L형 회로 4단자 정수 계산

$$\begin{pmatrix} A & B \\ C & D \end{pmatrix} = \begin{pmatrix} 1 & 4 \\ 0 & 1 \end{pmatrix}\begin{pmatrix} 1 & 0 \\ \frac{1}{5} & 1 \end{pmatrix} = \begin{pmatrix} 1+\frac{4}{5} & 4 \\ \frac{1}{5} & 1 \end{pmatrix}$$

- 영상 임피던스 Z_{01}, Z_{02} 계산

$$Z_{01} = \sqrt{\dfrac{AB}{CD}} = \sqrt{\dfrac{\frac{9}{5} \times 4}{\frac{9}{5} \times 1}} = 6\,[\Omega]$$

$$Z_{02} = \sqrt{\dfrac{BD}{AC}} = \sqrt{\dfrac{1 \times 4}{\frac{9}{5} \times \frac{1}{5}}} = \dfrac{10}{3}\,[\Omega]$$

$$\therefore Z_{01} = 6\,[\Omega],\ Z_{02} = \dfrac{10}{3}\,[\Omega]$$

09 $e_1 = 6\sqrt{2}\sin\omega t\,[V]$,
$e_2 = 4\sqrt{2}\sin(\omega t - 60°)\,[V]$일 때,
$e_1 - e_2$의 실횻값은?

① 4 ② $2\sqrt{2}$
③ $2\sqrt{7}$ ④ $2\sqrt{13}$

해설 | 정현파 교류의 복소수법
- e_1, e_2 실횻값

$$e_1 = 6(\cos 0° + j\sin 0°) = 6$$
$$e_2 = 4\{\cos(-60°) + j\sin(-60°)\}$$
$$= 4(\cos 60° - j\sin 60°)$$
$$= 2 - j2\sqrt{3}$$

- $e_1 - e_2 = 6 - (2 - j2\sqrt{3}) = 4 + j2\sqrt{3}$

$$\therefore \sqrt{4^2 + (-2\sqrt{3})^2} = 2\sqrt{7}$$

TIP 계산기 이용 $e_2 = 4\angle -60° = 2 - j2\sqrt{3}$

10 기본파의 60 [%]인 제3고조파와 80 [%]인 제5고조파를 포함하는 전압의 왜형률은?

① 0.3　　② 1
③ 5　　　④ 10

해설 | 왜형률

왜형률 = 각 고조파 실횻값 / 기본파 실횻값

$$= \frac{\sqrt{(0.6V_1)^2 + (0.8V_1)^2}}{V_1}$$

$$= \sqrt{0.6^2 + 0.8^2} = 1$$

11 인덕턴스가 각각 5 [H], 3 [H]인 두 코일을 모두 dot 방향으로 전류가 흐르게 직렬로 연결하고 인덕턴스를 측정하였더니 15 [H]이었다. 두 코일 간의 상호 인덕턴스(H)는?

① 3.5　　② 4.5
③ 7　　　④ 9

해설 | 상호 인덕턴스 M [H] 계산

- 인덕턴스 가동결합

$L = L_1 + L_2 + 2M \rightarrow 15 = 5 + 3 + 2M$

$\therefore M = \frac{L - L_1 - L_2}{2} = \frac{15 - 5 - 3}{2} = 3.5$

12 1상의 직렬 임피던스가 R = 6 [Ω], X_L = 8 [Ω]인 △결선의 평형부하가 있다. 여기에 선간 전압 100 [V]인 대칭 3상 교류 전압을 가하면 선전류는 몇 [A]인가?

① $3\sqrt{3}$　　② $\frac{10\sqrt{3}}{3}$
③ 10　　　　④ $10\sqrt{3}$

해설 | △결선 선전류 I_ℓ 계산

$$I_p = \frac{V_p}{Z} = \frac{V_\ell}{\sqrt{R^2 + X^2}}$$

$$= \frac{100}{\sqrt{6^2 + 8^2}} = 10\,[A]$$

$\therefore I_\ell = \sqrt{3}\,I_p = 10\sqrt{3}\,[A]$

TIP △결선 시

$V_\ell = V_p, \quad I_\ell = \sqrt{3}\,I_p$

13 R-L 직렬 회로에서 시정수의 값이 클수록 과도현상은 어떻게 되는가?

① 없어진다.　　② 짧아진다.
③ 길어진다.　　④ 변화가 없다.

해설 | R-L 직렬 회로 시정수 τ

시정수가 커질수록 과도현상은 길어짐

14 대칭 6상 전원이 있다. 환상결선으로 각 전원이 150 [A]의 전류를 흘린다고 하면 선전류는 몇 [A]인가?

① 50   ② 75
③ $150\sqrt{3}$ ④ 150

해설 | n상 선전류 I_ℓ 계산

$$I_\ell = 2I_p \sin\frac{\pi}{2} = 2 \times 150 \times \sin\frac{\pi}{6} = 150\,[A]$$

15 R–L–C 직렬 회로에서 R = 100 [Ω], L =5 [mH], C = 2 [μF]일 때 이 회로는?

① 과제동이다.   ② 무제동이다.
③ 임계제동이다.   ④ 부족제동이다.

해설 | 응답 특성

$$R^2 - 4\frac{L}{C} = 100^2 - 4 \times \frac{5 \times 10^{-3}}{2 \times 10^{-6}} = 0$$

∴ $R^2 = 4\dfrac{L}{C}$, 임계제동

특성	조건
과제동(비진동)	$R^2 > \dfrac{4L}{C}$
부족제동(진동)	$R^2 < \dfrac{4L}{C}$
임계제동(임계진동)	$R^2 = \dfrac{4L}{C}$

16 $i = 20\sqrt{2}\sin\left(377t - \dfrac{\pi}{6}\right)$ [A]의 주파수는 약 몇 [Hz]인가?

① 50   ② 60
③ 70   ④ 80

해설 | 주파수 f 계산
- 전류 순싯값 표현

$$i = I_m \sin(\omega t + \theta)\,[V] = 20\sqrt{2}\sin\left(377t - \frac{\pi}{6}\right)$$

- $\omega t = 377t$, $\omega = 2\pi f = 377$

∴ 주파수 f 계산

$$f = \frac{377}{2\pi} = 60\,[Hz]$$

17 그림과 같은 회로의 전압 전달함수 G(s)는?

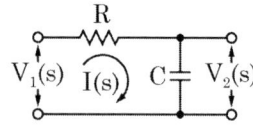

① $\dfrac{RC}{s + \dfrac{1}{RC}}$ ② $\dfrac{RC}{s + RC}$

③ $\dfrac{RC}{RCs + 1}$ ④ $\dfrac{1}{RCs + 1}$

해설 | 전압비의 전달함수

$$G(s) = \frac{V_2(s)}{V_1(s)}$$

$$= \frac{\dfrac{1}{Cs}}{R + \dfrac{1}{Cs}} = \frac{\dfrac{1}{Cs}}{\dfrac{RCs+1}{Cs}}$$

$$= \frac{1}{RCs+1}$$

정답 14 ④ 15 ③ 16 ② 17 ④

18 평형 3상 부하에 전력을 공급할 때 선전류가 20 [A]이고 부하의 소비전력이 4 [kW]이다. 이 부하의 등가 Y회로에 대한 각 상의 저항은 약 몇 [Ω]인가?

① 3.3
② 5.7
③ 7.2
④ 10

해설 | 등가 Y회로 각 상의 저항 R 계산

- $P = 3I_p^2 R$
- $R = \dfrac{P}{3I_p^2}$

$$= \dfrac{4 \times 10^3}{3 \times 20^2} = \dfrac{10}{3} = 3.33\,[\Omega]$$

TIP Y결선 특성

$$I_l = I_p$$

19 $f(t) = e^{at}$의 라플라스 변환은?

① $\dfrac{1}{s-a}$
② $\dfrac{1}{s+a}$
③ $\dfrac{1}{s^2-a^2}$
④ $\dfrac{1}{s^2+a^2}$

해설 | 라플라스 변환

$$\mathcal{L}[e^{at}] = \dfrac{1}{s-a}$$

20 그림과 같은 평형 3상 Y결선에서 각 상이 8 [Ω]의 저항과 6 [Ω]의 리액턴스가 직렬로 연결된 부하에 선간 전압 $100\sqrt{3}\,[\text{V}]$가 공급되었다. 이때 선전류는 몇 [A]인가?

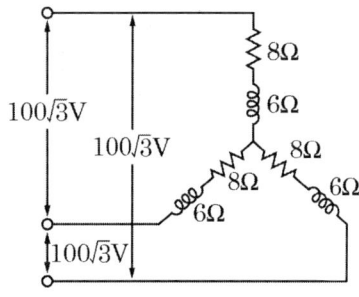

① 5
② 10
③ 15
④ 20

해설 | 평형 3상 Y결선

- $V_\ell = \sqrt{3}\,V_p, \quad V_p = 100\,[\text{V}]$
- $Z = \sqrt{8^2 + 6^2} = 10\,[\Omega]$

$$\therefore I_\ell = I_p = \dfrac{V_p}{Z} = \dfrac{100}{10} = 10\,[\text{A}]$$

2019년 3회

01 전달함수 출력(응답)식 C(s) = G(s)R(s)에서 입력함수 R(s)를 단위 임펄스 δ(t)로 인가할 때 이 계의 출력은?

① $C(s) = G(s)\delta(s)$
② $C(s) = \dfrac{G(s)}{\delta(s)}$
③ $C(s) = \dfrac{G(s)}{s}$
④ $C(s) = G(s)$

해설 | 전달함수의 출력

$\mathcal{L}[\delta(t)] = 1 = R(s) = \dfrac{C(s)}{G(s)} = 1$

∴ $C(s) = G(s)$

02 단자 a와 b 사이에 전압 30 [V]를 가했을 때 전류 I 가 3 [A] 흘렀다고 한다. 저항 r [Ω]은 얼마인가?

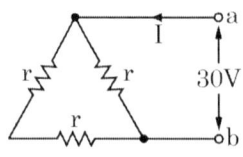

① 5 ② 10
③ 15 ④ 20

해설 | 저항의 접속

• 등가변환 회로

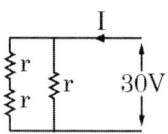

∴ 저항 r 계산

합성저항 $R = \dfrac{r \times 2r}{r + 2r} = \dfrac{2}{3}r$

$V = IR = 3 \times \dfrac{2}{3}r = 2r = 30\,[V]$

$r = \dfrac{30}{2} = 15\,[\Omega]$

03 3상 불평형 전압에서 불평형률은?

① $\dfrac{\text{영상 전압}}{\text{정상 전압}} \times 100\,[\%]$
② $\dfrac{\text{역상 전압}}{\text{정상 전압}} \times 100\,[\%]$
③ $\dfrac{\text{정상 전압}}{\text{역상 전압}} \times 100\,[\%]$
④ $\dfrac{\text{정상 전압}}{\text{영상 전압}} \times 100\,[\%]$

해설 | 불평형률

불평형률 = $\dfrac{\text{역상 전압}}{\text{정상 전압}} \times 100\,[\%]$

정답 01 ④ 02 ③ 03 ②

04 전압과 전류가 각각

$v = 141.4 \sin(377t + \frac{\pi}{3})$ [V],

$i = \sqrt{8} \sin(377t + \frac{\pi}{6})$ [A]인 회로의 소비(유효)전력은 약 몇 [W]인가?

① 100
② 173
③ 200
④ 344

해설 | 소비전력 P 계산

$P = \frac{V_m}{\sqrt{2}} \times \frac{I_m}{\sqrt{2}} \times \cos\theta$

$= \frac{141.4 \times \sqrt{8}}{2} \times \cos\left(\frac{\pi}{3} - \frac{\pi}{6}\right)$

$= 173 [W]$

05 다음과 같은 4단자 회로에서 영상 임피던스는 몇 [Ω]인가?

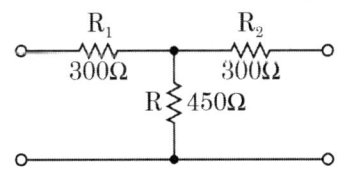

① 200
② 300
③ 450
④ 600

해설 | 4단자 회로에서의 영상 임피던스 계산

• T형 4단자 회로 계산

$\begin{bmatrix} A & B \\ C & D \end{bmatrix} = \begin{bmatrix} 1 & 300 \\ 0 & 1 \end{bmatrix} \begin{bmatrix} 1 & 0 \\ \frac{1}{450} & 1 \end{bmatrix} \begin{bmatrix} 1 & 300 \\ 0 & 1 \end{bmatrix}$

$= \begin{bmatrix} \frac{5}{3} & 800 \\ \frac{1}{450} & \frac{5}{3} \end{bmatrix}$

• 영상 임피던스 Z_{01} 계산

$Z_{01} = Z_{02} = \sqrt{\frac{B}{C}}$

$\therefore Z_{01} = \sqrt{\frac{B}{C}} = \sqrt{\frac{800}{1/450}} = 600 [\Omega]$

TIP 대칭 회로망(A = D)일 경우

$Z_{01} = Z_{02} = \sqrt{\frac{B}{C}}$

06 저항 1 [Ω]과 인덕턴스 1 [H]를 직렬로 연결한 후 60 [Hz], 100 [V]의 전압을 인가할 때 흐르는 전류의 위상은 전압의 위상보다 어떻게 되는가?

① 뒤지지만 90° 이하이다.
② 90° 늦다.
③ 앞서지만 90° 이하이다.
④ 90° 빠르다.

해설 | R-L 직렬 회로일 때, 전압과 전류의 위상

• R-L 직렬 회로

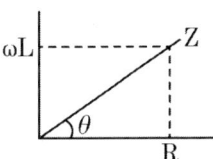

$i(t) = \frac{E_m}{Z} \sin(\omega t - \theta)$

∴ 뒤지지만 90° 이하이다.

07
어떤 정현파 교류 전압의 실횻값이 314 [V]일 때 평균값은 약 몇 [V]인가?

① 142　　② 283
③ 365　　④ 382

해설 | 정현파 교류 평균값 V_{av} 계산

- 정현파 교류 전압 실횻값 V 계산

$$V = \frac{V_m}{\sqrt{2}} = 314, \ V_m = 314\sqrt{2}$$

∴ 정현파 교류 전압 평균값 V_{av} 계산

$$V_{av} = \frac{2V_m}{\pi} = \frac{2 \times 314\sqrt{2}}{\pi} \fallingdotseq 283\,[V]$$

08
평형 3상 저항 부하가 3상 4선식 회로에 접속되어 있을 때 단상 전력계를 그림과 같이 접속하였더니 그 지시값이 W [W]이었다. 이 부하의 3상 전력(W)은?

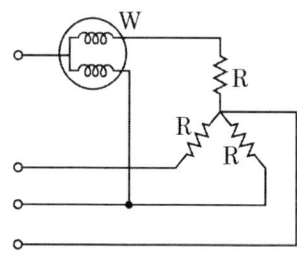

① $\sqrt{2}\,W$　　② $2W$
③ $\sqrt{3}\,W$　　④ $3W$

해설 | 1전력계법 특성(중성선 미접속 시)

- 순저항 = 무유도 저항　• $P_a = P, \ P_r = 0$
- $P = 2W = \sqrt{3}\,VI$　• 역률 $\cos\theta = 1$

09
그림과 같은 R-C 직렬 회로에 t = 0에서 스위치 S를 닫아 직류 전압 100 [V]를 회로의 양단에 인가하면 시간 t에서의 충전전하는? (단, R = 10 [Ω], C = 0.1 [F]이다)

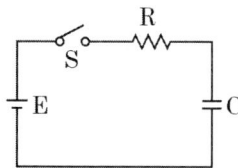

① $10(1-e^{-t})$　　② $-10(1-e^{-t})$
③ $10e^{-t}$　　④ $-10e^{-t}$

해설 | 충전전하 q 계산

$$q = CE\left(1 - e^{-\frac{1}{RC}t}\right)$$
$$= 0.1 \times 100\left(1 - e^{-\frac{1}{0.1 \times 10}t}\right)$$
$$= 10(1 - e^{-t})\,[C]$$

10
다음 두 회로의 4단자 정수 A, B, C, D가 동일할 조건은?

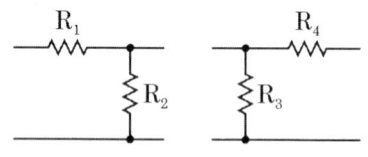

① $R_1 = R_2, R_3 = R_4$
② $R_1 = R_3, R_2 = R_4$
③ $R_1 = R_4, R_2 = R_3 = 0$
④ $R_2 = R_3, R_1 = R_4 = 0$

해설 | 4단자 정수가 동일할 조건

- 왼쪽 회로

$$\begin{bmatrix} A & B \\ C & D \end{bmatrix} = \begin{bmatrix} 1 & R_1 \\ 0 & 1 \end{bmatrix} \begin{bmatrix} 1 & 0 \\ \frac{1}{R_2} & 1 \end{bmatrix}$$

$$= \begin{bmatrix} 1 + \frac{R_1}{R_2} & R_1 \\ \frac{1}{R_2} & 1 \end{bmatrix}$$

- 오른쪽 회로

$$\begin{bmatrix} A & B \\ C & D \end{bmatrix} = \begin{bmatrix} 1 & 0 \\ \frac{1}{R_3} & 1 \end{bmatrix} \begin{bmatrix} 1 & R_4 \\ 0 & 1 \end{bmatrix}$$

$$= \begin{bmatrix} 1 & R_4 \\ \frac{1}{R_3} & 1 + \frac{R_4}{R_3} \end{bmatrix}$$

$\therefore R_2 = R_3, \ R_1 = R_4 = 0$

11 Y 결선된 대칭 3상 회로에서 전원 한 상의 전압이 $V_a = 220\sqrt{2}\sin\omega t\,[\text{V}]$일 때 선간 전압의 실횻값 크기는 약 몇 $[\text{V}]$인가?

① 220　　② 310
③ 380　　④ 540

해설 | Y결선 선간 전압의 실횻값 계산

- 실횻값 V 계산

$$V = \frac{V_m}{\sqrt{2}} = \frac{220\sqrt{2}}{\sqrt{2}} = 220\,[V]$$

보충 $V_m = 220\sqrt{2}$

- Y 결선 선간 전압 실횻값 V_l 계산

$$V_l = \sqrt{3}\,V_p = \sqrt{3} \times 220 = 380\,[V]$$

TIP Y결선 시 $V_l = \sqrt{3}\,V_p$

12 $a + a^2$의 값은?

(단, $a = e^{j\frac{2\pi}{3}} = 1\angle 120°$이다)

① 0　　② -1
③ 1　　④ a^3

해설 | $a + a^2$ 값 계산

$1 + a + a^2 = 0$

$\therefore a + a^2 = -1$

13 평형 3상 Y 결선 회로의 선간 전압이 V_l, 상전압이 V_p, 선전류가 I_l, 상전류가 I_p일 때 다음의 수식 중 틀린 것은? (단, P는 3상 부하전력을 의미한다)

① $V_l = \sqrt{3}\,V_p$
② $I_l = I_p$
③ $P = \sqrt{3}\,V_l I_l \cos\theta$
④ $P = \sqrt{3}\,V_p I_p \cos\theta$

해설 | Y 결선 특성

- $V_l = \sqrt{3}\,V_p$
- $I_l = I_p$
- $P = \sqrt{3}\,V_l I_l \cos\theta$
- $\underline{P = 3\,V_p I_p \cos\theta}$

정답 11 ③　12 ②　13 ④

14 전압이 v(t) = 10sin10t + 20sin20t [V], 전류가 i(t) = 20sin10t + 10sin20t [A]이면 소비(유효)전력(W)은?

① 400　　　② 283
③ 200　　　④ 141

해설 | 소비전력 P 계산

$$P = \frac{10}{\sqrt{2}} \times \frac{20}{\sqrt{2}} \times \cos 0°$$
$$+ \frac{20}{\sqrt{2}} \times \frac{10}{\sqrt{2}} \times \cos 0° = 200\,[W]$$

15 코일의 권수 N = 1000회이고, 코일의 저항 R = 10 [Ω]이다. 전류 I = 10 [A]를 흘릴 때 코일의 권수 1회에 대한 자속이 Φ = 3 × 10⁻² [Wb]라면 이 회로의 시정수 (s)는?

① 0.3　　　② 0.4
③ 3.0　　　④ 4.0

해설 | 시정수 τ 계산

- $L = \dfrac{\phi N}{I} = \dfrac{1000 \times 3 \times 10^{-2}}{10} = 3\,[H]$

  보충 LI = φN

∴ 시정수 τ 계산

$$\tau = \frac{L}{R} = \frac{3}{10} = 0.3\,[\text{sec}]$$

16 $\mathcal{L}[f(t)] = F(s) = \dfrac{5s+8}{5s^2+4s}$ 일 때, $f(t)$ 의 최종값 $f(\infty)$는?

① 1　　　② 2
③ 3　　　④ 4

해설 | 최종값 정리

$$\lim_{t \to \infty} f(t) = \lim_{s \to 0} sF(s)$$
$$= \lim_{s \to 0} s \times \frac{5s+8}{(5s^2+4s)}$$
$$= \lim_{s \to 0} \frac{5s+8}{5s+4}\Big|_{s=0}$$
$$= \frac{8}{4} = 2$$

17 평형 3상 부하의 결선을 Y에서 △로 하면 소비전력은 몇 배가 되는가?

① 1.5　　　② 1.73
③ 3　　　④ 3.46

해설 | Y → △ 변환 시 소비전력비

- Y 결선 시 전력 P_Y 계산

$$P_Y = 3I^2R = 3\left(\frac{\dfrac{V_l}{\sqrt{3}}}{R}\right)^2 R = \frac{V_P^2}{R}$$

  보충 $V_l = \sqrt{3}\,V_p$

- △결선 시 전력 $P_\triangle$ 계산

$$P_Y = 3I^2R = 3\left(\frac{V_\ell}{R}\right)^2 R = \frac{3V_P^2}{R}$$

  보충 $V_l = V_p$

∴ Y → △ 변환 시 소비전력비
$P_\triangle = 3P_Y$

18 정현파 교류 $i = 10\sqrt{2}\sin(\omega t + \frac{\pi}{3})$를 복소수의 극좌표 형식인 페이저(Phasor)로 나타내면?

① $10\sqrt{2} \angle \frac{\pi}{3}$ ② $10\sqrt{3} \angle -\frac{\pi}{3}$

③ $10 \angle \frac{\pi}{3}$ ④ $10 \angle -\frac{\pi}{3}$

해설 | 순싯값 ⇒ 복소수 극좌표 형식 변환

$i = 10\sqrt{2}\sin(wt + \frac{\pi}{3}) = I \angle \theta$

∴ $10 \angle \frac{\pi}{3}$

19 $V_1(s)$을 입력, $V_2(s)$를 출력이라 할 때, 다음 회로의 전달함수는? (단, C_1 = 1 [F], L_1 [H]이다)

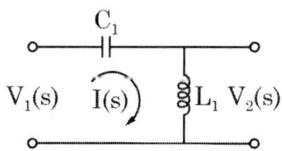

① $\frac{s}{s+1}$ ② $\frac{s^2}{s^2+1}$

③ $\frac{1}{s+1}$ ④ $1 + \frac{1}{s}$

해설 | 전달함수 G(s) 계산

$G(s) = \frac{V_2(s)}{V_1(s)} = \frac{Ls}{\frac{1}{Cs} + Ls} \times \frac{Cs}{Cs}$

$= \frac{LCs^2}{LCs^2 + 1} = \frac{1 \times 1 \times s^2}{1 \times 1 \times s^2 + 1}$

$= \frac{s^2}{s^2+1}$

20 $\frac{dx(t)}{dt} + 3x(t) = 5$의 라플라스 변환은?
(단, $x(0) = 0$, $X(s) = \mathcal{L}[x(t)]$)

① $X(s) = \frac{5}{s+3}$

② $X(s) = \frac{3}{s(s+5)}$

③ $X(s) = \frac{3}{s+5}$

④ $X(s) = \frac{5}{s(s+3)}$

해설 | 라플라스 변환 및 정리

• 라플라스 변환

$\frac{dx(t)}{dt} + 3x(t) = 5$

$\xrightarrow{\mathcal{L}} sX(s) + 3X(s) = \frac{5}{s}$

∴ $X(s)(s+3) = \frac{5}{s}$ 정리

$X(s) = \frac{5}{s(s+3)}$

2018년 1회

01 r [Ω]인 6개의 저항을 그림과 같이 접속하고 평형 3상 전압 E를 가했을 때 전류 I는 몇 [A]인가? (단, r = 3 [Ω], E = 60 [V]이다)

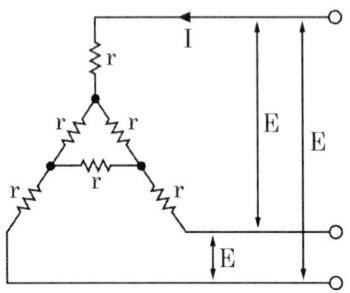

① 8.66 ② 9.56
③ 10.8 ④ 12.6

해설 | 전류 I 계산

• $Y \Rightarrow \triangle$ 등가변환 회로

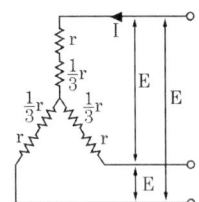

∴ 전류 I 계산

$$I = \frac{\frac{E}{\sqrt{3}}}{r + \frac{1}{3}r} = \frac{\sqrt{3}\,E}{4r}$$

$$= \frac{\sqrt{3} \times 60}{4 \times 3} = 8.66\,[A]$$

02 다음 중 정전용량의 단위 [F](패럿)와 같은 것은? (단, [C]는 쿨롱, [N]은 뉴턴, [V]는 볼트, [m]은 미터이다)

① V/C   ② N/C
③ C/m   ④ C/V

해설 | 정전용량 단위 F 계산

• $Q[C] = CV\,[F \cdot V]$

∴ $C = F \cdot V$, $F = \dfrac{C}{V}$

보충 Q : 전하량 C : 정전용량 V : 전압

03 다음과 같은 Y결선 회로와 등가인 △결선 회로의 A, B, C 값은 몇 [Ω]인가?

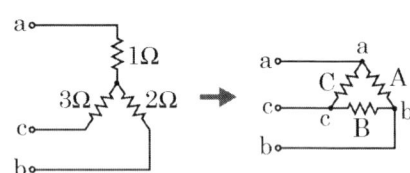

① $A = \dfrac{7}{3}$, $B = 7$, $C = \dfrac{7}{2}$

② $A = 7$, $B = \dfrac{7}{2}$, $C = \dfrac{7}{3}$

③ $A = 11$, $B = \dfrac{11}{2}$, $C = \dfrac{11}{3}$

④ $A = \dfrac{11}{3}$, $B = 11$, $C = \dfrac{11}{2}$

정답 01 ①   02 ④   03 ④

해설 | $Y \Rightarrow \triangle$ 저항의 등가변환

• $Y \Rightarrow \triangle$ 등가변환 및 저항값 계산

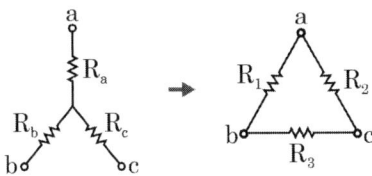

$$R_2 = \frac{R_aR_b + R_bR_c + R_cR_a}{R_b}$$
$$= \frac{1\times 2 + 2\times 3 + 3\times 1}{2} = \frac{11}{3}[\Omega]$$

$$R_3 = \frac{R_aR_b + R_bR_c + R_cR_a}{R_a}$$
$$= \frac{1\times 2 + 2\times 3 + 3\times 1}{1} = 11[\Omega]$$

$$R_1 = \frac{R_aR_b + R_bR_c + R_cR_a}{R_c}$$
$$= \frac{1\times 2 + 2\times 3 + 3\times 1}{3} = \frac{11}{2}[\Omega]$$

∴ $A = R_2 = \frac{11}{3}[\Omega]$, $B = R_3 = 11[\Omega]$,
$C = R_1 = \frac{11}{2}[\Omega]$

04 회로의 전압비 전달함수 $G(s) = \frac{V_2(s)}{V_1(s)}$는?

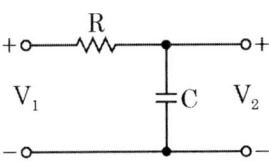

① RC
② $\frac{1}{RC}$
③ $RCs+1$
④ $\frac{1}{RCs+1}$

해설 | 전달함수 G(s) 계산

$$G(s) = \frac{V_2(s)}{V_1(s)} = \frac{\frac{1}{Cs}}{R + \frac{1}{Cs}} \times \frac{Cs}{Cs}$$

$$= \frac{1}{RCs+1}$$

05 측정하고자 하는 전압이 전압계의 최대 눈금보다 클 때에 전압계에 직렬로 저항을 접속하여 측정 범위를 넓히는 것은?

① 분류기 ② 분광기
③ 배율기 ④ 감쇠기

해설 | 배율기

전압계에 직렬로 접속 접속하여 전압계 측정 범위를 확대함

06 그림과 같이 주기가 3인 전압 파형의 실횻값은 약 몇 [V]인가?

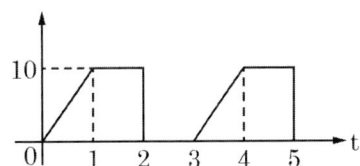

① 5.67 ② 6.67
③ 7.57 ④ 8.57

해설 | 파형의 실횻값 계산

$$V = \sqrt{\frac{1}{T}\int_0^T v^2 dt}$$
$$= \sqrt{\frac{1}{3}\int_0^1 (10t)^2 dt + \int_1^2 10^2 dt}$$
$$= \frac{20}{3} = 6.67[V]$$

정답 04 ④ 05 ③ 06 ②

07
1 [mV]의 입력을 가했을 때 100 [mV]의 출력이 나오는 4단자 회로의 이득(dB)은?

① 40
② 30
③ 20
④ 10

해설 | 4단자 회로의 이득

$$g = 20\log\frac{V_0}{V_i} = 20\log 100 = 40\,[dB]$$

TIP 이득 = 출력/입력

08
다음과 같은 회로에서 t = 0인 순간에 스위치 S를 닫았다. 이 순간에 인덕턴스 L에 걸리는 전압 (V)은? (단, L의 초기 전류는 0이다)

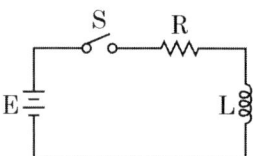

① 0
② $\dfrac{LE}{R}$
③ E
④ $\dfrac{E}{R}$

해설 | 인덕턴스 전압 E_L 계산

$$E_L = Ee^{-\frac{R}{L}t} = Ee^{-\frac{R}{L}\times 0} = E\,[V]$$

TIP R-L 직렬 과도현상 정리

S/W On : $i(t) = \dfrac{E}{R}(1 - e^{-\frac{R}{L}t})$

$E_L = Ee^{-\frac{R}{L}t}$

09
$f(t) = 3u(t) + 2e^{-t}$ 인 시간함수를 라플라스 변환한 것은?

① $\dfrac{3s}{s^2+1}$
② $\dfrac{s+3}{s(s+1)}$
③ $\dfrac{5s+3}{s(s+1)}$
④ $\dfrac{5s+1}{s^2(s+1)}$

해설 | 라플라스 변환

$$\mathcal{L}\,[3u(t) + 2e^{-t}]$$
$$\therefore \frac{3}{s} + \frac{2}{s+1} = \frac{5s+3}{s(s+1)}$$

10
비정현파 f(x)가 반파대칭 및 정현대칭일 때 옳은 식은? (단, 주기는 2π이다)

① f(-x) = f(x), f(x + π) = f(x)
② f(-x) = f(x), f(x + 2π) = f(x)
③ f(-x) = -f(x), -f(x + π) = f(x)
④ f(-x) = -f(x), f(x + 2π) = f(x)

해설 | 비정현파 대칭조건

기함수(정현대칭)	$f(-x) = -f(x)$
우함수(여현대칭)	$f(x) = f(-x)$
대칭파(반파대칭)	$-f(x+\pi) = f(x)$

정답 07 ① 08 ③ 09 ③ 10 ③

11 $F(s) = \dfrac{2(s+1)}{s^2+2s+5}$ 의 시간함수 $f(t)$는 어느 것인가?

① $2e^t \cos 2t$ ② $2e^t \sin 2t$
③ $2e^{-t} \cos 2t$ ④ $2e^{-t} \sin 2t$

해설 | 라플라스 역변환

$$F(s) = \dfrac{2(s+1)}{s^2+2s+5} = \dfrac{2(s+1)}{(s+1)^2+2^2}$$

$$\therefore \mathcal{L}^{-1}\left\{\dfrac{2(s+1)}{(s+1)^2+2^2}\right\} = 2e^{-t}\cos 2t$$

12 그림과 같은 회로에서 스위치 S를 닫았을 때 시정수(sec)의 값은? (단, L = 10 [mH], R = 20 [Ω]이다)

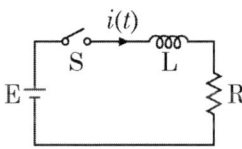

① 200 ② 2000
③ 5×10^{-3} ④ 5×10^{-4}

해설 | RL 직렬 회로 시정수 τ 계산

$$\tau = \dfrac{L}{R} = \dfrac{10 \times 10^{-3}}{20} = 5 \times 10^{-4} \text{ [sec]}$$

13 대칭 10상 회로의 선간 전압이 100 [V]일 때 상전압은 약 몇 [V]인가? (단, sin18° = 0.309이다)

① 161.8 ② 172
③ 183.1 ④ 193

해설 | 대칭 n상 상전압 V_p 계산

- $V_l = 2V_p \sin\dfrac{\pi}{n}$
- $100 = 2V_p \sin\dfrac{\pi}{10}$, $100 = 2V_p \sin 18°$

$$\therefore V_p = \dfrac{100}{2 \times \sin 18°} = 161.8 \text{ [V]}$$

14 회로에서 단자 1-1'에서 본 구동점 임피던스 Z_{11}은 몇 [Ω]인가?

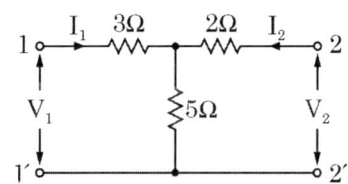

① 5 ② 8
③ 10 ④ 15

해설 | 구동점 임피던스

$Z_{11} = Z_1 + Z_3 = 3 + 5 = 8$ [Ω]

15 어느 회로망의 응답 h(t) = (e⁻ᵗ + 2e⁻²ᵗ)u(t)의 라플라스 변환은?

① $\dfrac{3s+4}{(s+1)(s+2)}$ ② $\dfrac{3s}{(s-1)(s-2)}$

③ $\dfrac{3s+2}{(s+1)(s+2)}$ ④ $\dfrac{-s-4}{(s-1)(s-2)}$

해설 | 라플라스 변환

$\mathcal{L}[e^{-t} + 2e^{-2t}]$

$\therefore \dfrac{1}{s+1} + \dfrac{2}{s+2} = \dfrac{3s+4}{(s+1)(s+2)}$

16 R = 50 [Ω], L = 200 [mH]의 직렬 회로에서 주파수 f = 50 [Hz]의 교류에 대한 역률(%)은?

① 82.3 ② 72.3
③ 62.3 ④ 52.3

해설 | 역률 cosθ 계산

$\cos\theta = \dfrac{R}{Z} = \dfrac{R}{\sqrt{R^2 + X_L^2}}$

$X_L = \omega L = 2\pi f L = 62.83$

$\therefore \cos\theta = \dfrac{50}{\sqrt{50^2 + 62.83^2}} = 0.623$

17 그림과 같은 e = E_m sinωt [V]인 정현파 교류의 반파정현파형의 실횻값은?

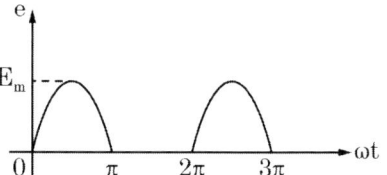

① E_m ② $\dfrac{E_m}{\sqrt{2}}$

③ $\dfrac{E_m}{2}$ ④ $\dfrac{E_m}{\sqrt{3}}$

해설 | 파형별 값 정리표

파형	실횻값	평균값	파형률	파고율
정현파	$\dfrac{1}{\sqrt{2}}I_m$	$\dfrac{2}{\pi}I_m$	1.11	1.414
반파 정현파	$\dfrac{1}{2}I_m$	$\dfrac{1}{\pi}I_m$	1.57	2
구형파	I_m	I_m	1	1
반파 구형파	$\dfrac{1}{\sqrt{2}}I_m$	$\dfrac{1}{2}I_m$	1.41	1.41
삼각파	$\dfrac{1}{\sqrt{3}}I_m$	$\dfrac{1}{2}I_m$	1.15	1.73

18 대칭 3상 교류전원에서 각 상의 전압이 V_a, V_b, V_c일 때 3상 전압(V)의 합은?

① 0 ② $0.3 V_a$
③ $0.5 V_a$ ④ $3 V_a$

해설 | 대칭 3상 회로

$V_a + V_b + V_c = 0$

19 전압 e = 100sin10t + 20sin20t [V], 전류 I = 20sin(10t − 60°) + 10sin20t [A] 일 때 소비전력은 몇 [W]인가?

① 500
② 550
③ 600
④ 650

해설 | 소비전력 P 계산

$$P = \frac{100}{\sqrt{2}} \times \frac{20}{\sqrt{2}} \times \cos 60°$$
$$+ \frac{20}{\sqrt{2}} \times \frac{10}{\sqrt{2}} \times \cos 0° = 600\,[W]$$

20 R − L − C 직렬 회로에서 공진 시의 전류는 공급 전압에 대하여 어떤 위상차를 갖는가?

① 0°
② 90°
③ 180°
④ 270°

해설 | 공진 회로

$$Z = R + j\left(\omega L - \frac{1}{\omega C}\right)$$에서

공진조건은 허수부 = 0
따라서, 저항만의 회로이므로 전압과 전류는 동상으로 위상차는 0°

2018년 2회

01 3상 불평형 전압에서 역상 전압이 50 [V], 정상전압이 200 [V], 영상 전압이 10 [V]라고 할 때 전압의 불평형률은 몇 [%]인가?

① 1
② 5
③ 25
④ 50

해설 | 불평형률

$$불평형률 = \frac{역상전압}{정상전압} \times 100$$
$$= \frac{50}{200} \times 100 = 25 [\%]$$

02 다음과 같은 회로의 a-b 간 합성 인덕턴스는 몇 [H]인가? (단, $L_1 = 4$ [H], $L_2 = 4$ [H], $L_3 = 2$ [H], $L_4 = 2$ [H]이다)

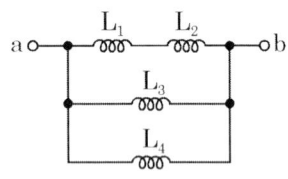

① 8/9
② 6
③ 9
④ 12

해설 | 합성 인덕턴스 L 계산

$$L = \frac{1}{\frac{1}{L_1+L_2}+\frac{1}{L_3}+\frac{1}{L_4}}$$
$$= \frac{1}{\frac{1}{4+4}+\frac{1}{2}+\frac{1}{2}} = \frac{8}{9}[H]$$

03 R-L-C 직렬 회로에서 시정수의 값이 작을수록 과도현상이 소멸되는 시간은 어떻게 되는가?

① 짧아진다.
② 관계없다.
③ 길어진다.
④ 일정하다.

해설 | 시정수 τ

- 정상 전류의 63.2 [%]에 도달 시의 시간
- 시정수가 작으면 과도현상이 짧음
- 시정수가 크면 정상상태에 늦게 도달

04 대칭좌표법에서 사용되는 용어 중 3상에 공통된 성분을 표시하는 것은?

① 공통분
② 정상분
③ 역상분
④ 영상분

해설 | 대칭좌표법

영상분	3상 공통 성분
정상분	기본파 상회전 방향과 같은 방향
역상분	기본파 상회전 방향과 반대 방향

정답 01 ③ 02 ① 03 ① 04 ④

05 어떤 회로의 단자 전압이 V = 100sinωt + 40sin2ωt + 30sin(3ωt + 60°) [V]이고 전압강하의 방향으로 흐르는 전류가 I = 10sin(ωt − 60°) + 2sin(3ωt + 105°) [A] 일 때 회로에 공급되는 평균전력(W)은?

① 271.2
② 371.2
③ 530.2
④ 630.2

해설 | 비정현파의 평균전력

$$P = \frac{100}{\sqrt{2}} \times \frac{10}{\sqrt{2}} \times \cos 60° + \frac{30}{\sqrt{2}} \times \frac{2}{\sqrt{2}} \times \cos 45° = 271.2\,[W]$$

06 3상 대칭분 전류를 I_0, I_1, I_2라 하고 선전류를 I_a, I_b, I_c라고 할 때 I_b는 어떻게 되는가?

① $I_0 + I_1 + I_2$
② $I_0 + a^2 I_1 + a I_2$
③ $I_0 + a I_1 + a^2 I_2$
④ $\frac{1}{3}(I_0 + I_1 + I_2)$

해설 | 대칭좌표법

a상 전류	$I_a = I_0 + I_1 + I_2$
b상 전류	$I_b = I_0 + a^2 I_1 + a I_2$
c상 전류	$I_c = I_0 + a I_1 + a^2 I_2$

07 부하에 100∠30° [V]의 전압을 가하였을 때 10∠60° [A]의 전류가 흘렀다면 부하에서 소비되는 유효전력은 약 몇 [W]인가?

① 400
② 500
③ 682
④ 866

해설 | 유효전력 P 계산

$$P = VI\cos\theta = 100 \times 10 \times \frac{\sqrt{3}}{2} = 866\,[W]$$

08 그림과 같은 회로에서 0.2 [Ω]의 저항에 흐르는 전류는 몇 [A]인가?

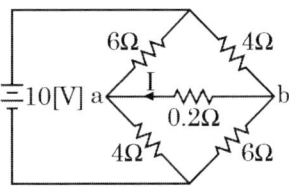

① 0.1
② 0.2
③ 0.3
④ 0.4

해설 | 테브난의 정리

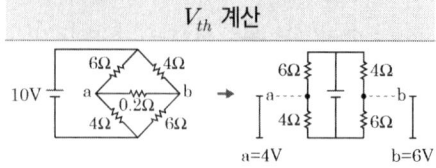

$$V_{th} = 6 - 4 = 2 [V]$$

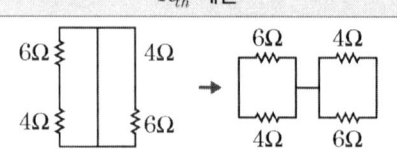

$$R_{th} = \frac{4 \times 6}{4+6} + \frac{6 \times 4}{6+4} = 4.8 [\Omega]$$

• 테브난 등가 회로

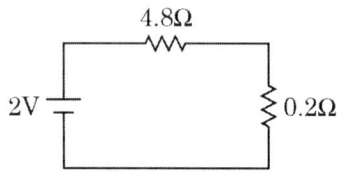

$$\therefore 전류\ I = \frac{V}{R} = \frac{2}{5} = 0.4 [A]$$

9 $\dfrac{1}{s^2+2s+5}$ 의 라플라스 역변환 값은?

① $e^{-2t}\cos 2t$ ② $\dfrac{1}{2}e^{-t}\sin t$

③ $\dfrac{1}{2}e^{-t}\sin 2t$ ④ $\dfrac{1}{2}e^{-t}\cos 2t$

해설 | 라플라스 역변환

$$\mathcal{L}^{-1}\left[\frac{1}{s^2+2s+5}\right] = \frac{1}{(s+1)^2+2^2}$$

$$= \frac{1}{2} \cdot \frac{2}{(s+1)^2+2^2}$$

$$\therefore f(t) = \frac{1}{2}e^{-t}\sin 2t$$

10 $\mathcal{L}[u(t-a)]$는 어느 것인가?

① $\dfrac{e^{as}}{s^2}$ ② $\dfrac{e^{-as}}{s^2}$

③ $\dfrac{e^{as}}{s}$ ④ $\dfrac{e^{-as}}{s}$

해설 | 라플라스 변환

$$\mathcal{L}[u(t-a)] = \frac{1}{s}e^{-as} = \frac{e^{-as}}{s}$$

11 2단자 임피던스 함수가
$Z(s) = \dfrac{(s+2)(s+3)}{(s+4)(s+5)}$ 일 때
극점(Pole)은?

① -2, -3 ② -3, -4
③ -2, -4 ④ -4, -5

해설 | 극점

• 전달함수의 분모를 0으로 만드는 s 값
• 회로 개방상태를 나타냄
∴ -4, -5

12 그림과 같은 회로에서 G_2 [℧] 양단의 전압강하 $E_2(V)$는?

① $\dfrac{G_2}{G_1+G_2}E$ ② $\dfrac{G_1}{G_1+G_2}E$

③ $\dfrac{G_1 G_2}{G_1+G_2}E$ ④ $\dfrac{G_1+G_2}{G_1+G_2}E$

정답 09 ③ 10 ④ 11 ④ 12 ②

해설 | 전압강하 E_2 계산

$$E_2 = \frac{G_1}{G_1 + G_2} \times E \, [V]$$

13 그림과 같은 T형 회로의 영상전달정수 θ는?

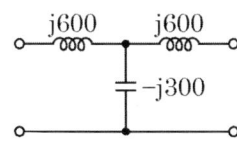

① 0　　　　② 1
③ -3　　　④ -1

해설 | 영상전달정수 θ 계산

• 4단자 정수 계산

$$\begin{bmatrix} A & B \\ C & D \end{bmatrix} = \begin{bmatrix} 1 & j600 \\ 0 & 1 \end{bmatrix} \begin{bmatrix} 1 & 0 \\ \frac{1}{-j300} & 1 \end{bmatrix} \begin{bmatrix} 1 & j600 \\ 0 & 1 \end{bmatrix}$$

$$= \begin{bmatrix} -1 & j600 \\ \frac{1}{-j300} & 1 \end{bmatrix} \begin{bmatrix} 1 & j600 \\ 0 & 1 \end{bmatrix}$$

$$= \begin{bmatrix} -1 & 0 \\ \frac{1}{-j300} & -1 \end{bmatrix}$$

$$\therefore \theta = \log_e(\sqrt{AD} + \sqrt{BC})$$
$$= \log_e 1 = 0$$

14 저항 $\frac{1}{3}\,[\Omega]$, 유도 리액턴스 $\frac{1}{4}\,[\Omega]$인 R - L 병렬 회로의 합성 어드미턴스(℧)는?

① $3+j4$　　② $3-j4$
③ $\frac{1}{3}+j\frac{1}{4}$　　④ $\frac{1}{3}-j\frac{1}{4}$

해설 | 합성 어드미턴스 Y 계산

$$Y = Y_1 + Y_2$$
$$= \frac{1}{R} + \frac{1}{j\omega L}$$
$$= \frac{1}{\frac{1}{3}} + \frac{1}{j\frac{1}{4}} = 3 - j4 \, [℧]$$

15 대칭 3상 Y결선 부하에서 각 상의 임피던스가 Z = 16 + j12 [Ω]이고 부하 전류가 5 [A]일 때, 이 부하의 선간 전압(V)은?

① $100\sqrt{2}$　　② $100\sqrt{3}$
③ $200\sqrt{2}$　　④ $200\sqrt{3}$

해설 | Y결선의 선간 전압

$$V_p = I \times Z = 5 \times \sqrt{16^2 + 12^2} = 100 \, [V]$$

$$\therefore V_\ell = \sqrt{3}\, V_p = 100\sqrt{3} \, [V]$$

16 정현파의 파고율은?

① 1.111　　② 1.414
③ 1.732　　④ 2.356

해설 | 파형별 값 정리표

파형	실횻값	평균값	파형률	파고율
정현파	$\frac{1}{\sqrt{2}}I_m$	$\frac{2}{\pi}I_m$	1.11	1.414
반파 정현파	$\frac{1}{2}I_m$	$\frac{1}{\pi}I_m$	1.57	2
구형파	I_m	I_m	1	1
반파 구형파	$\frac{1}{\sqrt{2}}I_m$	$\frac{1}{2}I_m$	1.41	1.41
삼각파	$\frac{1}{\sqrt{3}}I_m$	$\frac{1}{2}I_m$	1.15	1.73

17 부동작 시간(Dead Time) 요소의 전달함수는?

① Ks
② $\frac{K}{s}$
③ Ke^{-Ls}
④ $\frac{K}{Ts+1}$

해설 | 전달함수 종류

$G(s)$	종류
K	비례요소
Ks	미분요소
$\frac{K}{s}$	적분요소
$\frac{K}{Ts+1}$	1차 지연요소
$\frac{\omega_n^2}{s^2+2\delta\omega_n s+\omega_n^2}$	2차 지연요소
Ke^{-Ls}	부동작 시간요소

18 $i(t)=I_0 e^{st}\,[A]$로 주어지는 전류가 콘덴서 C [F]에 흐르는 경우의 임피던스(Ω)는?

① C
② sC
③ C/s
④ $\frac{1}{sC}$

해설 | 콘덴서 C에 흐르는 임피던스 Z 계산

- 콘덴서 C회로 전압 $v(t)$ 라플라스 변환

$$\frac{1}{C}\int I_0 e^{st}\,dt \xrightarrow{\mathcal{L}} \frac{i_0 e^{st}}{Cs}$$

∴ 임피던스 Z 계산

$$Z=\frac{v(t)}{i(t)}=\frac{\frac{I_0 e^{st}}{Cs}}{I_0 e^{st}}=\frac{1}{Cs}$$

정답 17 ③ 18 ④

19 전기 회로의 입력을 V_1, 출력을 V_2라고 할 때 전달함수는? (단, $s = j\omega$이다)

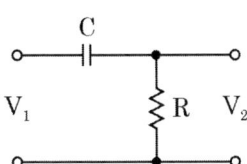

① $\dfrac{1}{R+\dfrac{1}{j\omega C}}$ ② $\dfrac{1}{j\omega + \dfrac{1}{RC}}$

③ $\dfrac{j\omega}{j\omega + \dfrac{1}{RC}}$ ④ $\dfrac{j\omega}{R+\dfrac{1}{j\omega C}}$

해설 | 전달함수 G(s) 계산

$$G(s) = \frac{V_2(s)}{V_1(s)} = \frac{R}{R+\dfrac{1}{Cs}} \times \frac{Cs}{Cs}$$

$$= \frac{RCs}{RCs+1} \times \frac{\dfrac{1}{RC}}{\dfrac{1}{RC}}$$

$$= \frac{s}{s+\dfrac{1}{RC}}\bigg|_{s=j\omega} = \frac{j\omega}{j\omega + \dfrac{1}{RC}}$$

20 비정현파 전압
$v = 100\sqrt{2}\sin\omega t + 50\sqrt{2}\sin 2\omega t$
$\quad + 30\sqrt{2}\sin 3\omega t \,[V]$의
왜형률은 약 얼마인가?

① 0.36 ② 0.58
③ 0.87 ④ 1.41

해설 | 왜형률

왜형률 $= \dfrac{\text{전 고조파 실횻값}}{\text{기본파 실횻값}}$

$= \dfrac{\sqrt{V_2^2 + V_3^2}}{V_1}$

$= \dfrac{\sqrt{50^2 + 30^2}}{100}$

$= 0.58$

정답 19 ③ 20 ②

2018년 3회

1 $e^{j\frac{2}{3}\pi}$ 와 같은 것은?

① $\frac{1}{2} - j\frac{\sqrt{3}}{2}$

② $-\frac{1}{2} - j\frac{\sqrt{3}}{2}$

③ $-\frac{1}{2} + j\frac{\sqrt{3}}{2}$

④ $\cos\frac{2}{3}\pi + \sin\frac{2}{3}\pi$

해설 | 오일러의 공식

$$e^{j\frac{2}{3}\pi} = \cos\frac{2}{3}\pi + j\sin\frac{2}{3}\pi$$
$$= -\frac{1}{2} + j\frac{\sqrt{3}}{2}$$

2 100 [V], 800 [W], 역률 80 [%]인 교류 회로의 리액턴스는 몇 [Ω]인가?

① 6 ② 8
③ 10 ④ 12

해설 | 리액턴스 X 계산

- 임피던스 Z 계산

$P = VI\cos\theta$

$I = \dfrac{P}{V\cos\theta} = \dfrac{800}{100 \times 0.8} = 10\,[A]$

$\therefore Z = \dfrac{V}{I} = \dfrac{100}{10} = 10\,[\Omega]$

- 리액턴스 X 계산

$X = Z \times \sin\theta = 10 \times \sqrt{1 - 0.8^2} = 6\,[\Omega]$

3 그림과 같은 π형 4단자 회로의 어드미턴스 상수 중 Y_{22}는 몇 [℧]인가?

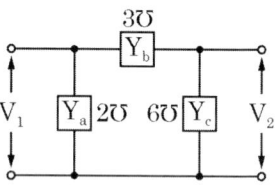

① 5 ② 6
③ 9 ④ 11

해설 | 어드미턴스 파라미터

$Y_{11} = 3 + 2 = 5\,[℧]$
$Y_{22} = 3 + 6 = 9\,[℧]$
$Y_{12} = Y_{21} = 3\,[℧]$

4 불평형 3상 전류 $I_a = 15 + j2\,[A]$, $I_b = -20 - j14\,[A]$, $I_c = -3 + j10\,[A]$일 때 영상 전류 I_0는 약 몇 [A]인가?

① 2.67 + j0.36 ② 15.7 - j3.25
③ -1.91 + j6.24 ④ -2.67 - j0.67

해설 | 영상 전류 I_0 계산

$I_0 = \dfrac{1}{3}(I_a + I_b + I_c)$

$= \dfrac{1}{3}(15 + j2 - 20 - j14 - 3 + j10)$

$= -2.67 - j0.67\,[A]$

정답 01 ③ 02 ① 03 ③ 04 ④

05
어떤 계에 임펄스 함수(δ함수)가 입력으로 가해졌을 때 시간함수 e^{-2t}가 출력으로 나타났다. 이 계의 전달함수는?

① $\dfrac{1}{s+2}$ ② $\dfrac{1}{s-2}$

③ $\dfrac{2}{s+2}$ ④ $\dfrac{2}{s-2}$

해설 | 전달함수 G(s) 계산

$$G(s) = \mathcal{L}[e^{-2t}] = \frac{1}{s+2}$$

TIP 임펄스 응답과 전달함수의 역라플라스 변환값은 같다.

06
0.2 [H]의 인덕터와 150 [Ω]의 저항을 직렬로 접속하고 220 [V] 상용 교류를 인가하였다. 1시간 동안 소비된 전력량은 약 몇 [Wh]인가?

① 209.6 ② 226.4
③ 257.6 ④ 286.9

해설 | 1시간 동안 소비된 전력량 W 계산

- 리액턴스 X_L 계산

$$X_L = \omega L = 2\pi f L$$
$$= 2\pi \times 60 \times 0.2 = 75.4\,[\Omega]$$

- 전류 I 계산

$$I = \frac{V}{Z} = \frac{V}{\sqrt{R^2 + X_L^2}}$$
$$= \frac{220}{\sqrt{150^2 + 75.4^2}} \fallingdotseq 1.31\,[A]$$

∴ 전력량 W 계산
$$W = I^2 R t = 1.31^2 \times 150 \times 1$$
$$= 257.6\,[Wh]$$

07
어떤 제어계의 출력이 아래와 같을 때 출력의 시간함수 $c(t)$의 최종값은?

$$C(s) = \frac{5}{s(s^2+s+2)}$$

① 5 ② 2

③ $\dfrac{2}{5}$ ④ $\dfrac{5}{2}$

해설 | 최종값 정리

$$\lim_{t \to \infty} f(t) = \lim_{s \to 0} sF(s)$$
$$= \lim_{s \to 0} s \times \frac{5}{s(s^2+s+2)} = \frac{5}{2}$$

08
$e = E_m \cos\left(100\pi t - \dfrac{\pi}{3}\right)[V]$ 와

$i = I_m \sin\left(100\pi t + \dfrac{\pi}{4}\right)[A]$의 위상차를 시간으로 나타내면 약 몇 초인가?

① 3.33×10^{-4} ② 4.33×10^{-4}
③ 6.33×10^{-4} ④ 8.33×10^{-4}

해설 | 위상차를 시간 t로 표현

- cos → sin 파형 변환

$$e = E_m \cos\left(100\pi t - \frac{\pi}{3}\right)$$
$$= E_m \sin\left(100\pi t - \frac{\pi}{3} + \frac{\pi}{2}\right)$$
$$= E_m \sin\left(100\pi t + \frac{\pi}{6}\right)$$

- e, i 위상차 θ 계산

$$\theta = \frac{\pi}{6} - \frac{\pi}{4} = \frac{\pi}{12}$$

- 위상차 → 시간 t 변환

$$\theta = \omega t,\ t = \frac{\theta}{\omega}$$

∴ t 계산

$$t = \frac{\pi}{12} \times \frac{1}{100\pi} = 8.33 \times 10^{-4} [\sec]$$

9 같은 저항 r [Ω] 6개를 사용하여 그림과 같이 결선하고 대칭 3상 전압 V [V]를 가하였을 때 흐르는 전류 I는 몇 [A]인가?

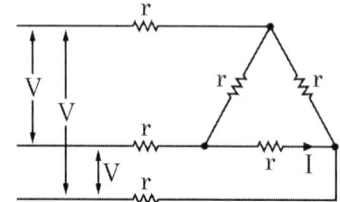

① $\dfrac{V}{2r}$ ② $\dfrac{V}{3r}$

③ $\dfrac{V}{4r}$ ④ $\dfrac{V}{5r}$

해설 | 전류 I 계산

• △ → Y 등가변환 회로

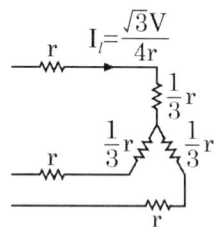

• △ → Y 등가변환 시 상저항 R 계산

$$R = \frac{r \times r}{r+r+r} = \frac{r^2}{3r} = \frac{r}{3} [\Omega]$$

• △ → Y 등가변환 시 선전류 I_ℓ 계산

$$I_\ell = \frac{\dfrac{V}{\sqrt{3}}}{r + \dfrac{r}{3}} = \frac{\sqrt{3}\,V}{4r} [A]$$

• △결선 상전류 I_p 계산

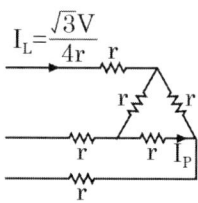

$$\therefore I_p = \frac{I_\ell}{\sqrt{3}} = \frac{\dfrac{\sqrt{3}V}{4r}}{\sqrt{3}} = \frac{V}{4r} [A]$$

TIP △결선 특성

$$I_p = \frac{I_\ell}{\sqrt{3}}$$

10 어떤 교류전동기의 명판에 역률 = 0.6, 소비전력 = 120 [kW]로 표기되어 있다. 이 전동기의 무효전력은 몇 [kVar]인가?

① 80 ② 100
③ 140 ④ 160

해설 | 전동기의 무효전력 P_r 계산

• 피상전력 P_a 계산

$$P_a = \frac{P}{\cos\theta} = \frac{120}{0.6} = 200 [kVA]$$

• 무효전력 P_r 계산

$$P_r = P_a \sin\theta = 200 \times \sqrt{1 - 0.6^2} = 160 [kVar]$$

TIP $\sin\theta = \sqrt{1 - \cos^2\theta}$

11 대칭 3상 전압이 있을 때 한 상의 Y전압 순싯값 e_p가 아래와 같으면 선간 전압 E_ℓ에 대한 상전압 E_p의 실횻값 비율 $\dfrac{E_p}{E_\ell}$은 약 몇 [%]인가?

$$e_p = 1000\sqrt{2}\sin\omega t \\ + 500\sqrt{2}\sin(3\omega t + 20°) \\ + 100\sqrt{2}\sin(5\omega t + 30°)$$

① 55　② 64
③ 85　④ 95

해설 | 선간 전압에 대한 상전압의 실횻값 비 계산

- 상전압 E_p 계산

$$E_p = \sqrt{E_1^2 + E_3^2 + E_5^2} \\ = \sqrt{1000^2 + 500^2 + 100^2} = 1122.5\,[V]$$

- 선간 전압 E_ℓ 계산

$$E_\ell = \sqrt{3(E_1^2 + E_5^2)} \\ = \sqrt{3 \times (1000^2 + 100^2)} = 1740.7\,[V]$$

∴ 선간 전압 E_ℓ에 대한 상전압 E_p 실횻값 비

$$\dfrac{E_p}{E_\ell} = \dfrac{1122.5}{1740.7} \times 100 = 64\,[\%]$$

TIP Y결선 특성 : 제3고조파 기전력은 동상으로 상에만 존재하고 선간에는 나타나지 않음

12 대칭좌표법에서 사용되는 용어 중 각 상에 공통인 성분을 표시하는 것은?

① 영상분　② 정상분
③ 역상분　④ 공통분

해설 | 대칭좌표법

영상분	3상 공통 성분
정상분	기본파 상회전 방향과 같은 방향
역상분	기본파 상회전 방향과 반대 방향

13 어느 저항에 $v_1 = 220\sqrt{2}\sin(2\pi \cdot 60t - 30°)\,[V]$와 $v_2 = 100\sqrt{2}\sin(3 \cdot 2\pi \cdot 60t - 30°)\,[V]$의 전압이 각각 걸릴 때의 설명으로 옳은 것은?

① v_1이 v_2보다 위상이 15° 앞선다.
② v_1이 v_2보다 위상이 15° 뒤진다.
③ v_1이 v_2보다 위상이 75° 앞선다.
④ v_1과 v_2의 위상관계는 의미가 없다.

해설 | 고조파

v_1과 v_2는 기본파와 고조파의 관계로서, 위상관계는 의미가 없다.

14 R-L-C 병렬 공진 회로에 관한 설명 중 틀린 것은?

① R의 비중이 작을수록 Q가 높다.
② 공진 시 입력 어드미턴스는 매우 작아진다.
③ 공진주파수 이하에서의 입력 전류는 전압보다 위상이 뒤진다.
④ 공진 시 L 또는 C에 흐르는 전류는 입력 전류 크기의 Q배가 된다.

해설 | R-L-C 병렬 공진 회로 첨예도 Q

$$Q = R\sqrt{\dfrac{C}{L}}$$

∴ R이 증가할수록 Q 증가

15 대칭 5상 회로의 선간 전압과 상전압의 위상차는?

① 27° ② 36°
③ 54° ④ 72°

해설 | 대칭 n상 기전력 위상차

$$\theta = \frac{\pi}{2}\left(1 - \frac{2}{n}\right) = \frac{\pi}{2}\left(1 - \frac{2}{5}\right) = 54°$$

16 $\dfrac{s\sin\theta + \omega\cos\theta}{s^2 + \omega^2}$ 의 역라플라스 변환을 구하면 어떻게 되는가?

① $\sin(\omega t - \theta)$ ② $\sin(\omega t + \theta)$
③ $\cos(\omega t - \theta)$ ④ $\cos(\omega t + \theta)$

해설 | 역라플라스 변환

- 역라플라스 변환

$$\frac{s\sin\theta}{s^2+\omega^2} + \frac{\omega\cos\theta}{s^2+\omega^2}$$

$$\xrightarrow{\mathcal{L}^{-1}} \sin\theta\cos\omega t + \cos\theta\sin\omega t$$

∴ $\sin\theta\cos\omega t + \cos\theta\sin\omega t$ 정리
$\sin(\omega t + \theta)$

보충
$\sin(A+B) = \sin A \cos B + \cos A \sin B$

17 대칭 3상 전압이 a상 V_a[V], b상 $V_b = a^2 V_a$[V], c상 $V_c = a V_a$[V]일 때 a상을 기준으로 한 대칭분 전압 중 정상분 V_1[V]은 어떻게 표시되는가?

(단, $a = -\dfrac{1}{2} + j\dfrac{\sqrt{3}}{2}$이다)

① 0 ② V_a
③ aV_a ④ $a^2 V_a$

해설 | 정상분 V_1 계산

$$V_1 = \frac{1}{3}(V_a + aV_b + a^2 V_c)$$
$$= \frac{1}{3}(V_a + a \cdot a^2 V_a + a^2 \cdot a V_a)$$
$$= \frac{1}{3}(V_a + V_a + V_a) = V_a$$

18 그림에서 a, b 단자의 전압이 100 [V], a, b에서 본 능동 회로망 N의 임피던스가 15 [Ω]일 때, a, b 단자에 10 [Ω]의 저항을 접속하면 a, b 사이에 흐르는 전류는 몇 [A]인가?

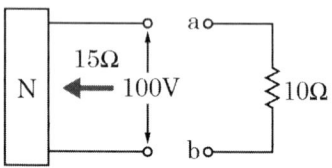

① 2 ② 4
③ 6 ④ 8

해설 | 능동 회로망

$$I = \frac{100}{15 + 10} = 4\,[A]$$

19 전원이 Y결선, 부하가 △결선된 3상 대칭 회로가 있다. 전원의 상전압이 220 [V]이고 전원의 상전류가 10 [A]일 경우, 부하 한 상의 임피던스(Ω)는?

① $22\sqrt{3}$ ② 22
③ $\dfrac{22}{\sqrt{3}}$ ④ 66

해설 | Y-△결선의 임피던스

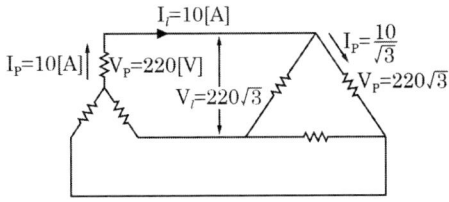

$$\therefore Z = \frac{V_p}{I_p} = \frac{220\sqrt{3}}{\dfrac{10}{\sqrt{3}}} = 66\,[\Omega]$$

20 $\dfrac{dx(t)}{d(t)} + 3x(t) = 5$ 의 라플라스 변환 $X(s)$는? (단, $X(0+)=0$이다)

① $\dfrac{5}{s+3}$ ② $\dfrac{3s}{s+5}$
③ $\dfrac{3}{s(s+5)}$ ④ $\dfrac{5}{s(s+3)}$

해설 | 라플라스 변환

$$\frac{dx(t)}{dt} + 3x(t) = 5$$

$$\xrightarrow{\mathcal{L}} sX(s) + 3X(s) = \frac{5}{s}$$

$$\therefore X(s)(s+3) = \frac{5}{s} \text{ 정리}$$

$$X(s) = \frac{5}{s(s+3)}$$

정답 19 ④ 20 ④

2017년 1회

전기산업기사 회로이론

01 정현파 교류 전압의 파고율은?

① 0.91　　② 1.11
③ 1.41　　④ 1.73

해설 | 파형별 값 정리표

파형	실횻값	평균값	파형률	파고율
정현파	$\frac{1}{\sqrt{2}}I_m$	$\frac{2}{\pi}I_m$	1.11	1.414
반파 정현파	$\frac{1}{2}I_m$	$\frac{1}{\pi}I_m$	1.57	2
구형파	I_m	I_m	1	1
반파 구형파	$\frac{1}{\sqrt{2}}I_m$	$\frac{1}{2}I_m$	1.41	1.41
삼각파	$\frac{1}{\sqrt{3}}I_m$	$\frac{1}{2}I_m$	1.15	1.73

02 인덕턴스 L = 20 [mH]인 코일에 실횻값 V = 50 [V] 주파수 f = 60 [Hz]인 정현파 전압을 인가했을 때 코일에 축적되는 평균 자기에너지 W_L은 약 몇 [J]인가?

① 0.22　　② 0.33
③ 0.44　　④ 0.55

해설 | 자기에너지 W_L 계산

$$W_L = \frac{LI^2}{2} = \frac{L}{2}\left(\frac{V}{2\pi f L}\right)^2 = \frac{V^2}{8\pi^2 f^2 L}$$

$$\therefore \frac{50^2}{8\pi^2 \times 60^2 \times 20 \times 10^{-3}} = 0.44[J]$$

03 테브난의 정리를 이용하여 (a) 회로를 (b)와 같은 등가 회로로 바꾸려 한다. V [V]와 R [Ω]의 값은?

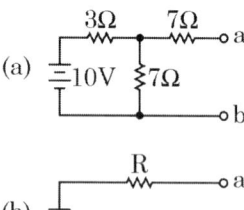

① 7 [V], 9.1 [Ω]　② 10 [V], 9.1 [Ω]
③ 7 [V], 6.5 [Ω]　④ 10 [V], 6.5 [Ω]

해설 | 테브난 등가 회로

a, b가 개방되어 있으므로 폐회로의 7[Ω]에 걸리는 전압을 구해보면

$$V_{ab} = \frac{7}{3+7} \times 10 = 7\,[V]$$

직, 병렬 회로의 합성저항

$$R_{ab} = 7 + \frac{3 \times 7}{3+7} = 9.1\,[\Omega]$$

04 그림과 같은 회로에서 r_1 저항에 흐르는 전류를 최소로 하기 위한 저항 r_2 [Ω]는?

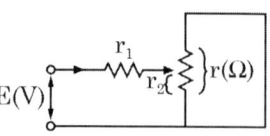

① $\frac{r_1}{2}$　　② $\frac{r}{2}$
③ r_1　　④ r

정답　01 ③　02 ③　03 ①　04 ②

해설 | 전류의 최소조건

• 합성저항 R 계산

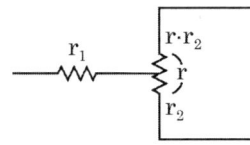

$$R = r_1 + \frac{(r-r_2) \times r_2}{(r-r_2) + r_2}$$

• 전류 최소 조건 $\frac{dR}{dr_2} = 0$

$$\frac{d}{dr_2}\left(r_1 + \frac{(r-r_2) \times r_2}{(r-r_2) + r_2}\right) = 0$$

$$0 + \frac{r - 2r_2}{r} = 0$$

∴ 저항 r_2 계산

$$r = 2r_2, \quad r_2 = \frac{r}{2}$$

해설 | $Z_3 \Rightarrow$ 4단자 정수 표현

• π형 회로 4단자 정수 계산

$$\begin{bmatrix} A & B \\ C & D \end{bmatrix} = \begin{bmatrix} 1 & 0 \\ \frac{1}{Z_1} & 1 \end{bmatrix} \begin{bmatrix} 1 & Z_2 \\ 0 & 1 \end{bmatrix} \begin{bmatrix} 1 & 0 \\ \frac{1}{Z_3} & 1 \end{bmatrix}$$

$$= \begin{bmatrix} 1 & Z_2 \\ \frac{1}{Z_1} & 1 + \frac{Z_2}{Z_1} \end{bmatrix} \begin{bmatrix} 1 & 0 \\ \frac{1}{Z_3} & 1 \end{bmatrix}$$

$$= \begin{bmatrix} 1 + \frac{Z_2}{Z_3} & Z_2 \\ \frac{1}{Z_1} + \frac{1}{Z_3} + \frac{Z_2}{Z_1 Z_3} & 1 + \frac{Z_2}{Z_1} \end{bmatrix}$$

• Z_3 계산

$$A = 1 + \frac{Z_2}{Z_3}, \qquad B = Z_2$$

$$A - 1 = \frac{Z_2}{Z_3} \rightarrow A - 1 = \frac{B}{Z_3} \rightarrow Z_3 = \frac{B}{A-1}$$

05 그림과 같이 π형 회로에서 Z_3를 4단자 정수로 표시한 것은?

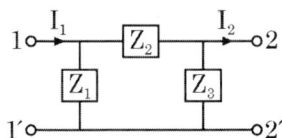

① $\dfrac{A}{1-B}$ ② $\dfrac{B}{1-A}$

③ $\dfrac{A}{B-1}$ ④ $\dfrac{B}{A-1}$

06 다음의 4단자 회로에서 단자 a – b에서 본 구동점 임피던스 Z_{11} [Ω]은?

① 2 + j4 ② 2 - j4
③ 3 + j4 ④ 3 - j4

해설 | 구동점 임피던스 Z_{11} 계산

Z_{11} = 3 + j4 [Ω]
Z_{22} = 2 + j4 [Ω]

정답 05 ④ 06 ③

07 불평형 3상 전류가 다음과 같을 때 역상 전류 I_2는 약 몇 [A]인가?

$$I_a = 15 + j2 \text{ [A]}$$
$$I_b = -20 - j14 \text{ [A]}$$
$$I_c = -3 + j10 \text{ [A]}$$

① 1.91 + j6.24   ② 2.17 + j5.34
③ 3.38 - j4.26   ④ 4.27 - j3.68

해설 | 역상 전류 I_2 계산

$$I_2 = \frac{1}{3}(I_a + a^2 I_b + a I_c)$$

$$= \frac{1}{3}\left\{\begin{array}{l}(15+j2) \\ +\left(-\frac{1}{2} - j\frac{\sqrt{3}}{2}\right)(-20-j14) \\ +\left(-\frac{1}{2} + j\frac{\sqrt{3}}{2}\right)(-3+j10)\end{array}\right\}$$

$$= 1.91 + j6.24 \text{ [A]}$$

08 다음과 같은 회로에서 E_1, E_2, E_3 [V]를 대칭 3상 전압이라 할 때 전압 E_0 [V]은?

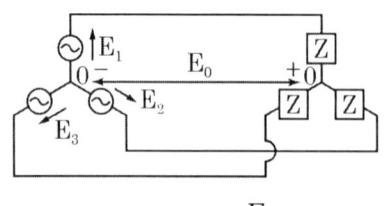

① 0   ② $\frac{E_1}{3}$
③ $\frac{2}{3}E_1$ ④ E_1

해설 | 평형 3상 회로의 전위차

평형 3상 전압인 경우 전위차는 존재하지 않아야 하므로 영상분 전압은 0이다.

09 100 [kVA] 단상 변압기 3대로 △결선하여 3상 전원을 공급하던 중 1대의 고장으로 V결선하였다면 출력은 약 몇 [kVA]인가?

① 100   ② 173
③ 245   ④ 300

해설 | V 결선 출력 P_V 계산

$$P_V = \sqrt{3} P_1 = 100 \times \sqrt{3} = 173.2 \, [kVA]$$

10 저항 R [Ω]과 리액턴스 X [Ω]이 직렬로 연결된 회로에서 $\frac{X}{R} = \frac{1}{\sqrt{2}}$ 일 때, 이 회로의 역률은?

① $\frac{1}{\sqrt{2}}$ ② $\frac{1}{\sqrt{3}}$
③ $\sqrt{\frac{2}{3}}$ ④ $\frac{\sqrt{3}}{2}$

해설 | 역률 $\cos\theta$ 계산

- R, X값 계산
$$\frac{X}{R} = \frac{1}{\sqrt{2}}, \quad R = \sqrt{2}, \quad X = 1$$

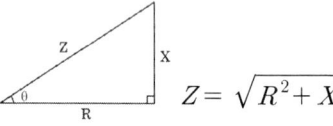

$$Z = \sqrt{R^2 + X^2} = \sqrt{3}$$

∴ 역률 $\cos\theta$ 계산
$$\cos\theta = \frac{\sqrt{2}}{\sqrt{3}} = \sqrt{\frac{2}{3}}$$

정답   07 ①   08 ①   09 ②   10 ③

11 옴의 법칙은 저항에 흐르는 전류와 전압의 관계를 나타낸 것이다. 회로의 저항이 일정할 때 전류는?

① 전압에 비례한다.
② 전압에 반비례한다.
③ 전압의 제곱에 비례한다.
④ 전압의 제곱에 반비례한다.

해설 | 옴의 법칙

V = IR 전압에 비례

12 어떤 회로의 단자 전압과 전류가 다음과 같을 때, 회로에 공급되는 평균 전력은 약 몇 [W] 인가?

$$v(t) = 100\sin\omega t + 70\sin 2\omega t + 50\sin(3\omega t - 30°)\,[V]$$
$$i(t) = 20\sin(\omega t - 60°) + 10\sin(3\omega t + 45°)\,[A]$$

① 565 ② 525
③ 495 ④ 465

해설 | 전력 P 계산

$$P = V_1 I_1 \cos\theta_1 + V_3 I_3 \cos\theta_3$$
$$= \frac{100}{\sqrt{2}} \cdot \frac{20}{\sqrt{2}} \cos 60°$$
$$+ \frac{50}{\sqrt{2}} \cdot \frac{10}{\sqrt{2}} \cos 75°$$
$$= 565\,[W]$$

13 그림과 같은 회로가 있다. I = 10 [A], G = 4 [℧], G_L = 6 [℧]일 때, G_L의 소비전력은 몇 [W]인가?

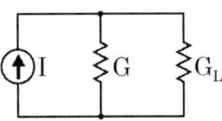

① 100 ② 10
③ 6   ④ 4

해설 | G_L 소비전력 P_L 계산

• 전압 V 계산

$$V = IR = \frac{I}{G_0} = \frac{I}{G + G_L} = \frac{10}{4+6} = 1\,[V]$$

TIP 병렬 회로 전력 P 계산 시 전압이 일정하므로 $P = \frac{V^2}{R}$

$$\therefore P_L = \frac{V^2}{R} = G_L \times V^2 = 6 \times 1 = 6\,[W]$$

14 $F(s) = \dfrac{s+1}{s^2+2s}$를 역라플라스 변환한 것은?

① $\dfrac{1}{2}(1-e^{-t})$ ② $\dfrac{1}{2}(1-e^{-2t})$
③ $\dfrac{1}{2}(1+e^{-t})$ ④ $\dfrac{1}{2}(1+e^{-2t})$

정답 11 ① 12 ① 13 ③ 14 ④

해설 | 역라플라스 변환

• 이항분리

$$F(s) = \frac{s+1}{s(s+2)} = \frac{A}{s} + \frac{B}{s+2}$$

$$\frac{A}{s} + \frac{B}{s+2} = \frac{A(s+2)+Bs}{s(s+2)}$$

$$= \frac{(A+B)s+2A}{s(s+2)}$$

$A+B=1, \quad 2A=1$

$\Rightarrow A = \frac{1}{2}, \quad B = \frac{1}{2}$

$$\therefore F(s) = \frac{\frac{1}{2}}{s} + \frac{\frac{1}{2}}{s+2} = \frac{1}{2}\left(\frac{1}{s} + \frac{1}{s+2}\right)$$

• 역라플라스 변환

$$\mathcal{L}^{-1}\left[\frac{1}{2}\left(\frac{1}{s} + \frac{1}{s+2}\right)\right]$$

$$\therefore \frac{1}{2}(1 + e^{-2t})$$

15 그림과 같은 회로에서 t = 0에서 스위치를 닫으면 전류 i(t) [A]는 얼마인가? (단, 콘덴서의 초기 전압은 0 [V]이다)

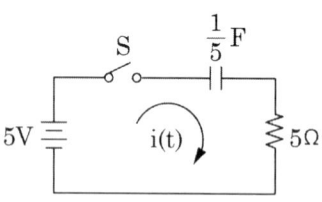

① $5(1 - e^{-t})$ ② $1 - e^{-t}$
③ $5e^{-t}$ ④ e^{-t}

해설 | R-C 직렬 회로의 과도 전류

• 전압 인가 시(on)

$$i(t) = \frac{E}{R}e^{-\frac{1}{RC}t} = \frac{5}{5}e^{-\frac{1}{5 \times \frac{1}{5}}t}$$

$$= e^{-t}[A]$$

• 전압 제거 시(off)

$$i(t) = -\frac{E}{R}e^{-\frac{1}{RC}t}$$

16 그림과 같은 회로에서 스위치 S를 $t = 0$에서 닫았을 때 $V_L|_{t=0} = 100\,[\text{V}]$, $\frac{di}{dt}|_{t=0} = 400\,[\text{A/s}]$이다. $L\,[\text{H}]$의 값은?

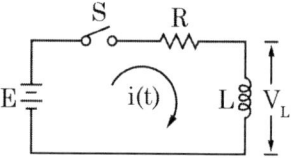

① 0.75 ② 0.5
③ 0.25 ④ 0.1

해설 | 인덕턴스 계산

$$V_L = L\frac{di}{dt}, \quad 100 = L \times 400$$

$$\therefore L = \frac{100}{400} = 0.25\,[H]$$

17 임피던스 함수 $Z(s) = \frac{s+50}{s^2+3s+2}\,[\Omega]$으로 주어지는 2단자 회로망에 100 [V]의 직류 전압을 가했다면 회로의 전류는 몇 [A]인가?

① 4 ② 6
③ 8 ④ 10

정답 15 ④ 16 ③ 17 ①

해설 | 직류 회로의 임피던스

$R = Z = \dfrac{s+50}{s^2+3s+2}\bigg|_{s=0} = 25\,[\Omega]$

$\therefore I = \dfrac{V}{R} = \dfrac{100}{25} = 4\,[A]$

TIP 직류 전압일 때
$f=0, \quad \omega=0$
$s = j\omega = 0$

18 단위 임펄스 δ(t)의 라플라스 변환은?

① e^{-s} ② $\dfrac{1}{s}$

③ $\dfrac{1}{s^2}$ ④ 1

해설 | $\mathcal{L}$ 및 z 변환

$f(t)$	$F(s)$	$F(z)$
$\delta(t)$	1	1
$u(t)$	$\dfrac{1}{s}$	$\dfrac{z}{z-1}$
t	$\dfrac{1}{s^2}$	$\dfrac{z}{(z-1)^2}$
e^{-at}	$\dfrac{1}{(s+a)}$	$\dfrac{z}{z-e^{-at}}$
$\sin\omega t$	$\dfrac{\omega}{s^2+\omega^2}$	$\dfrac{z\sin\omega T}{z^2-2z\cos\omega T+1}$

19 전류 i(t) = 30sinωt + 40sin(3ωt + 45°) [A]의 실횻값은 약 몇 [A]인가?

① 25 ② 35.4
③ 50 ④ 70.7

해설 | 전류 실횻값 계산

$I = \sqrt{I_1^2 + I_2^2 + \cdots + I_n^2} = \sqrt{I_1^2 + I_3^2}$
$= \sqrt{\left(\dfrac{30}{\sqrt{2}}\right)^2 + \left(\dfrac{40}{\sqrt{2}}\right)^2} = 35.4\,[A]$

20 $\mathcal{L}^{-1}\left[\dfrac{\omega}{s(s^2+\omega^2)}\right]$ 은?

① $\dfrac{1}{\omega}(1-\sin\omega t)$

② $\dfrac{1}{\omega}(1-\cos\omega t)$

③ $\dfrac{1}{s}(1-\sin\omega t)$

④ $\dfrac{1}{s}(1-\cos\omega t)$

해설 | 역라플라스 변환

- $F(s) = \dfrac{\omega}{s(s^2+\omega^2)} = \dfrac{\omega s}{s^2(s^2+\omega^2)}$
  $= \dfrac{s}{\omega} \times \dfrac{\omega^2}{s^2(s^2+\omega^2)}$
  $= \dfrac{s}{\omega} \times \left(\dfrac{A}{s^2} + \dfrac{B}{s^2+\omega^2}\right)$

- $\left(\dfrac{A}{s^2} + \dfrac{B}{s^2+\omega^2}\right) = \dfrac{(A+B)s^2 + A\omega^2}{s^2(s^2+\omega^2)}$
  $A+B=0, \; A=1$ 따라서 $B=-1$

- $F(s) = \dfrac{s}{\omega} \times \left(\dfrac{1}{s^2} - \dfrac{1}{s^2+\omega^2}\right)$
  $= \dfrac{1}{\omega} \times \left(\dfrac{1}{s} - \dfrac{s}{s^2+\omega^2}\right)$

- 역라플라스 변환 계산식
  $\mathcal{L}^{-1}\left[\dfrac{1}{\omega} \times \left(\dfrac{1}{s} - \dfrac{s}{s^2+\omega^2}\right)\right]$
  $= \dfrac{1}{\omega}(1-\cos\omega t)$

정답 18 ④ 19 ② 20 ②

2017년 2회

01 어떤 회로망의 4단자 정수가 A = 8, B = j2, D = 3 + j2 이면 이 회로망의 C는?

① 2 + j3
② 3 + j3
③ 24 + j14
④ 8 - j11.5

해설 | 4단자 회로망

- 4단자 회로망의 성립조건
  $AD - BC = 1$
  $$\therefore C = \frac{AD-1}{B} = \frac{8(3+j2)-1}{j2}$$
  $$= 8 - j11.5$$

02 다음과 같은 회로에서 $i_1 = I_m \sin\omega t$ [A]일 때, 개방된 2차 단자에 나타나는 유기기전력 e_2는 몇 [V]인가?

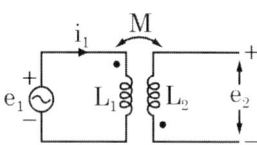

① $\omega M I_m \sin(\omega t - 90°)$
② $\omega M I_m \cos(\omega t - 90°)$
③ $-\omega M \sin\omega t$
④ $-\omega M \cos\omega t$

해설 | 차동접속의 유기기전력

$$e_2 = L_2 \frac{di_2}{dt} - M \frac{di_1}{dt}$$

개방되었기 때문에 $i_2 = 0$이므로

$$e_2 = -M \frac{d}{dt} I_m \sin\omega t$$
$$= -\omega M I_m \cos\omega t$$
$$= \omega M I_m \sin(\omega t - 90°)$$

TIP dot 방향이 반대이므로 -M

03 다음 회로에서 부하 R에 최대 전력이 공급될 때의 전력값이 5 [W]라고 하면 $R_L + R_i$의 값은 몇 [Ω]인가? (단, R_i는 전원의 내부저항이다)

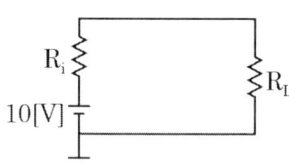

① 5
② 10
③ 15
④ 20

해설 | 최대 전력 공급계산

- $P_{\max} = \dfrac{E^2}{4R_L} [W]$
- $R_L = \dfrac{10^2}{4 \times 5} = 5 [\Omega]$

$\therefore R_L + R_i = 5 + 5 = 10 [\Omega]$

TIP 최대 전력 전송조건 $R_i = R_L = R$

최대 전력 $P_{\max} = \dfrac{E^2}{4R}$

정답 01 ④ 02 ① 03 ②

04 부동작 시간(Dead Time) 요소의 전달함수는?

① K
② $\dfrac{K}{s}$
③ Ke^{-Ls}
④ Ks

해설 | 전달함수 종류

$G(s)$	종류
K	비례요소
Ks	미분요소
$\dfrac{K}{s}$	적분요소
$\dfrac{K}{Ts+1}$	1차 지연요소
$\dfrac{\omega_n^2}{s^2+2\delta\omega_n s+\omega_n^2}$	2차 지연요소
Ke^{-Ls}	부동작 시간요소

05 회로의 양 단자에서 테브난의 정리에 의한 등가 회로로 변환할 경우 V_{ab} 전압과 테브난 등가저항은?

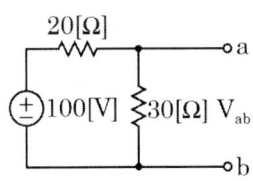

① 60 [V], 12 [Ω]
② 60 [V], 15 [Ω]
③ 50 [V], 15 [Ω]
④ 50 [V], 50 [Ω]

해설 | 테브난 등가 전압 V_{ab} 및 저항 R_{th} 계산

$$V_{ab} = 100 \times \dfrac{30}{20+30} = 60\,[V]$$

$$R_{th} = \dfrac{20 \times 30}{20+30} = 12\,[V]$$

06 저항 R [Ω], 리액턴스 X [Ω]와의 직렬 회로에 교류 전압 V [V]를 가했을 때 소비되는 전력(W)은?

① $\dfrac{V^2 R}{\sqrt{R^2+X^2}}$
② $\dfrac{V}{\sqrt{R^2+X^2}}$
③ $\dfrac{V^2 R}{R^2+X^2}$
④ $\dfrac{X}{R^2+X^2}$

해설 | 소비전력 P 계산

$$P = I^2 R = \left(\dfrac{V}{\sqrt{R^2+X^2}}\right)^2 R$$

$$= \dfrac{V^2}{R^2+X^2} R$$

07 그림과 같은 회로에서 $V_1(s)$를 입력, $V_2(s)$를 출력으로 한 전달함수는?

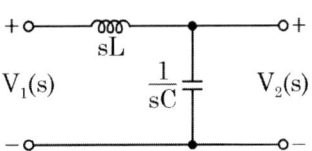

① $\dfrac{1}{\dfrac{1}{sL}+sC}$
② $\dfrac{1}{1+s^2 LC}$
③ $\dfrac{1}{LC+sC}$
④ $\dfrac{sC}{s^2(s+LC)}$

정답 04 ③ 05 ① 06 ③ 07 ②

해설 | 전달함수 G(s) 계산

$$G(s) = \frac{V_2}{V_1} = \frac{\frac{1}{Cs}}{Ls + \frac{1}{Cs}} \times \frac{Cs}{Cs}$$

$$= \frac{1}{1+s^2 LC}$$

8. R-L-C 직렬 회로에서 각주파수 ω를 변화시켰을 때 어드미턴스의 궤적은?

① 원점을 지나는 원
② 원점을 지나는 반원
③ 원점을 지나지 않는 원
④ 원점을 지나지 않는 직선

해설 | 벡터 궤적 정리

종류	임피던스 궤적	어드미턴스 궤적 (전류 궤적)
RL 직렬	반직선 벡터 궤적 (1상한)	반원 벡터 궤적 (4상한)
RC 직렬	반직선 벡터 궤적 (4상한)	반원 벡터 궤적 (1상한)
RL 병렬	반원 벡터 궤적 (1상한)	반직선 벡터 궤적 (4상한)
RC 병렬	반원 벡터 궤적 (1상한)	반직선 벡터 궤적 (1상한)
RLC 직렬	-	원점을 지나는 하나의 원

9. 대칭 6상 기전력의 선간 전압과 상기전력의 위상차는?

① 120°   ② 60°
③ 30°   ④ 15°

해설 | 대칭 n상 결선 위상차 계산

$$\theta = \frac{\pi}{2}\left(1 - \frac{2}{n}\right) = \frac{180}{2}\left(1 - \frac{2}{6}\right) = 60°$$

10. R-L 병렬 회로에 양단에 e = E_m sin(ωt + θ) [V]의 전압이 가해졌을 때 소비되는 유효전력(W)은?

① $\frac{E_m^2}{2R}$ ② $\frac{E_m^2}{\sqrt{2}R}$
③ $\frac{E_m}{2R}$ ④ $\frac{E_m}{\sqrt{2}R}$

해설 | R-L 병렬 유효전력 P 계산

$$P = \frac{V^2}{R} = \frac{\left(\frac{E_m}{\sqrt{2}}\right)^2}{R} = \frac{E_m^2}{2R}$$

TIP 병렬 회로일 때 전압이 같으므로 $P = \frac{V^2}{R}$

11. 2단자 회로 소자 중에서 인가한 전류파형과 동위상의 전압파형을 얻을 수 있는 것은?

① 저항   ② 콘덴서
③ 인덕턴스   ④ 저항 + 콘덴서

해설 | 저항 R 특성
전압과 전류가 동위상

12 다음과 같은 교류 브릿지 회로에서 Z_0에 흐르는 전류가 0이 되기 위한 각 임피던스의 조건은?

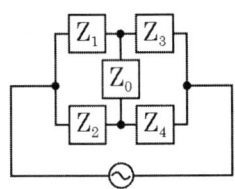

① $Z_1 Z_2 = Z_3 Z_4$ ② $Z_1 Z_2 = Z_3 Z_0$
③ $Z_2 Z_3 = Z_1 Z_0$ ④ $Z_2 Z_3 = Z_1 Z_4$

해설 | 휘스톤 브릿지 회로
- 평형 조건 만족 시, Z_0에는 전류가 흐르지 않음
- 브릿지 평형 조건 : $Z_2 Z_3 = Z_1 Z_4$

13 불평형 3상 전류가 $I_a = 15 + j2$ [A], $I_b = -20 - j14$ [A], $I_c = -3 + j10$ [A]일 때의 영상 전류 I_0 [A]는?

① $1.57 - j3.25$ ② $2.85 + j0.36$
③ $-2.67 - j0.67$ ④ $12.67 + j2$

해설 | 영상 전류 I_0 [A] 계산

$$I_0 = \frac{1}{3}(I_a + I_b + I_c)$$
$$= \frac{1}{3}(15 + j2 - 20 - j14 - 3 + j10)$$
$$= -2.67 - j0.67 [A]$$

14 회로에서 $L = 50$ [mH], $R = 20$ [kΩ]인 경우 회로의 시정수는 몇 [μs]인가?

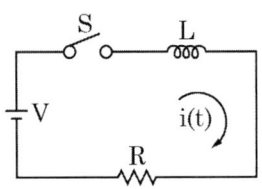

① 4.0   ② 3.5
③ 3.0   ④ 2.5

해설 | R-L 직렬 회로 시정수 τ

$$\tau = \frac{L}{R} = \frac{50 \times 10^{-3}}{20 \times 10^3}$$
$$= 2.5 \times 10^{-6} = 2.5 [\mu s]$$

15 주기적인 구형파 신호의 구성은 어느 것인가?

① 직류 성분만으로 구성된다.
② 기본파 성분만으로 구성된다.
③ 고조파 성분만으로 구성된다.
④ 직류 성분, 기본파 성분, 무수히 많은 고조파 성분으로 구성된다.

해설 | 주기적인 구형파 신호 = 비정현파
- 푸리에 급수(비정현파 분해 기법)
$$f(t) = a_0 + \sum_{n=1}^{\infty} a_n \cos n\omega t + \sum_{n=1}^{\infty} b_n \sin n\omega t$$
- 직류, 기본파, 무수히 많은 고조파 성분의 구성을 합으로 표현한 것

암 직기고
직류분 a_0
기본파 a_1 (여현항) b_1 (정현항)
고조파 $a_2 \cdots a_n$, $b_2 \cdots b_n$

정답 12 ④ 13 ③ 14 ④ 15 ④

16 $F(s) = \dfrac{5s+3}{s(s+1)}$ 일 때 $f(t)$의 최종값은?

① 3　　　　② -3
③ 5　　　　④ -5

해설 | 최종값 정리

$$\lim_{t \to \infty} f(t) = \lim_{s \to 0} sF(s)$$
$$= \lim_{s \to 0} s \times \dfrac{5s+3}{s(s+1)}$$
$$= \lim_{s \to 0} \dfrac{5s+3}{(s+1)} = 3$$

17 다음 미분방정식으로 표시되는 계에 대한 전달함수는? (단, $x(t)$는 입력, $y(t)$는 출력을 나타낸다)

$$\dfrac{d^2 y(t)}{dt^2} + 3\dfrac{dy(t)}{dt} + 2y(t) = x(t) + \dfrac{dx(t)}{dt}$$

① $\dfrac{s+1}{s^2+3s+2}$　　② $\dfrac{s-1}{s^2+3s+2}$

③ $\dfrac{s+1}{s^2-3s+2}$　　④ $\dfrac{s-1}{s^2-3s+2}$

해설 | 전달함수 $\dfrac{Y(s)}{X(s)}$ 계산

- 라플라스 변환

$$\mathcal{L}\left[\dfrac{d^2 y(t)}{dt^2} + 3\dfrac{dy(t)}{dt} + 2y(t) = x(t) + \dfrac{dx(t)}{dt}\right]$$
$$\Rightarrow s^2 Y(s) + 3sY(s) + 2Y(s) = X(s) + sX(s)$$

- $\dfrac{Y(s)}{X(s)}$ 기준으로 정리 및 계산

$$(s^2 + 3s + 2)Y(s) = (s+1)X(s)$$
$$\therefore \dfrac{Y(s)}{X(s)} = \dfrac{s+1}{s^2+3s+2}$$

18 R-C 회로에 비정현파 전압을 가하여 흐른 전류가 다음과 같을 때 이 회로의 역률은 약 몇 [%]인가?

$$v = 20 + 220\sqrt{2}\sin 120\pi t + 40\sqrt{2}\sin 360\pi t \, [V]$$
$$i = 2.2\sqrt{2}\sin(120\pi t + 36.87°) + 0.49\sqrt{2}\sin(360\pi t + 14.04°) \, [A]$$

① 75.8　　　② 80.4
③ 86.3　　　④ 89.7

해설 | 역률 계산

- 유효전력 P 계산
$$P = V_1 I_1 \cos\theta_1 + V_3 I_3 \cos\theta_3$$
$$= (220 \times 2.2 \times \cos 36.8°)$$
$$\quad + (40 \times 0.49 \times \cos 14.04°)$$
$$= 406 \, [W]$$

- 실횻값 V 및 I 계산
$$V = \sqrt{V_0^2 + V_1^2 + V_3^2}$$
$$= \sqrt{20^2 + 220^2 + 40^2} = 224.5 \, [V]$$
$$I = \sqrt{I_1^2 + I_3^2} = \sqrt{2.2^2 + 0.49^2}$$
$$= 2.25 \, [A]$$

- 피상전력 P_a 계산

$$P_a = V \times I$$
$$= 224.5 \times 2.25 = 505.13\,[VA]$$

∴ 역률 $\cos\theta$ 계산

$$\cos\theta = \frac{P}{P_a}$$
$$= \frac{406}{505.13} \times 100 = 80.4\,[\%]$$

19 대칭좌표법에 관한 설명이 아닌 것은?

① 대칭좌표법은 일반적인 비대칭 3상 교류 회로의 계산에도 이용된다.
② 대칭 3상 전압의 영상분과 역상분은 0 이고, 정상분만 남는다.
③ 비대칭 3상 교류 회로는 영상분, 역상분 및 정상분의 3성분으로 해석한다.
④ 비대칭 3상 회로의 접지식 회로에는 영상분이 존재하지 않는다.

해설 | 비대칭 3상 회로

접지식	비접지식
영상분 존재	영상분 존재하지 않음

20 3상 Y결선 전원에서 각 상전압이 100 [V]일 때 선간 전압(V)은?

① 150 ② 170
③ 173 ④ 179

해설 | Y결선 선간 전압 V_l 계산

$$V_l = \sqrt{3} \times V_p = \sqrt{3} \times 100 = 173\,[V]$$

TIP Y결선 특성 : $V_l = \sqrt{3}\,V_p$

정답 19 ④ 20 ③

2017년 3회

01 코일에 단상 100 [V]의 전압을 가하면 30 [A]의 전류가 흐르고 1.8 [kW]의 전력을 소비한다고 한다. 이 코일과 병렬로 콘덴서를 접속하여 회로의 역률을 100 [%]로 하기 위한 용량 리액턴스는 약 몇 [Ω]인가?

① 4.2 ② 6.2
③ 8.2 ④ 10.2

해설 | 용량 리액턴스 X_C 계산

- 피상전력 P_a 계산
$$P_a = 30 \times 100 = 3000 \, [VA]$$

- 무효전력 P_r 계산
$$P_r = \sqrt{3000^2 - 1800^2} = 2400 \, [Var]$$

- 용량성 리액턴스 X_c 계산

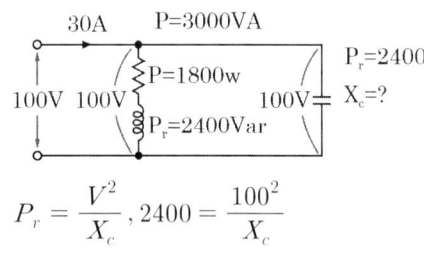

$$P_r = \frac{V^2}{X_c}, \quad 2400 = \frac{100^2}{X_c}$$

$$\therefore X_c = \frac{100^2}{2400} \fallingdotseq 4.2 \, [\Omega]$$

02 그림과 같은 회로에서 저항 r_1, r_2에 흐르는 전류의 크기가 1 : 2의 비율이라면 r_1, r_2는 각각 몇 [Ω]인가?

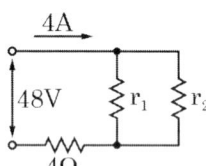

① $r_1 = 6$, $r_2 = 3$ ② $r_1 = 8$, $r_2 = 4$
③ $r_1 = 16$, $r_2 = 8$ ④ $r_1 = 24$, $r_2 = 12$

해설 | 저항의 접속

- 합성저항 R_t 계산
$$I = \frac{E}{R_t} = \frac{48}{R_t} = 4 \, [A]$$

$$R_t = \frac{48}{4} = 12 \, [\Omega]$$

- r_1, r_2 계산
$$R_t = 4 + \frac{r_1 r_2}{r_1 + r_2} = 12 \, [\Omega]$$

$$r_1 : r_2 = 2 : 1 \rightarrow r_1 = 2r_2$$

$$R_t = 4 + \frac{2r_2 \times r_2}{2r_2 + r_2} = 12 \, [\Omega]$$

$$\therefore r_1 = 24 \, [\Omega], \, r_2 = 12 \, [\Omega]$$

정답 01 ① 02 ④

03 회로에서 스위치를 닫을 때 콘덴서의 초기 전하를 무시하면 회로에 흐르는 전류 i(t)는 어떻게 되는가?

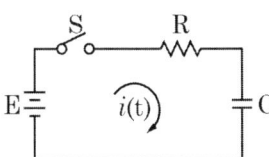

① $\dfrac{E}{R}e^{\frac{C}{R}t}$ ② $\dfrac{E}{R}e^{\frac{R}{C}t}$

③ $\dfrac{E}{R}e^{-\frac{1}{RC}t}$ ④ $\dfrac{E}{R}e^{\frac{1}{RC}t}$

해설 | RC 과도현상 i(t) 계산

$$i(t) = \dfrac{E}{R}e^{-\frac{1}{RC}t}$$

04 다음 그림과 같은 전기 회로의 입력을 e_i, 출력을 e_0라고 할 때 전달함수는?

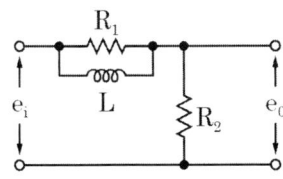

① $\dfrac{R_2(1+R_1Ls)}{R_1+R_2+R_1R_2Ls}$

② $\dfrac{1+R_2Ls}{1+Ls(R_1+R_2)}$

③ $\dfrac{R_2(R_1+Ls)}{R_1+R_2+R_1R_2Ls}$

④ $\dfrac{R_2+\dfrac{1}{Ls}}{R_1+R_2+\dfrac{1}{Ls}}$

해설 | 전달함수 G(s) 계산

$$G(s) = \dfrac{E_0(s)}{E_i(s)}$$

$$= \dfrac{R_2}{\dfrac{R_1Ls}{R_1+Ls}+R_2} \times \dfrac{R_1+Ls}{R_1+Ls}$$

$$= \dfrac{R_1R_2+R_2Ls}{R_1Ls+R_1R_2+R_2Ls}$$

$$\therefore \dfrac{R_2(R_1+Ls)}{R_1R_2+R_2Ls+R_1Ls}$$

05 3대의 단상 변압기를 △결선으로 하여 운전하던 중 변압기 1대가 고장으로 제거하여 V결선으로 한 경우 공급할 수 있는 전력은 고장 전 전력의 몇 [%]인가?

① 57.7 ② 50.0
③ 63.3 ④ 67.7

해설 | V결선 출력비

$$\dfrac{P_V}{P_\triangle} = \dfrac{\sqrt{3}P}{3P} \times 100 = 57.7 [\%]$$

출오질질

06 3상 회로의 영상분, 정상분, 역상분을 각각 I_0, I_1, I_2라 하고 선전류를 I_a, I_b, I_c라 할 때 I_b는? (단, $a = -\dfrac{1}{2}+j\dfrac{\sqrt{3}}{2}$이다)

① $I_0+I_1+I_2$
② $I_0+a^2I_1+aI_2$
③ $\dfrac{1}{3}(I_0+I_1+I_2)$
④ $\dfrac{1}{3}(I_0+aI_1+a^2I_2)$

정답 03 ③ 04 ③ 05 ① 06 ②

해설 | 대칭좌표법

a상 전류	$I_a = I_0 + I_1 + I_2$
b상 전류	$I_b = I_0 + a^2 I_1 + a I_2$
c상 전류	$I_c = I_0 + a I_1 + a^2 I_2$

07 전압의 순싯값이 $v = 3 + 10\sqrt{2}\sin\omega t\,[\text{V}]$ 일 때 실횻값은 약 몇 [V]인가?

① 10.4
② 11.6
③ 12.5
④ 16.2

해설 | 고조파 실횻값 V 계산
$$E = \sqrt{E_0^2 + E_1^2} = \sqrt{3^2 + 10^2} = 10.4\,[V]$$

08 시간지연 요인을 포함한 어떤 특정계가 다음 미분방정식 $\dfrac{d}{dt}y(t) + y(t) = x(t - T)$로 표현된다. $x(t)$를 입력, $y(t)$를 출력이라 할 때 이 계의 전달함수는?

① $\dfrac{e^{-sT}}{s+1}$
② $\dfrac{s+1}{e^{-sT}}$
③ $\dfrac{e^{sT}}{s-1}$
④ $\dfrac{e^{-2sT}}{s+2}$

해설 | 전달함수 계산
- 라플라스 변환
$$\mathcal{L}\left[\frac{dy(t)}{dt} + y(t) = x(t-T)\right]$$
$$\Rightarrow sY(s) + Y(s) = e^{-Ts}X(s)$$
$$\therefore (s+1)Y(s) = e^{-Ts}X(s) \text{ 정리}$$
$$\frac{Y(s)}{X(s)} = \frac{e^{-Ts}}{s+1}$$

09 다음과 같은 회로에서 단자 a, b 사이의 합성저항(Ω)은?

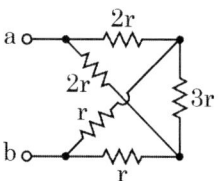

① r
② $\dfrac{1}{2}r$
③ $\dfrac{3}{2}r$
④ $3r$

해설 | 합성저항 R 계산
- 등가 회로 변환 시 휘스톤 브릿지

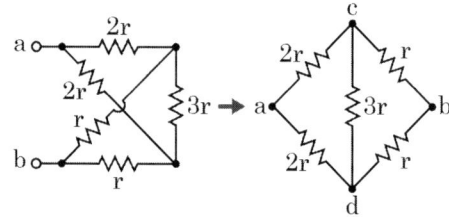

- 변환 시 3r 측에 전류 흐르지 못함
∴ 합성저항 R 계산
$$R = \frac{(2r+r)\times(2r+r)}{(2r+r)+(2r+r)} = \frac{3}{2}r\,[\Omega]$$

10 4단자 회로망이 가역적이기 위한 조건으로 틀린 것은?

① $Z_{12} = Z_{21}$
② $Y_{12} = Y_{21}$
③ $H_{12} = -H_{21}$
④ AB - CD = 1

해설 | 4단자 회로망의 가역 조건
- $Z_{12} = Z_{21}$
- $Y_{12} = Y_{21}$
- $H_{12} = -H_{21}$
- <u>AD - BC = 1</u>

11 그림과 같은 회로에서 유도성 리액턴스 X_L의 값(Ω)은

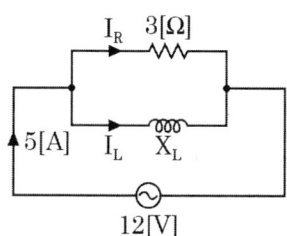

① 8 ② 6
③ 4 ④ 1

해설 | 유도성 리액턴스 X_L 계산

$I_R = \dfrac{V}{R} = \dfrac{12}{3} = 4[A]$

$I_L = \sqrt{I^2 - I_R^2} = \sqrt{5^2 - 4^2} = 3[A]$

$\therefore X_L = \dfrac{12}{I_L} = \dfrac{12}{3} = 4[\Omega]$

12 그림과 같은 단일 임피던스 회로의 4단자 정수는?

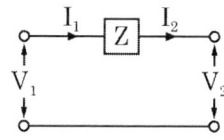

① A = Z, B = 0, C = 1, D = 0
② A = 0, B = 1, C = Z, D = 1
③ A = 1, B = Z, C = 0, D = 1
④ A = 1, B = 0, C = 1, D = Z

해설 | 4단자 정수 A, B, C, D 계산

$A = \dfrac{V_1}{V_2}\Big|_{I_2=0} = \dfrac{V_1}{V_1} = 1$

$B = \dfrac{V_1}{I_2}\Big|_{V_2=0} = \dfrac{ZI_2}{I_2} = Z$

$C = \dfrac{I_1}{V_2}\Big|_{I_2=0} = \dfrac{0}{V_2} = 0$

$D = \dfrac{I_1}{I_2}\Big|_{V_2=0} = \dfrac{I_2}{I_2} = 1$

13 저항 3개를 Y로 접속하고 이것을 선간 전압 200 [V]의 평형 3상 교류 전원에 연결할 때 선전류가 20 [A] 흘렀다. 이 3개의 저항을 △로 접속하고 동일 전원에 연결하였을 때의 선전류는 몇 [A]인가?

① 30 ② 40
③ 50 ④ 60

해설 | Y-△ 회로의 계산

• 등가 회로

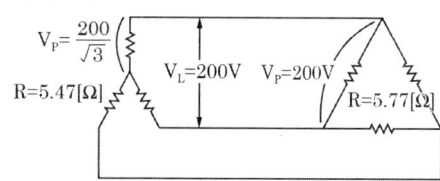

• Y 결선 저항 R 계산

$I_p = \dfrac{V_p}{R}$, $20[A] = \dfrac{\frac{200}{\sqrt{3}}}{R}$

$R = 5.77[\Omega]$

• △ 결선 선전류 I_ℓ 계산

$I_p = \dfrac{V_p}{R} = \dfrac{200}{5.77} = 34.6[A]$

$\therefore I_\ell = \sqrt{3}\,I_P = 34.6 \times \sqrt{3} = 60[A]$

14 R = 4000 [Ω], L = 5 [H]의 직렬 회로에 직류 전압 200 [V]를 가할 때 급히 단자 사이의 스위치를 단락시킬 경우 이로부터 1/800초 후 회로의 전류는 몇 [mA]인가?

① 18.4 ② 1.84
③ 28.4 ④ 2.84

해설 | R-L 직렬 회로의 과도 전류

R-L 회로에서 스위치를 닫았을 때

$$i(t) = \frac{E}{R}e^{-\frac{R}{L}t} = \frac{200}{4000}e^{-\frac{4000}{5} \times \frac{1}{800}}$$
$$= 18.4 [mA]$$

15 다음과 같은 파형을 푸리에 급수로 전개하면?

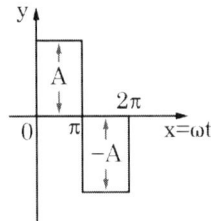

① $y = \frac{4A}{\pi}\left(\sin\alpha\sin x + \frac{1}{9}\sin 3\alpha\sin 3x + \cdots\right)$

② $y = \frac{4A}{\pi}\left(\sin x + \frac{1}{3}\sin 3x + \frac{1}{5}\sin 5x + \cdots\right)$

③ $y = \frac{4}{\pi}\left(\frac{\cos 2x}{1\cdot 3} + \frac{\cos 4x}{3\cdot 5} + \frac{\cos 6x}{5\cdot 7} + \cdots\right)$

④ $y = \frac{A}{\pi} + \frac{\sin 2x}{2} + \frac{\sin 4x}{4} + \cdots$

해설 | 푸리에 급수

• 파형특성
 구형파 : 정현대칭
 반주기마다 크기가 같음 : 반파대칭

• 정현 및 반파대칭 특성
 정현대칭 : sin파형
 반파대칭 : 홀수 고조파(1, 3, 5, …)

16 $i_1 = I_m\sin\omega t [A]$와 $i_2 = I_m\cos\omega t [A]$인 두 교류 전류의 위상차는 몇 도인가?

① 0° ② 30°
③ 60° ④ 90°

해설 | 위상차 계산

$i_1 = I_m\sin\omega t [A]$
$i_2 = I_m\cos\omega t = I_m\sin(\omega t + 90°) [A]$
∴ 90°

17 R-L 직렬 회로에서 아래의 전압 e를 가할 때 제3고조파 전류의 실횻값은 몇 [A]인가? (단, $R = 8 [\Omega]$, $\omega L = 2 [\Omega]$이다)

$$e = 10 + 100\sqrt{2}\sin\omega t$$
$$+ 50\sqrt{2}\sin(3\omega t + 60°)$$
$$+ 60\sqrt{2}\sin(5\omega t + 30°) [V]$$

① 1 ② 3
③ 5 ④ 7

해설 | 제3고조파 실횻값

$$I_3 = \frac{V_3}{Z_3} = \frac{V_3}{\sqrt{R^2 + (3\omega L)^2}}$$
$$= \frac{50}{\sqrt{8^2 + (3\times 2)^2}} = 5 [A]$$

정답 14 ① 15 ② 16 ④ 17 ③

18 대칭 n상 Y결선에서 선간 전압의 크기는 상전압의 몇 배인가?

① $\sin\dfrac{\pi}{n}$ ② $\cos\dfrac{\pi}{n}$

③ $2\sin\dfrac{\pi}{n}$ ④ $2\cos\dfrac{\pi}{n}$

해설 | 대칭 n상 Y결선 전압비

$$V_\ell = 2V_p\sin\dfrac{\pi}{n}, \quad \dfrac{V_\ell}{V_p} = 2\sin\dfrac{\pi}{n}$$

19 다음 함수 $F(s) = \dfrac{5s+3}{s(s+1)}$의 역라플라스 변환은?

① $2 + 3e^{-t}$ ② $3 + 2e^{-t}$
③ $3 - e^{-t}$ ④ $2 - 3e^{-t}$

해설 | 라플라스 역변환

$$F(s) = \dfrac{5s+3}{s(s+1)} = \dfrac{A}{s} + \dfrac{B}{s+1}$$

- $\dfrac{A}{s} + \dfrac{B}{s+1} = \dfrac{A(s+1)+Bs}{s(s+1)} = \dfrac{(A+B)s + A}{s(s+1)}$

- $A + B = 5, \ A = 3, \ B = 2$

$$F(s) = \dfrac{3}{s} + \dfrac{2}{s+1}$$

$$\therefore f(t) = 3 + 2e^{-t}$$

20 그림과 같은 회로가 공진이 되기 위한 조건을 만족하는 어드미턴스는?

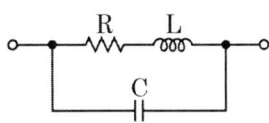

① $\dfrac{CL}{R}$ ② $\dfrac{CR}{L}$

③ $\dfrac{L}{RC}$ ④ $\dfrac{LR}{C}$

해설 | 병렬 회로의 공진조건

병렬 회로의 공진조건은 어드미턴스의 허수부가 0이어야 한다.

$$Y = \dfrac{1}{R+j\omega L} + j\omega C$$
$$= \dfrac{1}{R+j\omega L} \times \dfrac{(R-j\omega L)}{(R-j\omega L)} + j\omega C$$
$$= \dfrac{R-j\omega L}{R^2+\omega^2 L^2} + j\omega C$$
$$= \dfrac{R}{R^2+\omega^2 L^2} - \dfrac{j\omega L}{R^2+\omega^2 L^2} + j\omega C$$
$$= \dfrac{R}{R^2+\omega^2 L^2} \ j\left(\dfrac{\omega L}{R^2+\omega^2 L^2} - \omega C\right)$$

- 어드미턴스의 허수부 = 0이어야 하므로

$$\omega C - \dfrac{\omega L}{R^2+\omega^2 L^2} = 0$$

$$\omega C = \dfrac{\omega L}{R^2+\omega^2 L^2} \rightarrow \dfrac{L}{C} = R^2 + \omega^2 L^2$$

$$\therefore Y = \dfrac{R}{R^2+\omega^2 L^2} = \dfrac{R}{\dfrac{L}{C}} = \dfrac{CR}{L}$$

정답 18 ③ 19 ② 20 ②

[모아] 전기산업기사 회로이론 필기 이론+과년도 7개년

발행일	2024년 2월 1일 개정1판 1쇄
지은이	김영언
발행인	황모아
발행처	(주)모아교육그룹
주 소	서울특별시 영등포구 영신로 32길 29 세화빌딩 2층
전 화	02-2068-2852(출판), 010-3766-5656(주문)
팩 스	0504-337-0149(주문)
등 록	제2015-000006호 (2015.1.16.)
이메일	moate2068@hanmail.net
누리집	www.moate.co.kr
ISBN	979-11-6804-221-6 (13560)

이 책의 가격은 뒤표지에 있습니다.

Copyright ⓒ (주)모아교육그룹 Co., Ltd. All Rights Reserved.

이 책은 저작권법에 의해 보호를 받는 저작물이므로 저자와 출판사의 서면 허락 없이 내용의 전부 또는 일부를 이용하는 것을 금합니다.

전기산업기사 합격!
여러분의 합격은 모아의 보람입니다.

끊임없이 변화를 추구하는 교육기업

모아교육그룹

모아를 선택해주신 여러분께 감사드립니다.

- ✔ 모아는 혁신적인 교육을 통해 인간의 사고(思考)를 확장 및 변화시킬 수 있다고 믿고 있습니다.
- ✔ 모아는 미래를 교육으로 변화시킬 수 있다고 믿고 있습니다.
- ✔ 모아는 청년부터 장년, 중년, 노년까지의 성인교육에 중점을 두고 사업을 진행하고 있습니다.

초고령화, 불확실성의 시대
모아는 당신의 미래를 함께 하는 혁신적인 교육 플랫폼이 되겠습니다.